基于变换编码的可逆隐写与认证

[印度]约特纳·库玛·曼达尔(Jyotsna Kumar Mandal) 著

李 莉 邹 霞 刘海波 贾 冲 译

U0396022

东南大学出版社
SOUTHEAST UNIVERSITY PRESS
·南京·

图书在版编目(CIP)数据

基于变换编码的可逆隐写与认证 /(印) 约特纳·库玛·曼达尔(Jyotsna Kumar Mandal) 著；李莉 等译. —南京：东南大学出版社，2023.10(2024.12重印)

书名原文：Reversible Steganography and Authentication via Transform Encoding

ISBN 978-7-5766-0894-6

Ⅰ. ①基… Ⅱ. ①约… ②李… Ⅲ. ①电子计算机-密码术 Ⅳ. ①TP309.7

中国国家版本馆 CIP 数据核字(2023)第 191753 号

图字：10-2022-83 号

基于变换编码的可逆隐写与认证

Jiyu Bianhuan Bianma De Keni Yinxie Yu Renzheng

著　　者：[印度]约特纳·库玛·曼达尔(Jyotsna Kumar Mandal)

译　　者：李　莉　邹　霞　刘海波　贾　冲

责任编辑：张　烨　责任校对：韩小亮　封面设计：毕　真　责任印制：周荣虎

出版发行：东南大学出版社

社　　址：南京四牌楼 2 号　邮编：210096　电话：025-83793330

出 版 人：白云飞

网　　址：http://www.seupress.com

电子邮件：press@seupress.com

经　　销：全国各地新华书店

印　　刷：广东虎彩云印刷有限公司

开　　本：787 mm×980 mm　1/16

印　　张：20.75

字　　数：440 千

版　　次：2023 年 10 月第 1 版

印　　次：2024 年 12 月第 2 次印刷

书　　号：ISBN 978-7-5766-0894-6

定　　价：138.00 元

本社图书若有印装质量问题，请直接与营销部联系。电话(传真)：025-83791830

前　言

本书题为《基于变换编码的可逆隐写与认证》，共包含 14 章。在 14 章中，第 1 章是引言。该章简述了密码学、隐写术、认证以及它们在各个领域的相关问题的介绍性内容。讨论了从古代到数字时代隐写和认证的起源，并介绍了最新的神经网络密码学以及神经元的调优。

第 2 章概述了 2005 年至 2019 年的可逆隐写和认证方面的文献。

第 3 章详细介绍了空域、频域下的隐写和认证技术。通过实例详细说明了这些技术，并详细讨论了隐写术在空域、频域中的应用。

第 4 章讨论了基于 DFT 的可逆编码，并给出了 DFT 和 IDFT 的公式。讨论了整幅图像矩阵的变换问题。为了降低计算复杂度，将 DFT 和 IDFT 的广义方程简化为 2×2 的窗口计算，并将广义方程转换为更简单的形式。同时，还给出了应用于隐写和认证的可逆编码方法并详细解析了可逆计算的过程。此外，还给出了基于这些可逆计算的隐写应用及其认证过程。

第 5 章讨论了基于 DCT 的可逆计算和基于图像矩阵的变换计算。该章重点关注基于小尺寸窗口的广义 DCT 方程的简化形式，以及使用 2×2 大小的滑动窗口进行可逆计算。阐述了利用 LSB 和哈希函数对变换系数的实分量进行嵌入和提取的隐写过程，给出了认证过程及其在各种领域中的实际应用。

第 6 章详细讨论了小波变换。本章强调了 Haar 小波的可逆计算，重点关注在较小窗口中进行可逆计算。详细讨论了嵌入和认证的过程，给出了用于认证和隐蔽通信的二进制串的嵌入和提取方法。

第 7 章介绍了基于 Z 变换的可逆编码。本章详细讨论了 Z 变换的计算过程，考虑了不同 ROC 下 Z 变换的计算问题。在 Z 变换变换系数的实部分量中嵌入二进制位是嵌入和认证的主要研究领域。本章还详细阐述了从嵌入后图像中提取嵌入位，并举例说明了可逆性在身份认证中的作用。本章还探讨了将信息嵌入 Z 变换系数的虚部或从虚部中提取时,使用不同的 r 值达到更高收敛域的问题。

第 8 章讨论了基于离散二项式变换的可逆变换编码。这里,以 2×2 子图像为单位进行可逆计算。本章详细解析了有效嵌入载荷为 1.5 b/B 的实现算法,并给出了实现结果。

第 9 章基于 Grouplet 变换的旋转和反射特性进行了可逆计算。进行可逆性计算时使用了不同的二面体群,如 $D_3, D_4, D_5, \cdots, D_{10}$,并在每种情况下进行了实现。本章详细介绍了基于反射和旋转特性的各种 G-Let 变换系数的信息嵌入和提取方法;阐述了基于各种 G-Let 函数的认证过程,并给出了具体的实例。本章还给出了一个完整的嵌入和提取算法以及实现结果。

非线性动力学在隐写和认证中的应用在第 10 章中讨论。本章的主要目标是使用各种逻辑映射计算实值序列,并将其编码为二进制序列,将该二进制序列嵌入不同变换的各种变换系数中。本章给出了利用逻辑方程对接收端二进制序列进行解码的方法,从 Monobit 测试、Serial 测试和 Poker 测试三个方面简要介绍了二值序列的随机性检验,还讨论了如何利用遗传算法等各种进化算法对种子进行优化以产生较好的伪随机序列。

第 11 章详细讨论了评估各种可逆变换技术在嵌入性能、嵌入质量、图像保真度(IF)、PSNR、SSIM、标准差(SD)等方面性能的各种矩阵,还讨论了包含 15 个测试的 NIST 测试套件。

第 12 章详细讨论了所有可逆变换编码的实现问题,包括嵌入和提取及其结果。同时,还对各种变换在可逆编码和提取的方法及其性能进行了分析和比较。

第 13 章和第 14 章分别给出了本书研究内容的总结和未来发展前景。

感谢卡利亚尼大学计算机科学与工程系不断鼓励我完成如此庞大的工作。

我还要感谢那些给了我很多鼓励,并帮助我完成了这本书的学者们。特别是 Arindam Sarkar 博士、Sujit Das 博士、Amrita Khamrui 博士、Khondeker Lutful Hassan 博士、Parthajit Roy 博士、Kousik Dasgupta 博士、Rajeev Chatterjee、Sadhu Prasad Kar、Debarpita Santra 博士、Somnath Mukhopadhyay 博士、Rajdeep Chakraborty 博士、Madhumita Sengupta 博士、Uttam Mondal 博士和 Utpal Nandi 博士。我还要对维德雅瑟格大学的 Biswapati Jana 博士的协助表示衷心的感谢。

感谢卡利亚尼大学 IQAC 高级助理 Ashes Saha 先生和其他 IQAC 工作人员在本书准备的各个阶段给予的帮助和配合。

我最亲爱的女儿 Pragati 和我挚爱的妻子 Shyamali，她们在我的学习过程中从未质疑过我，而是给予我爱和支持。

这本书是我过去 15 年与我所敬爱的学者和学生们共同研究的成果，没有他们，我不可能完成这本书。

我写这本书的主要灵感来源是 Springer 的 Aninda Bose 先生，三年前他鼓励我写这样一本书。感谢 Aninda Bose 的不断鼓励，使我能够完成这本书。

我总是得到我的老师，印度奥里萨邦 BSSUT 的副校长 Atal Choudhuri 教授的祝福。我向他致以诚挚的问候。在准备这本书的过程中，我得到了 Aloke K. Gupta 博士和 Chayya Gupta 夫人的极大鼓励。他们积极的建议总是激励着我。

这本书主要面向本科生、研究生以及研究学者们，希望他们在隐蔽通信领域的工作和研究能从这本书中获得启发。同时，从事工程实践的专业人士也会发现这本书对他们很有帮助。

希望本书能成为通过隐蔽通信实现安全与认证领域中非常好的参考资料。

Jyotsna Kumar Mandal

卡利亚尼，印度

贡 献 者

关于作者

Jyotsna Kumar Mandal 于 1987 年在加尔各答大学获得计算机科学的硕士学位，2000 年在贾达普大学获得计算机科学与工程的博士学位。他是计算机科学与工程教授，并于 2008—2012 年担任卡利亚尼大学工程、技术和管理学院院长。他还曾担任卡利亚尼大学 IQAC 主任、CIRM 主席，卡利亚尼政府工程学院计算机应用教授，印度北孟加拉邦大学计算机科学副教授和讲师。他在编码理论、数据和网络安全及认证、遥感与基于 GIS 的应用、数据压缩、纠错、可视密码学和隐写术等领域有 33 年的教学和研究经验。他是 Springer 出版社的 MST 期刊的客座编辑（SCI 检索），在国内外期刊上发表研究论文 400 余篇，出版著作 7 部，组织国际会议 34 次。此外，他还曾担任重要的国际出版社的通讯编辑和卷编辑。2018 年，他获得印度西孟加拉邦政府的 Siksha Ratna 杰出教学奖；2016 年在第五届计算、通信和传感器网络国际会议中获得国际科学技术与管理学会 Vidyasagar 奖；2014 年，在 CSI 年会上获得 CSI 加尔各答分会赞助人奖；2012 年，获得新德里国际友谊协会（IIFS）颁发的 Bharat Jyoti 奖，表彰其在计算机科学与工程领域的杰出贡献；获得了印度贾达普大学颁发的 A. M. Bose 纪念银奖和 Kali Prasanna Dasgupta 纪念银奖。

目　　录

1

概　述

通信是我们日常生活中不可或缺的一部分。大多数人都拥有一部装有一些应用程序的手机，用于与他人进行通信，可能是与家人或朋友，也可能是用于工作等方面的正式通信。最常见的远距离通信技术是通过电信号进行通信的，可以是基于有线的或基于自由空间中的无线电波。通信使用的是基于多跳连接的 Mesh 网络，这容易导致信息窃听等问题的产生。这就要求我们进行信息通信时需要一个安全层。因此，通信中的安全性成为不可缺少的一部分。当前集团、社会、政党的内部或之间的信息安全需求是随时随刻全方位的。在过去几十年中，安全措施经历了重大的程序升级和加强。所有基于数据处理的通信设备都需要防止因间谍（后门）软件攻击和类似的活动而出现故障。过去，信息安全主要靠人工和组织手段保障，现在为了保护存储在计算机中和通信过程中的信息，对自动化工具的需求激增。

随着专业知识和技术的惊人进步，服务和便利设施的可用性，个人将计算设备连接起来形成网络的需求正在大幅增加。在传输过程中，信息可能会被人截获，这可能会导致违法行为。

总的来说，下述情况都与数据广播有关。

- 传输的信息量巨大。

- 通过基于不同节点的通信链路，将信息从起点安全地传输到终点，是最值得关注的重点。

- 接收方可能会疏忽对可量化信息的验证。

- 设备间、进程间通信必须经过认证,才能使用通信数据。

- 像远程医疗这类应用中的任何不足对医疗实践者来说都是至关重要的,在这种情况下,必须对患者的治疗记录进行验证,以便进行适当的诊断。

在广播过程中,通信可能被人捕获,这会导致安全威胁。因此,数据和信息的安全以及消息的机密性已成为数据广播的主要要求。

对于许多领域来说,安全性都是一个至关重要的问题。安全主要是指对任何形式的资产进行保护。数字时代促使研究人员从多个维度思考安全问题。数字资产涵盖多种类型,如数字支票、数字签名等。更具体地说,传递信息时提高了安全性,以确保接收方能完整地获得预期的信息。几十年来数据的完整性通过使用不同安全技术来保证。安全技术大致可以分为两种主要类型——密码学和隐写术。在密码学中,信息被打乱成不可读的形式,但对任何人都是可见的。与密码学不同,采用隐写术时,信息被隐藏在另一种公开可见的媒体中,而被隐藏的信息是不可见的。

数据加密的方法是对数据集合加密后将其广播出去。使用相应的数据解密程序对转换后的密文进行解密。

隐写术是将信息隐藏在掩蔽媒体中的技术,只有发送者和预期的接收者才能知道秘密的存在。这是一种通过匿名获得的安全保护形式。

隐写术相对于密码学的优势在于,通信行为不会引起一般人的注意。由于加密后的信息形式可能会引起怀疑,反而会让人想要揭示其来源。所以,密码学只能保护重要信息的内容,而隐写术则确保同时保护信息和通信双方,因为在传输过程中,载体没有明显的变化。

隐写术包括在来源/载体中伪装证据。在现代隐写术中,自动化传输用于将隐写编码与传输层外壳关联起来,形成各种文件和相关格式。大众媒体文档用于隐写传播,因为它们的冗余度大。

标准的隐写方法通常基于密钥以不可感知的方式将要传输的数据隐藏到图像中。如今,隐写系统可以与混沌系统相结合,使用逻辑映射产生随机二进制序列。该过程通过嵌入极其微妙的混乱排列,将额外的安全设置引入原始载体中,以提高安全性,而不会过多影响不可见属性。

在多种应用中,构建在图像中隐藏信息的技术是主要过程。图像隐写技术以图像为掩护载体,嵌入经过混沌序列处理后的秘密信息。隐写术的首要任务是在植入过程中充分利用载体的同时保持不可见性。Logistic 混沌映射被用于对秘密信息进行加密,然后利用植入方法将信息嵌入载体图像中,所以,秘密信息比特并不会像一般的隐写术那样直接嵌入载体图像中。后面,我们会讨论与置乱相关的空域和频域的隐写系统。在频域中,使用离散傅里叶变换(DFT)、离散余弦变换(DCT)、离散小波变换(DWT)、Z 变换和勒让德变换等将图像转换为频率系数,基于比特或基于块进行嵌入。结合 Logistic 映射可以获得更高的安全性。经过统计和参数检验,以确保数据具有健壮性和随机性的同时保持良好的可靠性。

密码学和隐写术的最终目的是允许秘密信息的发送者和接收者之间安全地传输,从而确保秘密信息不被未授权的第三方察觉或理解。

在密码学中,源集合被称为明文,要传输的加密数据称为密文。从明文转换成密文的过程称为加密,从密文中重新建立明文的过程称为解密。与多种加密方法相关的重点知识领域被称为密码学。该系统被称为密码体制、密码系统或密码。在没有任何加密信息的情况下对秘密信息进行解码的方法属于密码分析领域。加密技术和密码分析技术统称为密码学。

密码系统 $\mathcal{L}$ 可以定义为一个参数组$(\Phi, \Gamma, \yen, E, \Delta)$,其中的各要素要满足如下给定条件:

1. Φ 是有限的明文集。

2. Γ 是有限的密文集。

3. $\yen$ 是有限长度的密钥,可以是单个密钥或一组密钥(K)。

4. E 是加密流。

5. Δ 是解密流,该流应该与明文 Φ 相同。

6. 对于每个 $\yen \in K$,使用特定规则进行加密,$\Gamma_K \in E = F(\Gamma, \yen)$,对应的解密规则是 $\Phi_K \in \Delta = F(\Phi, \yen)$。每个 $\Gamma_K : \Phi \rightarrow \Gamma$ 和 $\Delta_K : \Gamma \rightarrow \Phi$ 都是对应 $\Delta_K = (E_K(\Gamma) : \Gamma \rightarrow \Phi) = \Phi$ 的函数,Φ 与源明文相同。

密码系统的处理过程符合以下规律:如果通过 e_K 对明文 x 进行编码,后续的密文通过

d_K 进行解密,那么在解密过程中将得到唯一的明文 x。

一般来说,有两类加密过程:

1. 对称密码系统(私钥密码学)。

2. 非对称密码系统(公钥密码学)。

在对称密码系统中,密钥对明文是唯一的。加密过程将获取到不同的结果,这取决于在特定时刻使用的精确密钥。加密中需要依靠该密钥来完成精确替换和更新操作。大多数对称密钥加密系统在加密过程中以循环的方式再现明文。这意味着加密和解密的过程是一样的。加密过程中一个循环的迭代次数是固定的,并取决于输入流的块长度。因此,如果对称加密中的总迭代次数是 k,并且使用 p 次迭代进行加密,那么可以用 $(k-p)$ 次迭代对加密流进行解密。

接下来看一个例子。

考虑一种以二进制流为输入的加密技术,在加密过程中采用以下规则进行对称加密,即迭代对称加密。

1. 比特流的最高位保持原样。

2. 从左到右对每两个连续的位进行异或运算。

3. 该过程重复 p 次($p<k$,其中 k 是恢复源码流的迭代次数,即周期的长度)。

解密使用相同的算法。

1. 将加密流作为输入。

2. 左侧最高位保持原样。

3. 从左到右对每两个连续的位进行异或运算。

4. 该过程重复 $(k-p)$ 次,其中,k 是恢复源码流的迭代次数。

考虑 4 个四比特流 1011、1101、0010 和 1111。所有 4 个输入流将在 4 次迭代后重新恢复源码,此时 $k=4$。

考虑四比特流的 p(迭代)值分别为 1,2 和 3,如图 1.1 所示。那么,输入流 1101 的加密流将分别为 1011,1110 和 1001。这个四比特流将在第 4 次迭代后重新生成。由此,k 的值为 4，$(k-p)$ 的值分别为 3，2 和 1。从这个例子可以看出，在所有情况下，这个过程都形成一个循环，正向重复同样的操作就可以解密，因此，不需要另外的算法来解密。这里，块大小和迭代次数构成密钥。

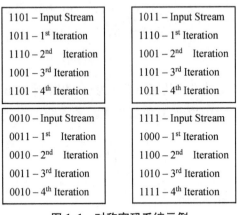

图 1.1　对称密码系统示例

这种对称加密机制非常适用于需要低功耗计算的无线传感器网络中的安全保障。

在非对称加密中使用两个密钥，其中一个作为私钥，另一个作为双方的公钥。系统在密文传输之前生成密钥对。另外，密钥的交换，如 Diffie-Helman 密钥交换是传输之前要进行的另一个主要步骤。该计算过程的计算复杂度远远大于对称加密过程。此外，这个密钥交换过程还会遭受中间人攻击。

现在，采用神经密码学来避免这个密钥交换过程，网络两端的神经元调谐可以消除密钥交换的过程。

树形奇偶机是一种特殊的多层前馈神经网络。该系统由一个输出神经元、K 个隐藏神经元和 $K \times N$ 个输入神经元组成，其中 N 是输入的数量。输入为二进制，表达式如式（1.1）所示：

$$X_{ij} = \{-1, +1\} \tag{1.1}$$

输入神经元和隐藏神经元的权重从式（1.2）中得到：

$$W_{ij} \in \{-L, \cdots, 0, \cdots, +L\} \tag{1.2}$$

隐藏神经元的输出是输入神经元与权值的乘积和，如式（1.3）所示：

$$\sigma_i = \text{sgn}\left(\sum_{j=1}^{N} W_{ij} X_{ij}\right) \tag{1.3}$$

符号函数 signum 返回－1,0 或 1,如式(1.4)所示:

$$\text{sgn}(x) = \begin{cases} -1, & x < 0 \\ 0, & x = 0 \\ 1, & x > 0 \end{cases} \tag{1.4}$$

如果标量积＝0,那么将隐藏神经元的输出设定为－1,以确保输出是二元的。根据式(1.5),系统的输出是隐藏神经元形成的所有值的乘积。

$$\tau = \prod_{i=1}^{K} \sigma_i \tag{1.5}$$

系统的输出是二元的,如图 1.2 所示。

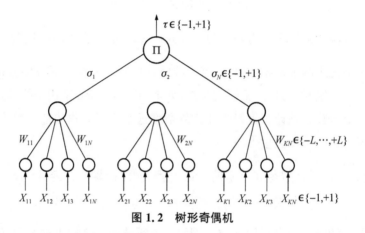

图 1.2 树形奇偶机

每一方[S(发送方)和 R(接收方)]使用一个独立的具有相同结构的树形奇偶机,网络的同步通过后续阶段实现。

1. 随机初始化权重。

2. 重复后续步骤以实现完全同步。

   ① 生成随机输入向量 X。

   ② 计算隐藏神经元的值。

③ 计算输出神经元的值。

④ 比较两端的输出。

   a. 如果两端输出不相同,那么转步骤2①。

   b. 如果两端输出相同,那么应用一些学习规则来更新权重向量。

如果我们继续这个过程,那么在若干次迭代之后,两个树形奇偶机的权值和其他值将是相同的。当完全同步时(两个树形奇偶机的权值 w_{ij} 相同),S 和 R 的权值可以被认为是密钥。这个过程称为双向培育。可以使用 Hebbian 规则进行协调,如式(1.6)所示(图1.3和1.4)。

$$w_i^+ = w_i + \sigma_i x_i \Theta(\sigma_i \tau) \Theta(\tau^S \tau^R) \tag{1.6}$$

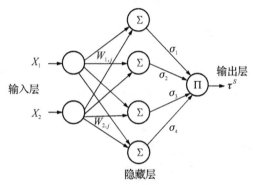

图1.3 树形奇偶机 S

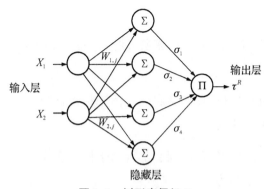

图1.4 树形奇偶机 R

以一个实例说明同步方案。设定

1. K 是隐藏神经元数，$K=4$。

2. N 是输入神经元数，$N=2$。

3. L 是权重 $\{-3,\cdots,0,\cdots,+3\}$ 的最大值。

考虑第一次迭代中的执行步骤。

在范围 $\{-3,+3\}$ 内对权重值进行随机初始化。输入向量 $\boldsymbol{X}_i$ 在 $\{-1,+1\}$ 内随机选择。S 和 R 的输入向量是相同的，但是两个网络的权重向量是不同的。

这里，对于 S，

随机权重向量 $W_{1,j(j=1,2,3,4)}$（从上到下）分别为 $3,1,0,-1$。

随机权重向量 $W_{2,j(j=1,2,3,4)}$（从上到下）分别为 $2,-1,-2,0$。

$\sigma_{i(i=1,2,3,4)}$ 的值根据式(1.3)计算。

第一个隐藏神经元的输出 $\sigma_1=\mathrm{sgn}(x_1\times W_{1,1}+x_2\times W_{2,1})=\mathrm{sgn}(1\times 3+(-1)\times 2)=\mathrm{sgn}(1)$。

第二个隐藏神经元的输出 $\sigma_2=\mathrm{sgn}(x_1\times W_{1,2}+x_2\times W_{2,2})=\mathrm{sgn}(1\times 1+(-1)\times(-1))=\mathrm{sgn}(2)$。

第三个隐藏神经元的输出 $\sigma_3=\mathrm{sgn}(x_1\times W_{1,3}+x_2\times W_{2,3})=\mathrm{sgn}(1\times 0+(-1)\times(-2))=\mathrm{sgn}(2)$。

第四个隐藏神经元的输出 $\sigma_4=\mathrm{sgn}(x_1\times W_{1,4}+x_2\times W_{2,4})=\mathrm{sgn}(1\times(-1)+(-1)\times 0)=\mathrm{sgn}(-1)$。

输出层中的隐藏神经元用 sgn(signum 函数)映射，如式(1.4)所示，以确保二元输出。计算方法如下。

对于第一个隐藏神经元(从网络顶部到底部)，由于标量积为 1[对应式(1.4)中 >0 的情况]，因此隐藏神经元的输出为 1。

对于第二个隐藏神经元(从网络顶部到底部)，由于标量积为 2[对应式(1.4)中 >0 的情况]，因此隐藏神经元的输出为 1。

对于第三个隐藏神经元(从网络顶部到底部)，由于标量积为 1[对应式(1.4)中 >0 的情况]，因此隐藏神经元的输出为 1。

对于第四个隐藏神经元(从网络顶部到底部),由于标量积为-1[对应式(1.4)中<0 的情况],因此隐藏神经元的输出为-1。

因此,输出层中隐藏神经元的值分别为 1,1,1 和-1。

神经网络 S 的输出采用公式(1.5)计算得到,是所有隐藏神经元形成的值的乘积。

因此,树形奇偶机 S 的输出 $\tau^S=\sigma_1\times\sigma_2\times\sigma_3\times\sigma_4=1\times1\times1\times(-1)=-1$。

这里,对于 R,

随机权重向量 $W_{1,j(j=1,2,3,4)}$ 分别为(从上到下)为 2,1,-1,0。

随机权重向量 $W_{2,j(j=1,2,3,4)}$ 分别为(从上到下)分别为 3,-2,2,1。

$\sigma_{i(i=1,2,3,4)}$ 的值根据式(1.3)计算。

第一个隐藏神经元的输出 $\sigma_1=\mathrm{sgn}(x_1\times W_{1,1}+x_2\times W_{2,1})=\mathrm{sgn}(1\times2+(-1)\times3)=\mathrm{sgn}(-1)$。

第二个隐藏神经元的输出 $\sigma_2=\mathrm{sgn}(x_1\times W_{1,2}+x_2\times W_{2,2})=\mathrm{sgn}(1\times1+(-1)\times(-2))=\mathrm{sgn}(3)$。

第三个隐藏神经元的输出 $\sigma_3=\mathrm{sgn}(x_1\times W_{1,3}+x_2\times W_{2,3})=\mathrm{sgn}(1\times(-1)+(-1)\times2)=\mathrm{sgn}(-3)$。

第四个隐藏神经元的输出 $\sigma_4=\mathrm{sgn}(x_1\times W_{1,4}+x_2\times W_{2,4})=\mathrm{sgn}(1\times0+(-1)\times1)=\mathrm{sgn}(-1)$。

输出层中的隐藏神经元用 sgn(signum 函数)映射,如式(1.4)所示,以确保二元输出。计算方法如下。

对于第一个隐藏神经元(从网络顶部到底部),由于标量积为-1[对应式(1.4)中<0 的情况],因此隐藏神经元的输出为-1。

对于第二个隐藏神经元(从网络顶部到底部),由于标量积为 3[对应式(1.4)中>0 的情况],因此隐藏神经元的输出为 1。

对于第三个隐藏神经元(从网络顶部到底部),由于标量积为-3[对应式(1.4)中<0 的情况],因此隐藏神经元的输出为-1。

对于第四个隐藏神经元(从网络顶部到底部),由于标量积为-1[对应式(1.4)中<0的情况],因此隐藏神经元的输出为-1。

因此,输出层中隐藏神经元的值分别为$-1,1,-1$和-1。

根据式(1.5),神经网络R的输出是对所有由隐藏神经元得到的中间输出进行乘法计算得到的。

因此,树形奇偶机R的输出$\tau^R = \sigma_1 \times \sigma_2 \times \sigma_3 \times \sigma_4 = (-1) \times 1 \times (-1) \times (-1) = -1$。

由于S和R有相同的输出,因此将Hebbian学习规则应用于权重。将Hebbian学习规则应用于与σ_i对应的权重,其中$\sigma_i = \tau$。本例中,树形奇偶机经过第一阶段处理后的最终输出为-1。因此,对应$\sigma_4 = -1$的权值应采用Hebbian学习规则进行更新。经过更新,权重值可能超出限制值$\{-3, \cdots, 0, \cdots, +3\}$。这里,我们必须确保突触长度(权重的限定值)应在指定的范围内,即$\{-L, \cdots, 0, \cdots, +L\}$,这里是$\{-3, \cdots, 0, \cdots, +3\}$。由于权重改变,隐藏层神经元的输出也会改变,进而影响最终输出。如果权重值大于3或小于-3,那么权重将分别保持在3和-3。

对于S,

$W_{1,1} = 3$不能用Hebbian学习规则更新。

$W_{1,2} = 1$不能用Hebbian学习规则更新。

$W_{1,3} = 0$不能用Hebbian学习规则更新。

$W_{1,4} = -1$需要用Hebbian学习规则更新,因为$\tau^S = \sigma_4$。

因此,更新后的节点$W_{1,4}^+$的值是:

$$W_{1,4}^+ = -1 + (-1) \times 1 \times \Theta((-1) \times (-1)) \Theta((-1) \times (-1))$$

$$= -1 + (-1) \times 1 \times 1 = -1 - 1 = -2$$

另外,

$W_{2,1} = 2$不能用Hebbian学习规则更新。

$W_{2,2} = -1$需要使用Hebbian学习规则进行更新,因为$\tau^S = \sigma_2$。

$W_{2,3} = -2$ 不能用 Hebbian 学习规则更新。

$W_{2,4} = 0$ 不能用 Hebbian 学习规则更新。

这里 $\sigma_2 = -1$,

$$W_{2,2}^{+} = -1 + (-1) \times (-1) \Theta((-1) \times (-1)) \Theta((-1) \times (-1))$$

$$= -1 + 1 \times 1 \times 1 = -1 + 1 = 0$$

这样,树形奇偶机 S 权重向量的更新就在第一阶段完成了。同样,树形奇偶机 R 权重向量的更新也在这一阶段完成。

在下一轮次,再次在 $\{-1, 1\}$ 范围内为 $\boldsymbol{X}_i$ 随机选择输入向量,并使用更新后的权重值,采用相同规则进行调优。每一轮中应用 Hebbian 学习规则更新与输出值相等的 σ_i 对应的权重。输入将随机变化,直到两个树形奇偶机的输出完全相同,即直到 $[\mathrm{output}(S) = \mathrm{output}(R)]$。这意味着该过程将持续进行,直到两个树形奇偶机的权重值相同。即,在接收端和发送端网络 S 和 R 中,突触权重是相同的。因此,当所有突触长度的权重值都满足 $TPM_S \cdot W_{ij} = TPM_R \cdot W_{ij}$ 时,同步停止。

这两个树形奇偶机的相同的权重向量可以用作私密密钥或会话密钥。该方案的优点是,我们不需要传输会话密钥,这是因为两个树形奇偶机具有相同的权重向量,所以可以通过公共通道同步权重向量。使用这个权重向量,一个树形奇偶机用来加密文本,另一个用来解密文本。

如果生成的密文不包含足够的信息来唯一确定对应的明文,那么无论有多少可用的密文,加密方案都是无条件安全的。这确保,由于缺乏足够的先验知识,即使花费很大的力气仍然很难解密源文。在最新的密码学研究的发展中,不断涌现的加密程序使它们在计算上更加安全。基于以下两点,一种加密算法被认为是计算安全的:

- 破解密码的成本超过加密信息的价值。

- 破解密码所需的时间超过信息的有效生命周期。

暴力破解方法会尝试所有可能的密钥,直到可以将密文转换为明文。对于高效的暴力破解方法,遍历所有可能密钥的一半就可以达到破解效果。因此,为了安全起见,密钥长度必须足够长,才能避免这种攻击。

可以用以下几种方法对加密方法进行评估,分别是:

频率分布检验;

卡方检验;

密钥空间分析;

加密/解密时间的计算;

根据卡方值与 RSA/DSA 方法比较性能。

"密码学(cryptography)"一词是由两个希腊单词合并而成的,"krypto"的意思是隐藏的,"graphein"的意思是书写。

密码学的出现与文字一样,都是需求驱使产生的。随着社会的发展,人类被分为不同的部落、群体和国家,这导致了诸如影响力、战斗力、权威和政策等概念的出现。这些概念又进一步使得人们有了将秘密信息传递给特定方的必然需求,从而保证了密码学的不断发展。密码学起源于罗马和埃及文化。

密码学公认的初始使用标志是在"象形文字"的使用中发现的。大约 4 000 年前,埃及人用象形文字传递信息,密码只有代表国王传达信息的抄写员才知道。后来,到公元前 500 至 600 年,知识分子热衷于使用简单的单字母替换密码。基于一些秘密的规则,采用错综复杂的替换改变了原始记录中的字母,替换后的符号生成了秘密信息。这一规则成为从变形记录中恢复出原始记录的密钥。

密码技术是对密码系统的研究,分为两个分支:密码学和密码分析学(如图 1.5)。

图 1.5　密码学的范畴

密码学为数字信息提供了真正的保护,它指的是由一套提供基本数据安全保障的科学规则组成的设计方案。密码学可以被认为是由一个包括各种程序的庞大工具包构成的。

密码分析学是在不知道确切转换算法的情况下,通过分析来检测加密数据中的秘密内容。它包括对密码机制的学习,以及对源代码的解码。在新密码系统的设计阶段,密码分析学也被使用,以测试方案的安全强度。

使用密码学的主要目的是提供以下五个基本的信息安全服务。

- 机密性

为了防止将信息泄露给非法者,信息必须具有保密性。使用加密方法打乱数据,使其对于除合法查看者之外的所有人都难以理解。

- 数据完整性

数据完整性保证了数据集合在形成、传输或存储后,没有被非法手段修改过。这确保了数据没有增加、删除或替换的情况发生。数字签名或验证密码是加密方法,用于防止硬件故障或传输问题导致的无意更改,以及敌方进行的恶意修改。

- 身份认证

身份验证密码系统中有两种类型的身份认证服务:完整性身份认证和来源认证。完整性身份认证保证了数据通过通信介质或 Mesh 网络从源头发送到目的地的传输过程中信息的不变性。来源认证是为了确认发出信息的发送者的身份。此服务通常通过隐写程序和数字签名的方式提供。使用文本或单幅图像或双幅图像完成任务。基于共享密钥传输的身份认证和用于身份认证的密钥传输是与这种类型的身份认证相关的主要过程。

- 授权

授权是一个给予经过验证的实体进入特定空间或领域的通行权的过程,以执行该实体希望进行的某些活动。该服务由包括身份认证过程在内的强大加密技术支持。只有当实体的身份被系统或服务提供商成功验证后,才会授予此服务。

- 不可否认性

不可否认性是指一个实体不能否认某个行为、承诺或对另一个实体的操作、所有权、访问权限或成员身份的有效性。它还确保数据、消息或事件的原始创建者不能否认其已经执行的活动。例如,购买者不能否认购买订单。但与此同时,必须为交易启用不可否认服务。这是一个基于通信技术的与服务相关的法律概念。

密码学包括安全领域中具有诸多良好安全便利的工具和方法，包括：

- 加密

- 哈希函数

- 消息验证码（MAC）

- 数字签名

- 数字证书

密码学也存在一些缺点，其中之一是计算的复杂性。在实施任何应用程序实现之前，都需要对计算复杂性进行估计。就像如果我们在基于传感器的系统中使用任何加密方法，并使用电池作为电源备份，那么我们必须在设备中采取任何安全措施之前考虑计算复杂性。

隐写术是一种精细的技巧和知识，它使用特定的技术将不可见的信息嵌入载体中，只有发送者和计划的接收者才知道该消息的存在。这是一种保护信息匿名性的安全保护方法。该类系统的一个实例被称为不可感知水印。

在隐写术中，一个计划外的收件人或入侵者并不知道隐藏的不可见的信息或数据的存在。但在密码学中，入侵者是知道通信这个事实的，如经过掩饰的或变形的信息是以不可读但是可见的形式出现的。

"隐写术"一词来自希腊语"steganos"和"graphie"。"steganos"是隐藏的意思，"graphie"是书写的意思。隐写术是一门书写隐藏信息的艺术和科学。隐写术从公元前 400 年就开始使用了，但都是手动操作的过程。

如今，隐写术可分为文本隐写术和图像隐写术。在文本隐写术中，以各种方式将秘密信息隐藏到不可见字符的不同位置，可基于相同的哈希函数来确定秘密信息的位置。

在图像隐写术中，使用特定的规则或哈希函数将秘密信息或图像嵌入载体图像中，并使其可见质量接近于原始载体图像。图 1.6 描述了隐写术的一般处理过程。

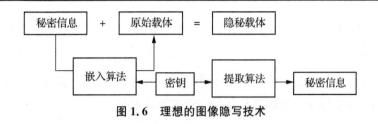

图 1.6　理想的图像隐写技术

图像隐写技术可分为两类：

- 空域隐写

- 变换域隐写

基于空域的图像隐写技术通过直接扰动图像的像素值，将秘密信息直接嵌入像素强度值中。嵌入和解码过程是无损的，但从载体中解码秘密信息时，载体图像的质量可能会略有下降。在基于频域的隐写技术中，首先使用标准变换技术将图像变换到频域，然后采用一些方法将秘密信息或图像嵌入变换系数中，最后再将嵌入后图像系数反变换到空域，得到一幅嵌入后图像，被称为隐秘图像。在接收端，再次使用相同的变换技术对图像进行变换，将图像转换到频域，在相应位置从载体图像中提取出秘密信息或图像。一般来说，像素的最低有效位(LSB)会被替换为秘密比特，这样给载体图像带来的失真最小。图 1.7 给出了图像隐写中进行空域 LSB 嵌入的流程图。

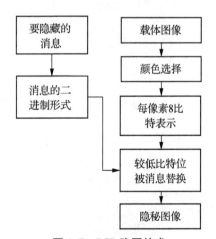

图 1.7　LSB 隐写技术

图 1.8 展示了 LSB 嵌入数据的过程。考虑从图像中获取的 6 个像素值分别为 200, 255, 150, 0, 100 和 50。秘密数据为 101001。每个像素的 LSB 嵌入一个秘密比特。嵌入后像素值变为 201, 254, 151, 0, 100, 51。需要注意的是，6 个像素中的每个像素变化不超过

±1,4 个像素的变化为+1 或−1,2 个像素不变。在这种情况下,嵌入后图像的质量退化不大,图像的感知质量很好。

在某些情况下,像素的退化比预期的要严重得多。在这种情况下,需要调整像素值,同时保持秘密位不变,以保持图像的感知质量接近于原始载体。

载体图像的像素值:	200	255	150	0	100	50
载体图像像素值的比特序列:	11001000	11111111	10010110	00000000	01100100	00110010
秘密数据比特:	1	0	1	0	0	1
隐秘图像的比特序列:	11001001	11111110	10010111	00000000	01100100	00110011
隐秘图像的像素值:	201	254	151	0	100	51

图 1.8　基于 LSB 的图像隐写示例

图像隐写的目标有数据隐藏、确保信息传输的安全性、实现数据的隐蔽传输、进行身份认证和所有权验证,如图 1.9 所示。

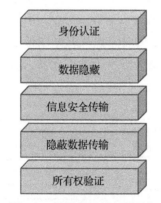

图 1.9　隐写处理的各种目标

这些过程的算法流程如图 1.10 和 1.11 所示。

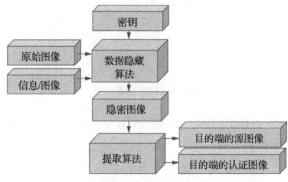

图 1.10　空域隐写中嵌入与认证的一般过程

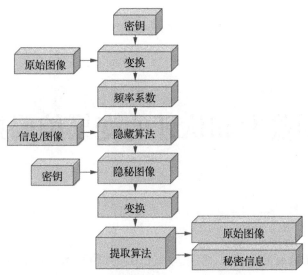

图 1.11　频域隐写嵌入与认证的一般过程

从安全性的角度来看,整个问题域可以按图 1.12 所示进行分类。

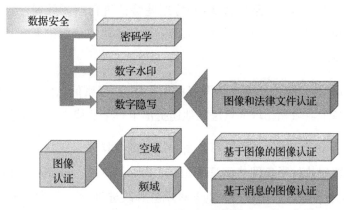

图 1.12　完整的安全问题域

2

用于可逆隐写和认证的变换编码技术现状

物理隐写术起源于公元前 5 世纪,希腊皇帝使用这种隐写术进行隐蔽的物理通信。在数字隐写术中采用了类似的方法,只是其中的处理介质是二维矩阵。

2005 年,Aloa 等人提出了一种针对护照持有人身份真实性的验证方法。该方法提取持有人原有姓名与护照号码的某些特征,并将这些特征进行摘要处理,然后在护照照片中隐藏包含姓名和护照号码摘要的不可见水印。该技术可以确保护照照片未被替换,使验证过程变得简单。

Ghoshal 于 2010 年在其论文《基于隐写术的图像认证/秘密信息传输技术的设计与实现》中设计了一些基于空域和频域的算法。他还提出了一个法律文件认证模型。

Ghoshal 于 2015 年在其论文《用于彩色图像认证的变换域水印技术的设计与实现》中提出了基于变换域的几种彩色图像认证算法,如 Binomial、G-Let、Legendre 等。在各种调整的基础上,他还对嵌入后图像质量的各种调整和改进进行了广泛的研究。

Khamrui 于 2017 年在其论文《将基于遗传算法的隐写术用于图像认证》中,就遗传算法在空域和频域中的应用提出了不同的算法。

2012 年,Rajathilagam 等人提出了一种利用群论的群变换进行信号处理的创新方法。他们实现了 G-Let 这种新的信号处理算法。Sengupta 和 Mandal 在 2013 年提出了一种基于 G-Let 的认证技术,利用 Hough 变换从原始签名中获取生成的签名对数字文档进行认证。对载体图像进行 G-Let 变换,得到 n 个 G-Let 系数。在 $n/2-1$ 个 G-Let 中嵌入秘密的 Hough 签名比特。利用 AHSG 失真最小化特性来调整失真。

2018 年,Hussain 等人基于研究者的最新成果对空域隐写技术进行了详细论述,给出了空域中不同载体的隐写结构;对现有的嵌入方法进行了比较,指出了其优缺点。

2016 年,Sahar 和 Rahman 实现了一种基于离散余弦变换(DCT)的隐写术。该技术将秘密比持按顺序嵌入 DCT 系数的直流(DC)分量的最低有效位中,可采用 1-LSB 和 2-LSB 的方法。研究提出了一种根据需求改变载体和秘密信息大小的组合方法。结果表明,该算法能够获得性能良好、分辨率高且失真最小的隐秘图像。技术表明所提出的系统比其他系统性能更优越。

2016 年,Dadgostar 和 Afsari 针对将秘密数据嵌入灰度图像载体中会产生可感知失真的问题,提出了一种创新的基于 LSB 的自适应嵌入方案。该方案使用了改进的基于 LSB 的技术以获得更好的性能。采用基于 k 位 LSB 的嵌入技术,使边缘区域比平滑区域嵌入更多的比特数。利用区间值模糊边缘检测器检测边缘和光滑区域。这种边缘检测器的优势是具有边缘保持特性。实验结果表明,该方法具有较好的性能。

2016 年,Denemark 等人提出了一种基于真实图像上的选择通道感知特征进行测试的技术。实验选用质量因子为 75 和 95 的 JPEG 图像。该文献从正在考察的图像中计算 $\delta_{uSA}^{1/2}$。如果输入的是密文图像,那么从密文图像中得到变化率 β。这需要考虑载体各元素被修改的嵌入概率。基于先验概率知识,在检测器中利用原始载体和隐秘载体的特征构建分类器。

2016 年,Gael、Ekodek 和 Ndoundam 利用中国剩余定理(CRT)提出了一种独特的 PDF 隐写方法。他们提出了四种不同的技术来增加嵌入在载体 PDF 文件中的信息量。这大大减少了文件中字符位置之间 A0 的插入数量,从而减小了载体文件和隐秘文件之间的权重差。这是通过确保嵌入的 A0 的数量小于秘密信息 s 的字符数量来实现的,或者至少当 s 变大时,插入的 A0 的数量不会激增。实验结果验证了方法的可行性和参数的最优性。随着数据隐藏技术在版权保护水印、PDF 文件认证等领域的应用,可以在已有基础上进行进一步的研究。

2016 年,Muhammad 等人提出了一种基于不相关颜色空间(UCS)隐写术的安全高敏感数据传输方法。在现有的方法中,相关颜色空间是最常用的方法。但该方法有严重的缺陷,轻微的修改就会产生扭曲的颜色通道,从而产生低质量的隐写后图像。这个问题已经通过一种基于 UCS 的不易察觉的自适应 LSB 架构得到了解决。

2015 年，Jero 等人提出了基于心电图（ECG）隐写术的连续蚁群优化（CACO）方法和 DWT-SVD 水印嵌入方法。通过奇异值分解（SVD）和加性量化技术实现了患者数据的保密性。在此，使用 CACO 增强了鲁棒性，同时使隐写后心电图信号的失真最小化。使用峰值信噪化（PSNR）、峰值相对误差（PRD）和 KL 距离等指标计算六种不同水印大小的性能，这有助于确定指定的不可感知性和鲁棒性的水印大小。

2016 年，Sajedi 提出了一种隐写技术的模式，并基于该模式应用隐写分析方法来实现更安全的数据隐藏。在隐写分析中，作者更倾向于使用数据挖掘技术。

2016 年，Subhedar 和 Mankar 设计了一种基于冗余离散小波变换（RDWT）和正交三角（QR）分解的图像隐写方法。他们验证了提取的秘密图像与原始秘密图像的误码率、结构相似性和归一化互相关。

2015 年，Wu 等人设计了基于噪声的光学隐写方案。实验证明该方案可以有效地在光谱域和时域隐藏一条隐秘通道。放大自发辐射（ASE）或超辐射光是通过自发辐射产生的光，在增益介质中通过受激辐射过程得到光学放大。它是随机激光领域所固有的现象。ASE 噪声具有较短的相干长度，为了检测相位调制的隐秘信号的存在，发射端和接收端的光时延必须精确匹配。ASE 噪声的宽频谱和随机相位具有有效隐藏隐身信号的优势。带宽越宽，在色散相同的情况下，光时延越长，因此隐秘通道对无补偿色散的容忍度较低。

2018 年，Hamed 等人通过讨论 DNA 隐写在实际应用遇到的挑战，提出了一种独特的方法。他们将基于 DNA 的隐写技术与所提出的技术相结合，提出了双层安全方案。其思想是使用 DNA 保守性突变来支持高比特容量。允许一个 DNA 碱基被另一个碱基替代，从而能够携带两个比特的信息。

2018 年，Liao 等人通过保留医学图像的块间依赖关系，设计了一种基于 JPEG 的隐写方法。采用最低有效位（LSB）方法进行图像嵌入，采用混沌算法对医学图像进行加密。患者信息被隐藏在加密的医学图像中。

2017 年，Miri 和 Faez 提出了一种在频域使用遗传算法的独特数据隐藏技术。对载体图像进行自适应小波变换，并采用遗传算法进行进一步处理。通过将数据隐藏在表示空域边缘的频率中进行嵌入，从而降低了隐写对视觉的影响。仿真结果表明，该方法优于许多现有方法。

2017 年,Valandar 等人提出了一种基于变换域的隐写新技术,将改进的逻辑混沌映射用于彩色图像。采用整数小波变换对图像进行变换。该算法利用混沌映射生成要进行嵌入的像素点的位置。在接收端,采用相同的变换和混沌映射对秘密信息进行解码。

2017 年,Zhou 等人提出了一种通过分解图像的合成纹理来恢复原始图像的技术。该技术可以验证原始图像是否是隐写后图像,从而从隐写后图像中提取隐藏的信息。

2018 年,Atta 和 Ghanbari 提出了一种基于小波包分解(WPD)和中智集的数据隐藏算法。在对载体图像进行小波包分解后,考虑子带的父子关系构建小波包树(WPT)。基于中智集的边缘检测器(NSED)进行嵌入,确定每个 WPT 是边缘树还是非边缘树。该方法能够抵抗 RS 检测攻击、像素差直方图分析和通用隐写分析。

2018 年,Gaurav 和 Ghanekar 提出了一种基于人类视觉系统(HVS)的改进隐写技术,该技术对尖锐边缘区域的变化不太敏感。他们采用一种新的基于异或的消息嵌入技术,该技术基于 LSB 平面进行修改,具有保证改变的比特数最小的能力。

2018 年,Shanthi 等人提出了一种基于 Feistel 结构网络(FSN)的高度安全的云数据系统,该系统采用了隐写技术。为保证数据的安全性,公钥和主密钥由数据所有者随机创建。数据所有者对公钥、数据和索引进行加密,并使用隐写术将加密信息隐藏到图像中,然后将图像上传到云服务器。当数据用户想要访问数据时,会发出搜索请求,并将请求传输到云服务器,将公钥和数据索引上传到服务器。经过身份验证的用户将向云服务器提供用户名、聚合解密密钥(ADK)和公钥。经过验证后,云服务器要求进行第二阶段过程,即身份验证。这个过程考虑指纹验证的三个方面,并检查所有凭据,如果验证成功,那么它允许用户共享加密数据。云用户只有从数据所有者那里获得 ADK 密钥和公钥后才能进行解密。云服务器对图像和 ADK 进行身份验证,所有这些凭据都通过云数据进行验证,验证通过后才允许下载数据,确保了良好的安全性。

2018 年,Sloan 和 Hernandez-Castro 针对著名的 OpenPuff 工具的 PDF 组件提出了一种基于隐写分析的攻击方法。该方法可以使用简单的脚本在 PDF 格式中准确地感知 OpenPuff 隐写的存在。OpenPuff 是一个拥有庞大用户群的多格式半开源隐写系统。这种攻击与之前已有的针对该软件的隐写分析方法相比更简单、精度更高,使人们对这种隐写工具所提供的安全性产生了担忧。

2018 年,Thanki 和 Borra 提出了一种基于有限脊波变换(FRT)、离散小波变换(DWT)和

Arnold 置乱的隐写方法,用于在颜色空间中隐藏秘密信息并进行传输。为进行隐蔽通信,首先通过 Arnold 置乱对秘密彩色图像进行加密,然后将其插入彩色图像中得到隐写后图像。这种安全措施的组合满足了彩色图像传输的所有安全要求,提供了高安全性和有效载荷容量。与现有技术进行了质量参数的比较,结果表明该技术优于很多现有技术。

2017 年,Wang 等人提出了一种基于噪声放大自发辐射的多位波长编码相移键控光学隐写技术。光学数据加密、光学隐写、光学混沌加密和量子密钥分发是提高光通信安全性的关键因素。利用光学异或逻辑对数据进行加密,具有高速、低延迟的特点,但生成的信号仍然是数字化的,并且完整包含原始数据。

2018 年,Yang 和 Li 为联合码字量化索引调制隐写(JC-QIMS)提供了一种独特的基于码字贝叶斯网络(CBN)的隐写分析方法。该方法从时间和空间两方面分析了码字转换的隐写灵敏度,并在隐写敏感的码字时空转换网络的基础上进一步构建了 CBN。无论对于独立码字 QIMS 还是 JC-QIMS,该方法在相同的嵌入率和语音长度下,相比现有方法都有更好的性能。

2019 年,Hamzah 等人提出了一种基于阿拉伯书法的语言隐写框架,将阿拉伯诗歌和谚语作为数据集来隐藏秘密信息。他们使用了一种阿拉伯字母的形状(Naskh 字体),并采用了改进的 Aho-Corasick 算法(AC*)。该过程对其隐藏容量和安全性进行了评估。他们利用阿拉伯字体(Naskh)中字母的多种形状来提高信息的隐藏能力。机器学习方法可用于选择所需的有意义语句片段集,以增加安全级别。

2019 年,Al-Nofaie 等人设计了两种隐写技术,可用于阿拉伯语文本和其他类似语言,例如波斯语和乌尔都语。该技术根据容量和安全性等参数改进了数据隐藏的性能。提出的第一个方法称为 Kashida-PS,用于调整字母之间间距的特定符号,它将 Kashida(0640)和伪空格[PS(200C)]相结合,还在非标准空格(NS)之后使用 PS,这为阿拉伯语文本隐写提供了最大容量。提出的第二种方法称为 PS-betWords,它在 NS 之后使用 PS 来隐藏一组秘密比特以代替一个比特。该方法的目的是提高安全性,并且可以适用于不同的语言。

2019 年,Mohsin 等人提出了一种基于合并算法的新型生物特征模式模型。该技术与射频识别和指静脉(FV)生物特征相结合,增强了模式结构的随机性和安全性。他们为这个混合模式模型设计了一系列加密、区块链和隐写技术。该方法保证了注册设备与节点数据库之间通信的机密性、完整性和可用性,并且进行了 FV 生物特征验证。该方法使用区块链来实现数据的完整性和可用性,机密性则通过应用粒子群优化、隐写术和先进的加密技术来实现。该技术可以部署在两种模式中,如在一个去中心化的网络架构上,包括接入点和各种数据库节点,而没有中心点。提出的方法已经在从 6 000 个 FV 图像样本中选取的 106 个样本上进行了实验。结果显示,与其他方法相比,该高抗验证框架能够有效抵御欺骗和暴力攻击。所提出的框架优于已有的工作,在注册设备和节点数据库之间的数据传输过程中,基于生物特征模板的性能提高了 55.56%。

2019 年,Devi 等人设计了一种验证隐写术如何作用于 T2 加权磁共振(MR)图像的技术,并监测如何将病变大脑与正常大脑区别开来。采用 LSB 替换方法,可以有效地从视觉上隐藏患者的机密信息,并在检测病变脑 MR 图像获取得了良好的分类精度。它通过对载体的 MRI 图像像素的最小有效位进行调制,嵌入患者的个人信息,从而保证了其电子病历的保密性。随着物联网医疗(IoMT)应用的日益广泛,该技术将患者的秘密信息隐藏到载体图像中,生成的隐写后图像具有高保密性、容量大、可见扰动最小的特点。所提出的技术还可以用于在患者个人秘密信息的安全性和包含机密数据的图像分类之间进行权衡。仿真结果表明,隐写后图像不影响医学计算机辅助诊断(CAD)系统分类的准确性。医学 CAD 系统仅使用隐写后 MR 图像就可以获得相当高的分类精度。使用这样的技术可以构建更严格的安全系统。采用特定方法的集合,如可以将特征提取器、选择器和分类器结合起来,以实现更高的识别病变大脑的性能;还可以设计多类分类器,用于对脑部疾病的类型或阶段进行自动分类。

2019 年,Ahmadian 和 Amirmazlaghani 提出了一种基于最优非对称加密填充(OAEP)和信息分散算法(IDA)的秘密图像共享技术。该技术具有计算安全、窗口小的特点,同时该技术也提升了共享生成和秘密重构的性能。经过评估,该技术具有出色的隐蔽性,能够确保秘密图像对计算能力有限的攻击者保持高度保密。此外,他们还采用了一种基于边缘的隐写方法来隐藏载体图像中参与者的共享信息。该方法具有更高的视觉质量和更好的抗隐写分析能力。仿真结果表明了该方法的准确性和有效性。在这个方案中,秘密值 $s_1, s_2, \cdots, s_L$ 不是直接共享的,它们只是作为随机预言模型的输入。这些值有 2γ 个可能的候选者,如果 γ 足够大,那么这个过程就不可行。这进一步增强了秘密图像共享的安全性。

2019 年,Mahato 等人设计了一种新技术来加强发送方和接收方间的通信交流。该技术主要关注在线社交和网站视频共享网络中的通信。利用评论功能进行通信,这在应用中是不太常见的。隐秘评论的生成是通过执行同义词替换来完成的,该替换是基于哈夫曼编码的。编码选择先前评论的自动总结作为要传递的载体。该技术已被证明是安全的,不会让隐秘评论中的秘密内容产生明显的存在感。利用基于字符串相似度的模糊逻辑对一个样本数据集字符串之间的相似度指标进行评估,该方法的嵌入率(比特率)约为9.04,与现有的方法相比是非常高的。由于是间接通信,因此无法通过流量分析跟踪通信。

2019 年,Zou 等人对隐写分析特征表达的关键问题进行了细致的研究,并建立了基于特征学习的隐写分析范式。他们提出了一种基于深度学习的隐写分析框架。该框架采用了具有代表性的深度学习方法卷积神经网络(CNN)。该框架具有平滑的基于模型的隐写特征,如邻域相关性。他们建议基于全局约束和低嵌入率的特征学习方法,提出了一种适用于多种隐写方法的通用隐写分析技术。隐写分析检测器的创建是进行通用隐写分析的主要目的。

2019 年,Jarusek 和 Kotyrba 设计了一种基于神经网络的隐写方法(StegoNN)。该方法可以从一组签名图像中识别出合成图像。该方法(StegoNN)利用神经网络的特性来创建后续检测修改照片所需的必要属性。这种方法的优点在于,通过这种方法签名的图像不需要任何外部数据来检测修改,并且图像不同部分的签名质量也有助于识别图像的修改(损坏)部分。明智的做法是根据隐写和语义相关文本的通道来选择照片共享网站。如何保持描述性文本和相关图像之间的相关性一直是一项具有挑战性的任务。

2019 年,Li 等人设计了一种独特的密文图像描述框架(SIC),该框架基于神经图像描述(NIC),其唯一目的是自动为给定图像创建隐写描述。秘密数据通过一种称为动态同义词替换(DSS)的高效嵌入技术嵌入描述中。该方法有效地克服了普通同义词替换技术的主要缺点,消除了同义词频率在嵌入时发生改变的统计特征。该框架同时考虑了基于生成的隐写和基于同义词替换的隐写。实验结果表明,该方法的性能优于 NIC,对不同的隐写分析工具具有较高的隐蔽性。在动态同义词替换中同义词频率分布得到了完全保留,与现有方法相比具有更高的安全性。

大多数自适应隐写算法难以抵御缩放攻击,而基于量化索引调制的算法抗检测性能也不够好。为了解决这些问题,Zhang 等人在 2019 年设计了一种基于 Zernike 矩的空域自适应隐写方法,以抵抗缩放攻击和统计检测。该方法首先提取载体图像的归一化 Zernike

矩,然后通过抖动调制得到新的载体图像。嵌入是使用 S-UNIWARD 和 STCs 代码完成的。最终的密文图像是通过对 Zernike 矩进行反向运算生成的。仿真结果表明,与 S-UNIWARD 隐写相比,该方法能有效地抵抗三种常见的缩放攻击,且错误率较低。通过与现有算法的比较,发现基于量化索引调制的算法具有更好的性能。

二值图像隐写依赖于找到合适的嵌入位置,这限制了嵌入容量。2019 年,Zang 等人提出了一种既依赖于像素翻转后的区分效果,又依赖于相应像素翻转后的视觉效果的失真度量方法,称为联合失真度量。在该方法中,使用三元伴随式矩阵编码(STC)进行嵌入。实验结果表明,所提出的失真度量方法具有较高的容量和图像质量,以及较强的统计安全性。

3

空域和频域中的可逆编码

隐写术一词起源于 15 世纪,"Steganographia"一词是由德国本笃会修道院的修道院长特里特米乌斯于 1499 年创造的,是他写的一本著作的名称,因此,"Steganographia"本身就是隐写术的一个例子。

一个名叫 Histiaeus 的古希腊人,为了对抗波斯统治者,寻找秘密传达信息的人,他把一个仆人的头发剃光,把秘密信息文在他的头皮上。几天后,等头发长出来就把他派到指定的地方。接收信息的人再一次刮光他的头发,以获取信息。古希腊人还采用在兔子肚皮上刻字的方法来传递秘密信息。

约公元前 5 世纪,被流放的古希腊人德玛拉图写了一个警告备忘录,说波斯人事先安排了与斯巴达的战斗。他把这个秘密消息写在木块上,然后用蜡丸把备忘录藏起来,伪装成用于展示的木制牌匾。这位斯巴达君主的妻子猜测,牌匾里面可能隐藏了消息,随即把蜡刮掉,警示信息便显露了出来。然后,他们在塞莫皮莱准备进行孤注一掷的战斗来保护自己。这些是电影《300 勇士:帝国崛起》里的情节。

在第二次世界大战中,将微缩照片做成手表表盘表面的小圆点来隐藏秘密信息。这些工具往往由潜伏者携带,目的是将信息带出敌对方阵营。在现代打印技术中,也使用类似的微小标记用来认证制造商的身份。

密码学(加密)是一种保护重要信息的工具,它将其转换成不可读的形式,在没有密钥的情况下无法获取这些信息。而隐写术是以可见的方式进行不可见的信息交流。比如,我看到一位女孩穿着一件前面有某种图案的羊毛衫,而这种图案可能是一种像莫尔斯电码的编码数据。再比如,在基于多媒体的隐写术中,使用歌曲信号作为音频认证。在音频文件的生成、存储和传输中,不考虑低频和高频分量。这些频率分量可以用来存储隐藏的信息,如演唱者的详细信息。该技术可用于认证音频的发布者、演唱者、词曲创作者等。医学成像、远程医疗和军事通信都可以使用隐写术进行认证。当恶意攻击者使用不同的策略恢复隐藏的秘密时,超媒体信息安全水平需要得到提高。因此,目前需要采用受保护的图像隐写技术,这是一种战略考虑。

隐写术的目的是将秘密信息隐藏在载体中,使其他人无法察觉隐藏信息的存在。从技术上讲,简单地说,"隐写术意味着将一段数据隐藏在另一段数据中"。

现代隐写术将信息隐藏在数字多媒体文件或者网络包中。

将信息隐藏到媒体中需要以下要素:

- 载体(C)将保存隐藏的数据。

- 秘密消息(M)可以是纯文本、图像或任何类型的数据。

- 隐藏函数(Fe)通过将秘密信息(M)嵌入载体(C),生成隐秘载体图像(S),其逆函数(Fe^{-1})用于从隐秘载体图像(S)中提取秘密信息(M)。

- 可选的嵌入密钥(K)或密码可用于隐藏和提取消息,从而提高安全性。

隐写函数对原始载体和消息(待隐藏)以及隐写密钥(可选)进行操作,以产生隐秘载体图像(S)。隐写操作的原理如图3.1所示。

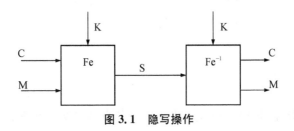

图3.1 隐写操作

3.1 隐写术的特点

1) 不可感知性

隐写术使用一些隐藏技术将秘密信息嵌入载体中,使入侵者无法发现秘密信息的存在。

隐写术是指将一组数据隐藏在另一组数据中,这种方式使得不可感知是其一个重要的特征。通过比较嵌入前后载体的图像保真度和结构相似度来衡量嵌入后载体的感知质量。

2) 嵌入载荷容量

原始载体是一个文件,如手稿、图像、音频或视频。嵌入量(装载/有效载荷)是载体中每个字节所隐藏的比特数,定义为比特每字节(b/B)。嵌入的有效载荷量和鲁棒性是两个相关的特性。我们将嵌入的最大量作为有效载荷。另外,在进行身份验证的情况下,我们使用密钥和哈希函数来最大化鲁棒性。此过程用于确保发送者和消息的身份验证,并应用于第三方通信中。通过第三方通信,发送方发送密钥信息和哈希值。在接收端,接收者提取嵌入的信息,并将其与通过第三方通信系统传递的信息进行比较。

假设你为了获得美国医生的远程医疗建议而发送了你的心脏血管造影。如何确保你的血管造影已经通过网络到达医生手中呢?这可以通过不可见水印来实现。例如,可以利用哈希函数,将你的详细信息和 Aadhar 号码嵌入血管造影中。(译者注:"Aadhar"计划是印度实施的一项身份识别项目"Unique Identification Project",曾完成了对逾 5 亿人的人口统计与生物识别数据采集工作。)相同信息通过其他保密通信通道或第三方通信系统单独发送给医生。在接收端,使用同样的算法从血管造影图像中提取嵌入的水印。将提取的信息与通过第三方安全通信通道接收的信息进行比较。如果这两个信息相匹配,那么医生将确保完成了血管造影的认证。基于"不可感知"的限制,最高有效载荷(有效载荷是每个像素中嵌入的比特数)指的是嵌入图像中的高密度秘密信息。如果有效载荷进一步增加,那么其他人就会发现嵌入的水印,也就是说,观察者会注意到图像的变化。

3) 不可检测性

一个攻击者通过计算统计特征,就能够发现隐藏信息的行为。如果(攻击者)对载体图像进行研究,发现其像素分布与原始图像不一致,那么就会产生怀疑,并进行进一步检测。因此,好的隐写技术应该保留原始载体的统计特性。这被称为不可检测性,与不可感知性不同,因为它不依赖于人类的观察力。

4) 攻击鲁棒性

当图像必须依赖于广播媒体时,它们可能会受到噪声、对比度变化、裁剪、旋转等的攻击,因此,通常重要的图像将使用良好的算法加密(例如 ECC——椭圆曲线加密)。在当前的趋势下,密文图像是加密的,以提高数据安全性。有不同类型的图像,如二值、灰度、RGB、CMYK,且基于这些图像有不同类型的隐写过程以及压缩技术。好的隐写技术应该能够抵抗各种隐写攻击。

3.2　隐写术的类型

1) 文本隐写

文本隐写将文本隐藏在其他文本的后面。在文本载体的纯文本中隐藏数据可以通过许多不同的方式来完成,例如选择要嵌入隐藏信息的位置。它将完全取决于该位置单词中出现的字符数。

2) 图像隐写

图像隐写是将数据/图像/文本等形式的秘密信息嵌入载体图像中,使载体图像的感知质量没有大幅度下降,并保持在感知质量水平内的技术。例如,最低有效位(LSB)隐写是最具代表性的方法。考虑以下 LSB 隐写示例。从 Lena 图像中选择 9 个像素以实现 LSB 隐写嵌入(图 3.2)。

149	13	201
150	15	202
159	16	203

图 3.2　从 Lena 图像中选择 3×3 的子图像

图 3.3 显示了从 Lena 图像中获取的 3×3 子图像的 9 个像素的二进制值。假设秘密信息的值为 365,其二进制值为 101101101(图 3.4)。

10010101　　00001101　　11001001

10010110　　00001111　　11001010

10011111　　00010000　　11001011

图 3.3　3×3 子图像像素的二进制值

$$10010101\mathbf{1} \qquad 00001101\mathbf{1} \qquad 11001001\mathbf{1}$$

$$10010110\mathbf{0} \qquad 00001111\mathbf{1} \qquad 11001010\mathbf{0}$$

$$10011111\mathbf{1} \qquad 00010000\mathbf{0} \qquad 11001011\mathbf{1}$$

图 3.4　LSB 被标记为黑体

现在将 9 个 LSB 替换为 101101101。改变的 LSB 下面加了横线,如图 3.5 所示。

$$10010101\mathbf{1} \qquad 00001100\mathbf{0} \qquad 11001001\mathbf{1}$$

$$10010111\mathbf{1} \qquad 00001110\mathbf{0} \qquad 11001011\mathbf{1}$$

$$10011111\mathbf{1} \qquad 00010000\mathbf{0} \qquad 11001011\mathbf{1}$$

图 3.5　嵌入秘密比特 101101101 后的像素值

因此,9 个比特被嵌入 9 个像素的 LSB 位置,但实际上只有 4 个位置发生了变化。嵌入后,像素的二进制值转换回来得到隐写后图像。

考虑一种用于彩色图像认证和篡改检测的脆弱水印方案。该方案使用的是盲水印,在彩色载体图像中嵌入 4 个认证图像水印,以同时提供鲁棒的认证和篡改检测功能。该方案将载体图像分为 2×2 的不重叠的子块,并采用基于可变阈值的方法嵌入秘密比特。考虑计算嵌入秘密比特后的矩阵的标志位,然后将标志位嵌入矩阵中,用于篡改检测,框架如图 3.6 所示。

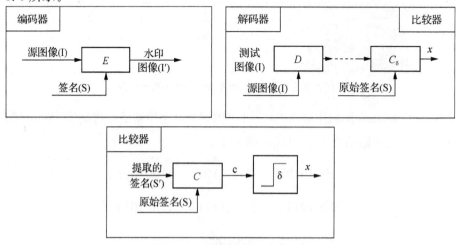

图 3.6　彩色图像认证框架

该技术可以实现多彩色图像嵌入、基于阈值的秘密嵌入和篡改检测三个目标,认证流程如图 3.7 所示。

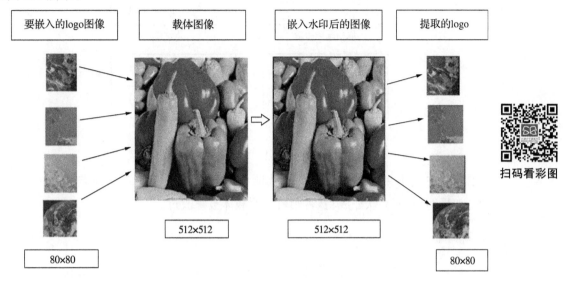

扫码看彩图

图 3.7　彩色图像认证

(在载体图像中插入 4 个 logo 图像,并从水印图像中提取该 logo 图像)

嵌入是通过使用大小为 2×2 的非重叠窗口来完成的。利用哈希函数 $h=(行+列)\bmod 3$ 将一个比特嵌入一个像素中,h 表示转换后的像素嵌入二进制流中的位置,其过程如图 3.8 所示。图 3.9 显示了一个示例,其中 12、21、25 和 26 为四个像素值,S＝1011 为秘密消息。

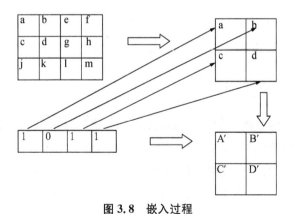

图 3.8　嵌入过程

12 (0,0)	21 (0,1)
25 (1,0)	26 (1,1)

原始载体图像

01100	10101
11001	11010

二进制流

13	21
27	30

嵌入后图像

01101	10101
11011	11110

隐写后的二进制像素

图 3.9　嵌入示例

在提取过程中,采取相同的步骤。为了认证和篡改检测,将提取的秘密与原始秘密进行比较。如果匹配,那么认证成功,否则就说明载体被篡改过。

3) 音频隐写

音频隐写是一种通过以不易察觉的方式调整声信号来传递隐藏信息的方法。该方法是指在合成音频中嵌入秘密文本或声学数据。隐写前的音频与隐写后的音频具有近似结构。其主要目的是防止原创歌曲被盗版,这是一个知识产权问题。可通过身份认证技术来实现,以防止高质量歌曲被盗版。通过嵌入信息、认证码、幅度调控等方法来提高歌曲信号的安全性,同时还要控制歌曲信号特征的失真。全球音乐产业贸易组织国际唱片业协会(IFPI)发布了《2010 年数字音乐报告》,这份长达 30 页的文件只提出了一个观点:版权侵权是创意产业的一种"气候变化"。

通过以下方式从相似的歌曲中识别出一首歌是可能的:

- 通过嵌入密钥执行认证。

- 通过振幅调整执行认证。

- 通过隐藏秘密消息执行认证。

我们考虑一种不影响歌曲质量的身份认证技术。在这种技术中,我们为低于最低可听频率的频率分量添加额外的值,以使较低的可听频率达到一定水平。因为这一低频区域是听不到的,仪器不考虑对这一范围进行处理和放大。图 3.10 为过程图,其中上图为歌曲的频率分布,下图为经过幅度调整的滤波图。

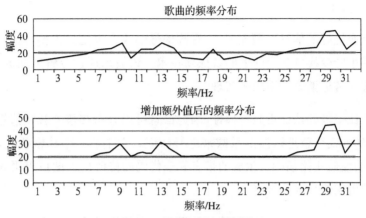

图 3.10 在低频添加额外值

对于长度为 N 的输入向量 $\boldsymbol{x}$，DFT 为长度为 N 的向量 $\boldsymbol{X}$，可以执行以下操作：

$$\boldsymbol{X}(k) = \sum_{n=1}^{N} \boldsymbol{x}(n) \times \exp(-\mathrm{j} \times 2 \times \pi \times (k-1) \times (n-1)/n), \quad 1 \leqslant k \leqslant N \quad (3.1)$$

逆 DFT 变换用下式计算：

$$\boldsymbol{x}'(n) = \frac{1}{N} \sum_{k=1}^{N} \boldsymbol{X}(k) \times \exp(-\mathrm{j} \times 2 \times \pi \times (k-1) \times (n-1)/N), \quad 1 \leqslant n \leqslant N \quad (3.2)$$

$\boldsymbol{x}'(n)$ 是调制后的采样值的集合。

图 3.11 和 3.12 显示了用画图的方式得到的原始歌曲和调制后歌曲的波形图。

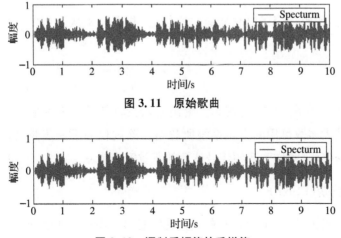

图 3.11 原始歌曲

图 3.12 调制后幅值的采样值

4) 变换域音频认证

变换(频)域具有更好的信息隐藏能力,对音频信号的攻击也更具鲁棒性。本节提出了一种基于快速傅里叶变换(FFT)的歌曲认证新技术。该技术通过分解歌曲的频率成分,并使用数学框架交替近谐波的系数来实现。

变换域的认证比空域的认证更具鲁棒性,因为信息可以分布在整个音频信号中。在本技术中,利用数学框架交替近谐波的系数来进行认证。它生成一个秘密代码,并将其嵌入信号中,信号的性质变化很小。生成的带有安全代码的修改后歌曲可以很容易地将原始歌曲与类似的可用信号区分开来。

在此认证过程中,歌曲的音质得到了精确的保存。本节描述使用嵌入的秘密代码唯一识别歌曲而不损害其可听质量的技术。

技术

开发并实现了在频域内构成特性变化最小的情况下,对音频信号进行认证的技术。本节提出了一种基于快速傅里叶变换的音频认证技术(FTAA)。在 FTAA 中,应用快速傅里叶变换生成歌曲的频率分量,并导出它们各自的谐波。在该技术中,通过歌曲中谐波的系数变换来生成密码。该技术通过分解歌曲的频率分量和指定近谐波的交变系数生成密码,生成的带有安全密码的修改后歌曲可以很容易地将原始歌曲与现有的类似歌曲区分开来。在这种技术中,歌曲的质量以精确的方式保持,因为这种认证方法不会降低原始歌曲的质量。

使用数学运算和傅里叶变换来分解歌曲的构成频率成分,并交替指定谐波系数,以生成一个秘密代码,该代码将用于检测歌曲的原创性,并有助于从类似的可用信号中识别原始歌曲。

① 编码

该技术通过改变一些系数来构造密钥。密钥嵌入在较低的频率区域(1—300 Hz),因为这些频率通常被大多数可用的音响系统所忽略。该过程的下一步是交换近似的谐波以产生另一种秘密代码,并作为音频信号认证的双重安全措施。

② 在低频嵌入密钥(ESKLF)

在低频区域嵌入密钥,避免了音质失真。该过程的第一步是应用快速傅里叶变换(FFT)

找到小于 300 Hz 的所有频率分量。取少于 150/4 即 37 个字符的密钥[每个字符将嵌入一组小于 300 Hz 的 4 个频率分量（按顺序）。因此，一半的频率分量范围（1—150 Hz）将嵌入最多 150/4 或 37 个字符]。选择一个歌曲识别消息（密钥）并查找其等效的 ASCII 位序列模式。假设秘密消息是"Indrani"，那么它的等价 ASCII 二进制位序列分别为 01001001、01101110、00110010、01110010、01100001、01101110、01101001，码流长度为 56 位。将总比特序列分成大小为 2 的小比特模式，即小比特模式总数为 56/2=28。将每个比特对按顺序表示成等价的低幅度值。00 用 0 表示，01 用 0.0001 表示，10 用 0.0010 表示，11 用 0.0011 表示。按照以下规则，在 1—300 Hz 频率范围内，将较低的幅度值放在第一个位置开始的歌曲采样数据上[如果消息大小小于频率范围（1—150 Hz）的一半，那么在附加位置找到合适的间隙]。因此，在这里，消息大小为 28（取 2 个比特单位后），要求间隙为 150/28，即 5 个位置，也就是说每个消息的值应添加在采样数据集两列的所有指定位置的第 1，第 6，第 11……个位置上，并使频率分量为零。通过以下方法将幅度值（按顺序）附加到歌曲的指定位置。消息的第 i 个位置上的值（$ival$）应该加在 x 的第 k 个位置上，即 $x(k,1)=ival$，$x(i+1,2)=ival$，其中 $k=5(i-1)+1$。如果第 i 个位置是最后一个位置，那么 $x(k,1)=ival$，$x(i+1,2)=ival$。在指定的频率范围内的歌曲，当所有的幅度值被分配到各自的位置上时则停止。应用逆 FFT 得到修改后歌曲的采样值。

因此，如果在处理过程中任何值发生变化，那么它将与整个歌曲中呈现的指定幅度值产生差异，并且改变一个位置将改变嵌入信息的内容。

③ 系数变换（CAL）

设 $x(n,2)$ 为一首歌的总采样数据集，函数 $f(x)$ 的傅里叶级数可以写成：

$$f(x)=\frac{1}{2}a_0+\sum_{n=1}^{+\infty}a_n\cos nx+\sum_{n=1}^{+\infty}b_n\sin nx \tag{3.3}$$

其中，

$$a_0=\frac{1}{\pi}\int_{-\pi}^{\pi}f(x)\mathrm{d}x$$

$$a_n=\frac{1}{\pi}\int_{-\pi}^{\pi}f(x)\cos nx\mathrm{d}x, \quad n=1,2,3,\cdots$$

$$b_n=\frac{1}{\pi}\int_{-\pi}^{\pi}f(x)\sin nx\mathrm{d}x, \quad n=1,2,3,\cdots$$

傅里叶系数 (a_n,b_n) 通常用式（3.4）表示：

$$c_n = \frac{1}{2\pi} \int_{-\pi}^{\pi} f(x) e^{-jnx} dx \qquad (3.4)$$

傅里叶系数 a_n, b_n, c_n 通过下式得到：

$$a_n = c_n + c_{-n}, n = 0, 1, 2, \cdots$$

$$b_n = j(c_n - c_{-n}), n = 0, 1, 2, \cdots$$

我们也可以用欧拉公式：

$$e^{jnx} = \cos nx + j \sin nx \qquad (3.5)$$

式中，j 为虚数单位，还有更简洁的公式：

$$f(x) = \sum_{n=-\infty}^{+\infty} c_n e^{jnx}$$

傅里叶级数的概念也可以通过修改 f，如将其修改为 F 或 $\hat{f}$，而扩展为自定义形式，函数符号取代下标，如式(3.6)所示：

$$f(x) = \sum_{n=-\infty}^{+\infty} \hat{f}(n) \cdot e^{jnx} = \sum_{n=-\infty}^{+\infty} F[n] \cdot e^{jnx} \qquad (3.6)$$

特别地，当变量 x 表示时间时，系数序列表示的是频域(离散形式)。

从实验中可以看出，歌曲近似谐波系数的变化并不会改变歌曲的音质。因此，我们可以在不影响原曲音质的前提下，找到与原曲相近的谐波系数，并交换这些系数，从而得到另一首歌曲。式(3.4)的 c_n 可以用式(3.7)表示：

$$c_n = \sum_{k=0}^{N-1} f(x) e^{-j2\pi nk/N} \qquad (3.7)$$

即 c_n 将与系数 c_{n-p} 互换。p 的值是根据歌曲的质量来确定的。

④ 认证

对系数值和一些选定的谐波做修改以在歌曲中创建一个认证码。经过处理后，如果提取的认证码与嵌入低频区的秘密编码相匹配，那么该歌曲为原创歌曲。

对输入信号(歌曲)$x(n,2)$进行 FFT，求出该歌曲频率的幅度值，并将其放入另一个数组 $s(i), 1 \leqslant i \leqslant n$。利用公式(3.8)得到某些特定谐波的系数$(c_i)$。所选谐波数 i 根据公式

$i=k(1\,000-p)$计算,其中 $k=1,2,3,\cdots,p=0$ 或 10 且 $i\leqslant n$。在 p 的两个值之间交换系数(对于每个 k),其中 $i=1,2,3,\cdots,$ 且 $i\leqslant n$。

$$c_n=\frac{1}{2\pi}\int_{-\pi}^{\pi}f(x)\mathrm{e}^{-jnx}\mathrm{d}x \tag{3.8}$$

对修改后的 $s(i)$ 值进行快速傅里叶逆变换(IFFT),$1\leqslant i\leqslant n$,得到修改后的认证歌曲。

⑤ 提取

解码是采用类似的数学计算来完成的。在嵌入后信号(歌曲)$x(n,2)$ 上应用 FFT 获得频率的幅值,并将其放入 $s(i)$ 中,$1\leqslant i\leqslant n$。应用式(3.8),从编码过程使用的特定谐波中得到系数(c_i)。所选谐波数 i 的计算方法与认证算法相似,即在两个 p 值之间交换系数(每个 k),其中 $i=1,2,3,\cdots,i\leqslant n$。对输出值 $s(i)$ 进行 IFFT,$1\leqslant i\leqslant n$,得到嵌入秘密信息的原始歌曲的采样值。

采用简单的方法实现嵌入信息的分离。提取原始歌曲的采样值和认证码。查找提取采样值输出的 FFT,并搜索我们插入消息的特定位置。收集以上位置的所有非零幅度值。将采集到的幅度值表示为等效的小位序列,具体为:0 由 00 表示,0.001 由 01 表示,0.0010 由 10 表示,0.0011 由 11 表示。因此,输入消息的 ASCII 位序列是所有小位序列并排放置的序列。在获得 ASCII 位序列之后,按顺序取大小为 8 位的序列,很容易就会获得相应的 ASCII 字符。

⑥ 实验结果与分析

选取 25 首歌曲进行 FTAA 的实验分析。图 3.13 显示了最小采样值为 0.8206 的原始信号的幅值-时间图。采样值的总范围为 1.716,最大值为 -0.895。采用 FTAA 编码方法嵌入秘密认证码,生成认证信号,如图 3.14 所示。从图 3.13 和图 3.14 中可以看出,统计参数的数值并没有发生大的变化,因此可以认为原始信号的原创性将得到保持。从图 3.15 中可以看出,偏差非常小(7.119),完全不会影响歌曲的质量。同样,计算得到的频率范围差为 92.16 Hz,也可以忽略不计。

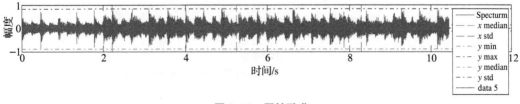

扫码看彩图

图 3.13 原始歌曲

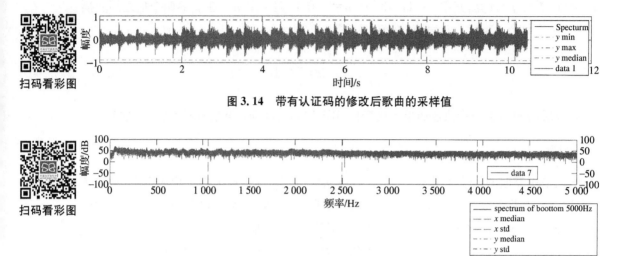

图 3.14　带有认证码的修改后歌曲的采样值

图 3.15　原始信号与认证信号的采样值之差

扫码看彩图

图 3.16 为歌曲(按类别划分)的平均信噪比(SNR)和峰值信噪比(PSNR)的对应图形化表示。图 3.17 为各类歌曲有效载荷值的图形化表示。图 3.17 显示 Ghazal 歌曲的 SNR 值(平均值)较低,古典歌曲的 PSNR 值最高。图 3.16 显示平均 PSNR 值介于 54~70 dB 之间,平均 SNR 值介于 24~34 dB 之间。

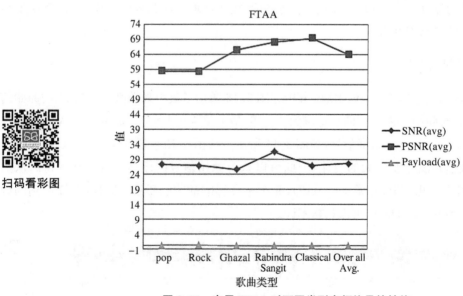

扫码看彩图

图 3.16　应用 FTAA 时不同类型音频信号的性能

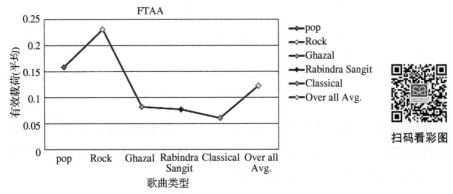

图 3.17 应用 FTAA 时不同音频信号的平均有效载荷

该算法利用快速傅里叶变换在频域内完成对歌曲的处理，以实现身份认证。在较低频率（1～300 Hz）中嵌入密钥后，计算频率分量及其谐波。通过交换近似谐波系数生成认证码。利用数学运算和指定谐波交替系数的傅里叶变换生成密码。因为这种认证方法不会降低原始歌曲的质量，所以歌曲的可听质量得到了精确保持。

5）视频隐写

视频隐写是一种使用视频文件作为隐写载体来隐藏秘密信息，从而进行认证通信，以防止未经授权的用户获取这些信息的技术。在视频隐写中，使用视频帧嵌入数据。每个视频帧都被视为一幅图像。事实上，视频文件比图像文件更安全，因为视频文件比图像文件使用了更多的图像像素。因此，很明显，在视频文件中插入数据比在图像文件中插入数据失真更小。

视频被认为是由一系列静止图像（帧）组成的。数字视频现在可以通过诸如 YouTube、Yahoo 视频和 DailyMotion 等网站获取。随着便携式设备的迅速发展，随时随地观看视频已经成为最受欢迎的日常活动之一。由于视频数据量很大，因此必须对其进行压缩。人类的视觉系统对物体的感知并不完善，因此有损压缩是首选。最简单的方法可能是单独压缩每一帧，而预测技术则需要由存储的前一帧预测当前帧。目前存在各种流行的数字视频格式，如 Flash 视频（FLV）、Matroska 多媒体容器（MKV）、音频视频交错格式（AVI）和 MP4。

从通信的角度来看，视频中存在一定数量的冗余，可以作为一种看不见的传输通道。我们可以充分利用它嵌入大量信息，这就叫做视频隐写。视频作品中的隐写主要有两种：

- 一种是在未压缩的原始视频中嵌入数据,然后再对其进行压缩。

- 另一种是试图将数据直接嵌入压缩视频流中。

此类系统的性能评估都是关于容量和可解释性的。安全性也被认为是隐写系统的一个重要参数。

该问题可以从空域和频域两个方面来解决。主要利用视频的固有冗余,同时考虑质量。在基于频域的方法中,使用离散余弦变换、离散傅里叶变换和小波变换进行更有效的嵌入。新颖的软计算方法也是行之有效的。

视频隐写的框图如图 3.18 所示。

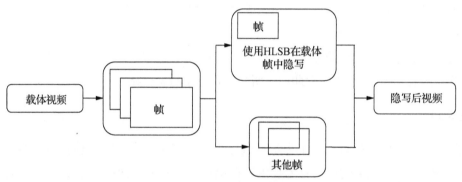

图 3.18　视频隐写的框图

下面考虑一种用于视频隐写的基于哈希的最低有效位(LSB)技术,该技术将隐藏信息插入载体帧像素值的最低有效位中。选择哈希函数 $h=(r\times c\%3)$,使插入变得智能,其中 r 和 c 是载体帧的行和列标识符。如果 h 的值为 0,那么在像素值的 $h+1$ 和 $h+2$ 位置进行插入;如果 h 的值为 1,那么在像素值的 $h+1$ 和 $h-1$ 位置进行插入;如果 h 的值为 2,那么在像素值的 h 和 $h-1$ 位置进行插入。算法如下所示:

(1) 编码算法

步骤 1:将视频或流媒体作为载体。

步骤 2:从载体上读取重要信息。

步骤 3:把影片分成若干帧。

步骤 4:找到每个 RGB 像素的 LSB。

步骤 5:根据哈希函数的值找到秘密信息的嵌入位置。

步骤 6:步骤 5 中基于哈希值得到了嵌入位置,将 6 比特秘密信息嵌入相应位置 RGB 像素的最低有效位和次最低有效位中。

步骤 7:恢复视听帧。

(2) 解码算法

步骤 1:获取隐藏视频或流媒体。

步骤 2:从隐秘视频中读取必要的信息。

步骤 3:把影片分成若干帧。

步骤 4:通过哈希函数找到嵌入秘密信息的位置。

步骤 5:利用这些位置恢复比特。

步骤 6:重新创建秘密信息。

步骤 7:恢复视频帧。

利用隐秘帧与相应的载体帧之间的均方误差(MSE)、峰值信噪比(PSNR)和图像保真度(IF)衡量嵌入后载体的质量。

前两个量见式(3.9)和式(3.10):

$$\text{MSE} = \frac{1}{HW} \sum_{i=1}^{H} \sum_{j=1}^{W} \left[P(i,j) - S(i,j) \right]^2 \tag{3.9}$$

其中,MSE 为均方误差,H、W 分别为高度和宽度,$P(i,j)$ 为原始帧,$S(i,j)$ 为对应的隐秘帧。

$$\text{PSNR} = 10\log_{10} \frac{L^2}{\text{MSE}} \tag{3.10}$$

其中,PSNR 为峰值信噪比,L 为灰度图像像素值的最大值,即 255。

6) 网络隐写

在网络隐写中,将网络协议,即 TCP、UDP、IP 等作为载体,称为网络协议隐写。在 OSI

模型中,有一些位置可以进行隐写插入。TCP/IP 协议中未使用的报头比特可以用于隐藏秘密信息。

3.3　隐写的分类

隐写过程可以在空域,也可以在频域中完成。在像素域中,可以在每个像素的最低有效位(LSB)上进行替换,也可以根据哈希计算在图像中选定像素,对其 LSB 进行替换。此外,嵌入也可以在高位(LSB+1、LSB+2 和 LSB+3)中完成,即每个字节可嵌入 1 比特、2比特、3 比特甚至 4 比特。嵌入位置可以是连续的,也可以不是。这里,哈希函数也可用于选择多个比特。这类方法被称为 LSB 替换。在这里,替换是在单个比特的基础上完成的,不考虑任何语义或载体图像的特征。

空域隐写的过程是直接对像素位进行改动,将秘密信息嵌入其中。在频域隐写中,不直接改变像素。首先将图像转换到频域,然后通过插入秘密信息对频率系数进行改动。最后,以与正变换相同的方式对嵌入秘密信息的频率系数进行反变换。反变换后的图像在像素域内即为密文图像。在解码过程中,按照规定的方式再次进行正向变换,生成频率分量。从这些频率系数中提取嵌入的秘密信息。因此,频域隐写包括三个步骤。首先利用变换技术将载体图像从空域变换到频域。然后将秘密信息嵌入频率系数中。最后,对这些嵌入秘密信息的频率系数进行逆变换,在空域中生成嵌入后图像。基于不同域的隐写方法如图 3.19 所示。

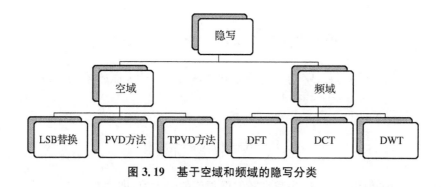

图 3.19　基于空域和频域的隐写分类

信息的形式也分为不同的类型——音频、视频、图像等。用于隐藏信息的媒体可能因为需要保护的信息的不同而不同。秘密信息和媒体的类型可能相同,也可能不同。隐藏的过程称为嵌入,嵌入后的媒体称为隐秘媒体。例如,如果载体媒体是图像,那么嵌入后称为密文图像。隐写后信息通过适合的信道传送给接收者。

嵌入也分为两种类型,一种是替换方法,主要是 LSB 嵌入,其中载体的比特被秘密信息比特取代。另一种称为加性嵌入,使用不同的控制方式将秘密数据添加到载体中。加性方法有溢出和下溢的缺点。当嵌入后的数据超出实际允许的数据范围时,就会出现此问题。例如,在图像隐写中,数据可能超出 0~255 的空间范围。与此方法不同,替换法不涉及溢出问题。对所嵌入信息的调整是一项重要的操作,它平衡了载体中允许的变化量以获得可接受的视觉保真度。

载体中的信息嵌入有两种不同的方式,一种是将数据直接嵌入载体中,另一种是使用线性算子对数据进行变换,先将秘密信息嵌入修改值中,再将数据转换为原始域。例如,在图像隐写中,嵌入可以在空域或频域中进行。

1) 空域隐写

该类方法使用灰度像素或彩色像素,像素值用于将消息直接编码到像素字节中。由于直接根据哈希函数或使用一些通用概念更改像素,因此编码和解码的复杂性非常低。

(1) LSB 替换

常用的技术是最低有效位(LSB)替换技术,该技术使用像素二进制表示的最低有效位来表示消息位。然而,由于一些像素在嵌入过程中不能容忍替换的变化,因此这些像素就会出现与原始值明显不同的情况。这种影响在平滑区域较为严重,这些变化对人眼来说是明显的。因此,提高密文图像质量和自适应调整隐藏容量是拓展 LSB 相关研究的两个主要目标。

(2) 像素值差分(PVD)方法

为了扩大隐藏秘密数据的数量并获得难以察觉变化的密文图像质量,研究者提出了一种基于最低有效位(LSB)替换和像素值差分(PVD)的隐写方法。该方法利用 PVD 方法计算两个连续像素的差值。小的差值位于光滑区域,大的差值位于边缘区域。在光滑区域采用 LSB 替换技术将秘密数据隐藏到载体图像中,在边缘区域采用 PVD 方法。由于范围宽度是可变的,是利用 LSB 替换技术还是 PVD 方法隐藏秘密数据的区域难以预测,因此使用该方法的安全级别与使用单一 PVD 方法的安全级别相同。在像素值差分(PVD)方法中,将载体图像细分为尺寸为 2×2 的重叠块,计算两个连续像素的差值。准备一个渐变索引,该索引可能由两个连续像素值之差的低值和高值组成。

计算可以沿着子块的 x 方向或 y 方向进行。如果差值在很小的范围内(小于15),那么认为像素位于像素同构的光滑区域。因此,这些像素中嵌入的比特数较少。另外,如果差值较大,那么认为像素位于像素非同构的边缘区域,且这个区域的变化不易察觉。由于人眼很难看出这一区域的变化,因此在这一区域内嵌入更多的比特。但在这两种情况下,像素调整都是强制性的,以保持渐变索引不变,实现正确的解码。

(3) 三向像素值差分(TPVD)方法

PVD 方法并不探索不同方向的可能性,只是计算行或列的差异。其他方向在 PVD 中尚未开发。为了提高隐藏秘密信息的鲁棒性,提供人眼难以感知的密文图像,Da-Chun Wu 和 Wen-Hsiang Tsai 提出了基于三向像素值差分(TPVD)的隐写方法。为了消除原 PVD 方法仅使用一个方向的容量限制,该方法利用三个不同的方向有效地设计了三向差分方案,在三个方向的差分中嵌入秘密信息。理论估计和实验结果表明,该方案具有更高的嵌入容量和更好的安全性。

(4) 双图像隐写

在隐写应用中常使用多幅图像,利用哈希函数从两个图像中选择像素的位置,并使用某些算法将秘密信息嵌入两个图像中。

数据不仅可以隐藏在单幅图像中,而且可以隐藏在两幅图像中。近年来,双图像技术已被广泛应用。基于双图像的数据隐藏技术可以将一幅载体图像复制成两幅相似的隐写后图像,从而提高整体嵌入能力。此外,该方案还可以提高数据隐藏的安全性。如果不能同时获取两幅密文图像,那么不法分子就不可能提取出完整的秘密信息。基于双图像的数据隐藏技术可以看作是秘密共享的一个特例。

获取两张大小为 512×512 的载体图像 D1 和 D2,以及一幅大小为 128×128 的秘密图像 S。从认证图像中抽取 1 比特插入 D1 或 D2 的选定位置。使用哈希函数 $h = $(行+列)mod 3 在两个载体图像中确定位置。取一个 128 位二进制随机数作为密钥 K。通过行序读取秘密图像,将秘密图像 S 转换为比特流。S 与 K' 进行逐位异或运算,得到 S'。要构造 K',按以下方式执行串联操作。将 K 看作比特流,首先在 128 位密钥 K 的结尾处,将 K 的 64 位循环左移(CLS)操作的结果与 K 进行连接,然后将得到的结果与 K 的 32 位 CLS 生成的 128 位进行连接。该过程一直持续到第 8 轮,此时将 K 的 1 位 CLS 与前一个结果连接。在此之后,再次使用原始 K 并将其与上一个结果连接起来。这个过

程一直持续到秘密比特结束。生成的串被指定为 K′,其长度与 S 完全相同。将 S 与 K′
进行异或运算生成 S′。将 S′以分布式的方式嵌入两个载体图像中。分布式嵌入遵循以
下步骤:使用前面讨论的由密钥扩展生成的比特串 K′。从 K′中由左到右取一个字节,计
算这个字节的汉明距离。如果汉明距离为奇数,那么将 S′中的第一个字节,即 4 个比特
对嵌入载体。比特对中的第一个比特放入第一个载体中,第二个比特放入第二个载体
中。如果汉明距离为偶数或零,那么以相反的顺序嵌入。持续这个过程,直到秘密 S′都
被嵌入。两个秘密图像分别被发送到目的地。在目的地进行解码期间,将得到两个密文
图像,并遵循相同的步骤,使用密钥 K 提取用于身份验证的秘密图像。该过程的流程图
如图 3.20 所示。

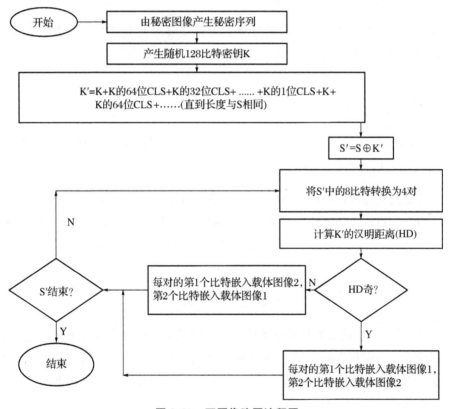

图 3.20 双图像隐写流程图

在空域隐写中,图像像素直接被要隐藏的图像或消息所改变。可以在空域中使用某些掩
膜,也可以不使用。其中,典型的方法是图像像素的比特位被秘密消息或秘密图像所取
代。空域中的嵌入方法应使得隐写后图像在感知上接近原始图像。

隐写中使用的哈希函数可以将任意数据块转化为一个固定大小比特串，即哈希值，对数据（无意或有意）的更改将以非常高的概率改变哈希值。要编码的数据通常称为"消息"，哈希值则称为消息摘要或摘要。

隐写中的哈希函数有四个主要属性：

- 易于计算任何假定通信的混淆程度。

- 不可能生成一个具有特定混淆的消息。

- 没有哈希值，很难更改消息。

- 两个不同的信息不太可能有相同的混淆程度。

有效载荷是根据每个像素的嵌入率来计算的。有效载荷在不可见数据传输应用中是重要的，对于身份验证的目的则不重要。根据峰值信噪比（PSNR）计算空域嵌入方案的可不感知度。

（5）基于哈希函数的空域隐写

在该方法中，载体是图像，且图像被分成 4×4 的块。可以采用不同的掩膜，如 3×3、2×2、1×2 等。秘密信息也是一幅被转换成二进制串的图像。

嵌入的比特数为载体图像的每字节嵌入 1 比特。图像被分割成 4×4 不重叠的块，采用基于块的方法进行嵌入和提取。从秘密二进制串中以不重叠的方式选择一个 16 比特的字，将这些比特逐一地嵌入所选块的每个字节中。载体图像块中每个字节的位的嵌入位置是不固定的。使用式(3.11)中给出的哈希函数计算位置。

$$\text{pos} = ((B+i) \times j) \bmod 4 + 1 \tag{3.11}$$

其中，B 是块号，i 和 j 是元素在块中的位置。这样设置使得嵌入位置可变。嵌入会给原始载体图像带来一定程度的失真，因为替换 1 个比特会改变像素的值。这种变化可以通过改变除嵌入位置以外的其他位而最小化。目前有不同的调整方式，这里采用了表查找方法进行调整。

在表查找方法中，存储一个由 8 个不同的 3 比特组合构成的表。该表的内容在整个过程中保持固定，如图 3.21 所示。

使用图 3.21 给出的表的每个组合替换 3 个 LSB，记下嵌入位置。计算每个调整后像素与非嵌入像素的距离,并选择最小的距离调整值作为嵌入秘密信息的最终调整像素。对每个块重复此过程,然后将这些块合并生成密文图像。该方法的逻辑架构如图 3.22 所示。

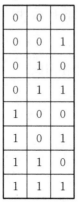

0	0	0
0	0	1
0	1	0
0	1	1
1	0	0
1	0	1
1	1	0
1	1	1

图 3.21　查找表

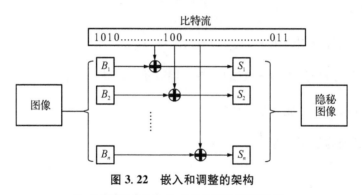

图 3.22　嵌入和调整的架构

B_i 是载体图像的块,S_i 是生成的密文图像的块。

下面给出了该技术的具体算法。

嵌入算法

输入:载体图像、秘密图像、查找表

输出:隐秘图像

步骤 1:将载体图像分割为块 B_i,其中 $i=1,2,\cdots,n$。

步骤 2:将秘密图像转换为比特流。

步骤 3:对于每个块,从比特流中选择 16 比特,使用式(3.11)所示的哈希函数得出这 16

比特的嵌入位置,并将其嵌入这些位置。

步骤4:使用图3.21所示的查找表对每个块进行调整。选择除嵌入位置外的3个LSB位置的位,用查找表的每一行替换,每次替换后计算与原始载体值的距离。最小距离值是产生隐秘载体的调整后的值。

步骤5:将调整后的块进行合并生成隐秘图像。

步骤6:结束。

提取算法如下所示。

提取算法

输入:隐秘图像

输出:秘密图像

步骤1:将密文图像分割为块 S_i,其中 $i=1,2,\cdots,n$。

步骤2:使用式(3.11)给出的哈希函数,得到提取秘密比特的位置。

步骤3:秘密比特合并生成完整的比特流。

步骤4:将流转换为秘密图像。

步骤5:结束。

该算法不需要太多的操作,但使用哈希函数提取嵌入的比特是必需的过程。查找表的选择比其他常见的优化算法更有效。例如遗传算法(Genetic Algorithm,GA),虽然块的尺寸很小,但它比上述方法需要更多的运算量。遗传算法需要对每个块进行 $N\times M\times L$(其中 N 为种群数,M 为代数,L 为染色体长度)次运算。表查找方法需要进行 $8\times R\times C\times 4$(其中 R、C 为块大小,8为表的长度,考虑4个LSB位置)次操作。例如,当种群数为10,染色体长度为64,代表为50时,一个 4×4 的块在遗传算法(GA)中需要进行512000次数字运算。而表查找方法每个块需要进行384次运算。因此,在这种情况下,表查找方法要快1000多倍。

结果与分析

将本书提出的方法应用于图3.23所示的8幅基准图像。实验使用的图像尺寸为512×

512 和 256×256 两种。本实验使用的秘密图像如图 3.24 所示,512×512 图像对应的秘密图像尺寸为 181×181,256×256 图像对应的秘密图像尺寸为 90×91。实验中,有效负载保持 1 b/B。

图 3.23　用于实验的基准图像

图 3.24　秘密图像

各度量值的实验结果如表 3.1 所示。第一列表示实验中使用的不同图像名称,实验中使用的尺寸在第二列中给出,第三列表示原始图像与隐写后图像之间的峰值信噪比(PSNR),图像保真度(IF)和结构相似性指数(SSIM)分别显示在第四列和第五列。

从表 3.1 中可以看出, Bridge 和 Boat 图像的 PSNR 最大, 都在 44 dB 以上, 而 Pepper 图像的 PSNR 最低, 在 43 dB 左右。最低 PSNR 和最高 PSNR 之间的差异非常小, 这表明这是一个性能稳定的嵌入过程。大多数图像的图像保真度几乎为 0.9999。图像 Bridge 的 SSIM 值最大, 图像 Clock 的 SSIM 值最小, 分别为 0.9947 和 0.9772。

PSNR、IF 和 SSIM 值的分布图分别如图 3.25、3.26 和 3.27 所示, 这 3 个图提供了两个维度对应的度量值的图形表示。

表 3.1　8 幅不同图像的 PSNR、IF 和 SSIM

图像	尺寸	PSNR	IF	SSIM
Baboon	512×512	43.2620	0.9999	0.9941
	256×256	42.4905	0.9999	0.9940
Elaine	512×512	43.5569	0.9999	0.9850
	256×256	43.6389	0.9999	0.9854
Lena	512×512	43.7806	0.9998	0.9820
	256×256	43.6201	0.9998	0.9856
Boat	512×512	44.3266	0.9999	0.9873
	256×256	43.7273	0.9999	0.9879
Bridge	512×512	44.2325	0.9998	0.9938
	256×256	44.0731	0.9998	0.9947
Pepper	512×512	43.1904	0.9999	0.9822
	256×256	43.2158	0.9999	0.9847
Clock	512×512	44.1511	0.9999	0.9772
	256×256	44.1253	0.9999	0.9801
Sailboat	512×512	43.6049	0.9999	0.9868
	256×256	43.7423	0.9999	0.9885

从图 3.25 中可以看出, 所有图像的 PSNR 都大于 42 dB。尺寸为 512×512 的图像 Elaine 的 PSNR 最大, 尺寸为 256×256 的图像 Baboon 的 PSNR 最小。

从图 3.26 中可以看出, 所有图像的 IF 都大于 0.9982。图像 Boat 在 512×512 和 256×256 两个维度上的 IF 最大, 都在 0.9994 左右。图像 Lena 在 256×256 维度上的 IF 最小。

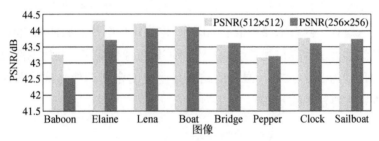

图 3. 25 8 幅基准图像的 PSNR 值

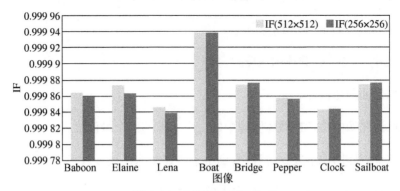

图 3. 26 8 幅基准图像的 IF

从图 3.27 中可以看出,所有图像的 SSIM 都大于 0.9750。图像 Lena 在 512×512 和 256×256 两个维度上的 SSIM 最大,都在 0.9950 左右。图像 Boat 在 512×512 维度上的 SSIM 最小。

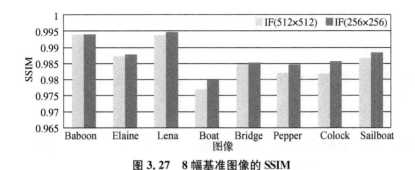

图 3. 27 8 幅基准图像的 SSIM

(6) 基于遗传算法的空域彩色图像认证技术(GACIATSP)

该技术分为两部分,第一部分是将秘密信息隐藏到载体中,生成密文图像;第二部分是利用遗传算法对密文图像进行优化,以获得更好的不可感知性。将秘密信息嵌入载体图像的过程称为嵌入过程。隐藏的秘密信息是图像,称为认证图像。载体图像和隐藏的认证图像选自格拉纳达大学计算机视觉组的 CVG-UGR 图像数据库。载体图像尺寸为 512×512,认证图像尺寸为 256×256。嵌入的结果是生成的密文图像与载体图像尺寸相同。嵌入的过程在插入算法中演示。

嵌入算法

输入:尺寸为 512×512 的载体图像,隐藏的认证图像尺寸为 256×256。

输出:尺寸为 512×512 的隐秘图像。

步骤 1:取尺寸为 3×3 的载体图像掩膜。

步骤 2:提取认证图像尺寸。

步骤 3:用认证图像的位替换载体图像中的一个字节的四个最低位。

步骤 4:对整个载体图像重复此过程,直到整个验证图像位被嵌入完毕。

下面给出一个嵌入单个像素的例子。嵌入的秘密比特被标记为粗体。

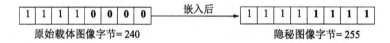

原始载体图像字节=240　　　　　　隐秘图像字节=255

该算法生成隐秘图像,并在不调整嵌入位置的情况下,通过遗传算法等探索过程对隐秘图像进行处理。遗传算法的过程如下所示。

遗传算法

输入:尺寸为 512×512 的隐秘图像。

输出:尺寸为 512×512 的优化后图像。

步骤 1:从嵌入图像中取尺寸为 8×8 的子图像。

步骤 2:为子图像的第一个字节产生随机染色体,这个过程称为初始化。

步骤 3:在 4 位最低位中嵌入秘密数据。

步骤 4:通过适应度函数的分类过程,筛选出两种可接受的遗传物质,具体见下述的选择过程。

步骤 5：亲本染色体被送去交叉,结果生成两个子代,具体见下述的交叉过程。

步骤 6：两个子代发生突变,具体见突变过程介绍。

步骤 7：在选优过程中论述了如何择优。

步骤 8：在终止过程中论述了终止的条件。

步骤 9：对所有的掩膜重复步骤 1—步骤 8。

步骤 10：对整个密文图像重复步骤 1—步骤 9。

初始化过程

在初始化过程中,产生 16 条随机染色体。每个染色体的值都在 255 以内,因为像素的最大强度值是 255。这组随机染色体被称为初始种群。初始种群的大小取决于隐藏比特的数量。在该技术中,每个字节的最大嵌入位数为 4。剩下的 4 位最多可以有 16 种组合。该解决方案中将能找到最佳染色体值的区域作为初始解的起点。

选择过程

选择过程是指通过轮盘选择法选择 2 条最适合的染色体的过程。通过适应度值对 2 条强染色体进行评价。该技术的适应度函数为：

$$f(n)=1/[\text{abs}(s(x,y)-c(x,y))+1]$$

其中,$f(n)$ 为适应度函数,$s(x,y)$ 是隐秘图像在 (x,y) 位置的像素强度,$c(x,y)$ 是原始载体图像在相同位置 (x,y) 的像素强度。当隐秘图像的像素强度与载体图像相同时,理想适应度值为 1。因此,染色体适应度值接近 1 的染色体被认为是强染色体。

交叉过程

利用适应度函数选择亲本染色体并进行交叉。本技术采用均匀交叉,在均匀交叉中,染色体的第一个比特来自第一个亲本,染色体的第二个比特来自第二个亲本。通过一个例子说明交叉的过程。

亲本 1＝191

1	0	1	1	1	1	1	1

亲本 2＝223

1	1	0	1	1	1	1	1

后代 1＝255

1	1	1	1	1	1	1	1

后代 2＝159

1	0	0	1	1	1	1	1

突变过程

突变过程通过进行逐位异或运算改变染色体的值。对最后三个比特位置进行逐位异或运算,用一个例子加以说明。

突变前＝255

1	1	1	1	1	1	1	1

突变后＝252

1	1	1	1	1	1	0	0

选优过程

该过程利用二元锦标赛方法淘汰弱染色体,并选择强染色体进行下一次评估。在这种情况下,对两个突变结果应用适应度函数 $f(n)$,得到最强的染色体为 252,是选优的结果。

终止过程

从初始化到优化,不断重复,直到取得满意的结果。这是该过程的终止条件。

算法生成优化后的隐秘图像,其尺寸与原始载体相同,为 512×512。优化后的隐秘图像通过网络发送。接收端接收到优化后的密文图像,从中提取隐藏的验证图像。如果提取的身份验证图像与原始身份验证图像相同,那么称该图像已经过身份验证。提取和图像认证的过程见下述提取算法。

提取算法

输入：尺寸为 512×512 的优化后隐秘图像。

输出：隐藏的认证图像，尺寸为 512×512 的载体图像。

步骤 1：取尺寸为 4×4 的优化后图像掩膜。

步骤 2：在三个子步骤中连续进行逐位异或运算，对最后三个 LSB 位置进行反转，并将每个子步骤的第一个比特作为结果。

步骤 3：从掩膜的每个字节中提取比特，从 LSB 中提取嵌入的比特。

步骤 4：从前 16 位提取身份验证图像的宽度，从接下来的 16 位提取身份验证图像的高度。

步骤 5：通过宽度×高度×3 计算验证图像中的像素数（乘 3 是因为彩色图像由红、绿、蓝三个维度构成）。

步骤 6：对整个嵌入后图像重复步骤 1—3。

结果比较与分析

为了实现该技术，我们从格拉纳达大学计算机视觉组的 CVG-UGR 图像数据库 http://ccia.ugr.es/cvg/dbimagenes/c512.php（于 2016 年 2 月 2 日访问）中获取了 20 张彩色图像进行实验。它们是 Avion、Baboon、Barnfall、Blakeyed、Blueeye、Butrfly、Colomtn、House、Lena、Lostlake、Manhatan、London、Pelican、Pepper、Safari10、Peaceful、Sailboat、Sedona01、Tahoe、Toucan，如图 3.28 所示。

载体图像 Avion 也可以作为所有 20 幅图像的认证图像。彩色载体图像尺寸为 512×512，彩色认证图像尺寸为 256×256。载体图像如图 3.28 所示。优化后隐秘图像的 PSNR、MSE 和 IF 值如表 3.2 所示。该技术获得的最大 PSNR 值为 38.652927，最小 PSNR 值为 35.303032，平均 PSNR 值为 37.847274。值得注意的是，即使是高载荷，所提出的技术都具有较高的 PSNR 值。图像保真度接近于 1，这意味着原始载体和优化后的密文图像之间的差异极小，这确保了该技术良好的不可见性。

图 3.28　原始载体图像和验证图像

表 3.2　优化后隐秘图像的 PSNR、MSE、IF 值

载体图像	PSNR	MSE	IF
Avion	38.652927	8.867223	0.999747
Baboon	38.116177	10.033734	0.999476
Barnfall	38.350708	9.506261	0.998718
Blakeyed	35.303032	19.176853	0.998300

载体图像	PSNR	MSE	IF
Blueeye	37.395180	11.845742	0.997773
Butrfly	38.333183	9.544693	0.999349
Colomtn	38.075211	10.128827	0.999208
House	38.163170	9.925748	0.999634
Lena	38.038311	10.215259	0.999487
Lostlake	37.967216	10.383855	0.999041
Manhatan	38.367752	9.469026	0.999114
London	38.369522	9.465160	0.999214
Pelican	36.156971	15.753728	0.999543
Pepper	37.808628	10.770050	0.999352
Safari10	38.264587	9.696648	0.998926
Peaceful	37.926800	10.480943	0.998891
Sailboat	38.264454	9.696946	0.999512
Sedona01	38.033749	10.225989	0.999015
Tahoe	38.301201	9.615242	0.998818
Toucan	37.056705	12.805894	0.998983

表3.3将本书结果与Agnihotri等人得到的结果进行比较。表3.3显示,本书提出的技术有更高的有效载荷数,为4 b/B,而Agnihotri等人得到的有效载荷数较低,为1 b/B,本书所提出的技术表现出更好的性能。此技术适用于隐藏信息量较大的情况。

表3.3 本书提出的技术与Agnihotri等人提出的技术(2016)的PSNR值比较

宿主图像	GACIATSP的PSNR值	载荷/b/B	Agnihotri等人的PSNR值	载荷/b/B
Lenna	38.038311	4	72.9875	1
Baboon	38.116177	4	61.6417	1
Boat	38.264454	4	65.7111	1
Jet	38.652927	4	66.5805	1
Pepper	37.808628	4	70.327	1

该方案提出了基于遗传算法的空域图像认证技术,具有较高的有效载荷。与Agnihotri等人的方法相比,所提出的技术的性能较高。

2) 频域隐写

在频域,首先将图像变换到频域分布。与在空域中直接对像素值进行更改不同,在频域中,使用变换技术将像素值转换为相应的频率系数。需要进行的处理都在频域进行,并对得到的图像进行反变换以获得所需的图像。离散傅里叶变换(DFT)、离散余弦变换(DCT)、离散小波变换(DWT)等是将空域图像矩阵变换为频域频率系数矩阵的各种变换技术。所有这些变换技术都是可逆的,相应的方程可以作为变换对,即称为正变换和逆变换方程。

在电子学、控制系统工程学和统计学中,主要是在频域中分析数学函数或信号的频率域,而不是在时域。时域图显示了信号如何随时间变化,而频域图显示了在频率范围内每个给定频带中的分布情况。频域表示还可以包括相移的信息,这些信息必须应用于每个正弦波,以便能够重新组合频率分量以恢复原始时间信号。给定的函数或信号可以用称为变换对的数学运算在时域和频域之间进行转换。傅里叶变换就是一个例子,它把一个函数分解成(可能是无限的)正弦波频率分量的和。频率分量的"频谱"是信号的频域表示。傅里叶逆变换将频域函数转换为时间函数。

功率谱密度是一种频域描述,可以应用于既非周期又非平方可积的信号。要具有功率谱密度,信号必须是广义平稳随机过程的输出。

下面给出了一些最常见的变换。

1. 傅里叶变换

2. 勒让德变换

3. 小波变换

4. Z 变换

5. 离散余弦变换

6. 离散傅里叶变换

7. 二项式变换

8. 余弦变换

9. 斯特林变换

本书在接下来的章节中将重点使用各种变换技术,利用每个变换方程的变换对进行可逆计算,然后进行嵌入和解码。

4

基于离散傅里叶变换的隐写

19 世纪早期,法国数学家让·巴普蒂斯·约瑟夫·傅里叶提出了这样一个概念:任何周期性函数,都可以表示为无数个不同频率的正弦和/或余弦函数(各自乘以一个系数后的)加权和的形式。这个和式叫做傅里叶级数。同样,有限但非周期的函数也可以被表示为正弦和余弦函数(各自乘以一个权重函数后的)积分的形式。这被称为傅里叶变换。傅里叶级数和傅里叶变换都可以在不损失任何信息的情况下重建原始函数,并恢复至函数的原始域中。傅里叶变换可以是一维的,也可以是二维的。有连续傅里叶变换和离散傅里叶变换,我们只考虑离散傅里叶变换。

函数 $f(x,y)$ $M \times N$ 大小的离散傅里叶变换(DFT)如式(4.1)所示:

$$F(u,v) = 1/\sqrt{MN} \sum_{u=0}^{M-1} \sum_{v=0}^{N-1} f(x,y) \left[\cos 2\pi \left(\frac{ux}{M} + \frac{vy}{N} \right) - i\sin 2\pi \left(\frac{ux}{M} + \frac{vy}{N} \right) \right]$$

$$u = 0,1,\cdots,M-1; \ v = 0,1,\cdots,N-1 \tag{4.1}$$

其中,变量 u 和 v 是频率变量,x 和 y 是空域变量或图像变量。类似地,离散傅里叶逆变换(IDFT)将频域转换为空域,从频域到空域的变换如式(4.2)所示:

$$f(x,y) = 1/\sqrt{MN} \sum_{u=0}^{M-1} \sum_{v=0}^{N-1} F(u,v) \left[\cos 2\pi \left(\frac{ux}{M} + \frac{vy}{N} \right) - i\sin 2\pi \left(\frac{ux}{M} + \frac{vy}{N} \right) \right]$$

$$u = 0,1,\cdots,M-1; \ v = 0,1,\cdots,N-1 \tag{4.2}$$

我们可以用这个广义的 DFT 和 IDFT 对进行一维、二维和三维变换。下面几节将讨论一维离散和二维 DFT 变换。

4.1 一维离散傅里叶变换(1D DFT)

我们这里只考虑离散傅里叶变换(DFT)。离散函数 $f(x),x=0,1,2,\cdots,N-1$ 的傅里叶变换由式(4.3)给出。为了重建原始函数,使用离散傅里叶逆变换(IDFT),如式(4.4)所示。式(4.3)和(4.4)称为 DFT 变换对。这两个转换是完全可逆的。与连续函数不同,IDFT 的存在总是与 DFT 相关联。

$$F(u)=1/N \sum_{x=0}^{N-1} f(x)\mathrm{e}^{-2\pi\mathrm{j}xu/N}$$

$$x=0,1,2,\cdots,N-1 \tag{4.3}$$

$$f(x)=\sum_{u=0}^{N-1} F(u)\mathrm{e}^{\frac{2\pi\mathrm{j}xu}{N}}$$

$$u=0,1,\cdots,N-1 \tag{4.4}$$

一维离散傅里叶变换实例

我们考虑一个 1×2 矩阵 $\boldsymbol{f}=[10\quad 20]$,对其进行正向离散傅里叶变换,可得:

$$F(u)=1/N \sum_{x=0}^{N-1} f(x)\mathrm{e}^{-2\pi\mathrm{j}xu/N}$$

$$x=0,1,\cdots,N-1$$

其中,

$$f(0)=10$$

$$f(1)=20$$

$$F(0)=1/2 \sum_{x=0}^{1} f(x)\mathrm{e}^0$$

这里 $u=0$,因为我们感兴趣的是在对给定矩阵进行正向离散傅里叶变换后第 0 个位置的值。因为给出的是 1×2 矩阵,$N=2$,所以:

$$F(0)=1/2[f(0)\mathrm{e}^0+f(1)\mathrm{e}^0]$$

$$F(0)=1/2(10\times1+20\times1)$$

$$F(0)=15$$

计算对给定矩阵进行正向离散傅里叶变换后第一个位置的值：

$$F(1)=1/2\sum_{x=0}^{1}f(x)\mathrm{e}^{-2\pi\mathrm{j}x/2}（这里 u=1）$$

$$F(1)=1/2\left[f(0)\mathrm{e}^{0}+f(1)\mathrm{e}^{-\mathrm{j}\pi}\right]$$

现在,我们需要计算 $\mathrm{e}^{-\mathrm{j}\pi}$ 的值。

在数学中,以亚伯拉罕·棣莫弗命名的棣莫弗公式(也称为棣莫弗定理和棣莫弗恒等式)指出,对于任何复数(特别是任何实数)x 和整数 n,下式都成立:

$$(\cos x+\mathrm{j}\sin x)^{n}=\cos nx+\mathrm{j}\sin nx$$

其中,j 是虚数单位,$\mathrm{j}^{2}=-1$。

从欧拉公式中推导

棣莫弗公式可以很容易地从欧拉公式和整数幂的指数律推导出来。

欧拉公式:

$$\mathrm{e}^{\mathrm{j}x}=\cos x+\mathrm{j}\sin x$$

整数幂的指数律:

$$(\mathrm{e}^{\mathrm{j}x})^{n}=\mathrm{e}^{\mathrm{j}nx}$$

代入欧拉公式为:

$$\mathrm{e}^{\mathrm{j}nx}=\cos nx+\mathrm{j}\sin nx$$

同样地,

$$\mathrm{e}^{-\mathrm{j}nx}=\mathrm{e}^{\mathrm{j}(-nx)}$$

$$\mathrm{e}^{-\mathrm{j}nx}=\cos(-nx)+\mathrm{j}\sin(-nx)$$

$$\mathrm{e}^{-\mathrm{j}nx}=\cos nx-\mathrm{j}\sin nx$$

因此,我们可以把 $e^{-j\pi}$ 写成:

$$e^{-j\pi} = \cos\pi - j\sin\pi$$

现在,计算 $\cos\pi$ 和 $\sin\pi$ 的值。

我们可以将 $\cos\pi$ 写成 $\cos\pi = \cos180°$,则

$$
\begin{aligned}
\cos\pi &= \cos(2\times90°+0°)\\
&= -\cos0°\\
&= -1
\end{aligned}
$$

类似地,

$$
\begin{aligned}
\sin\pi &= \sin180°\\
&= \sin(2\times90°+0°)\\
&= -\sin0°\\
&= 0
\end{aligned}
$$

因此,$e^{-j\pi}$ 的值是:

$$
\begin{aligned}
e^{-j\pi} &= \cos\pi - j\sin\pi\\
&= -1 - j\times0\\
&= -1
\end{aligned}
$$

将 $e^{-j\pi}$ 的值代入 $F(1)$ 后,得:

$$
\begin{aligned}
F(1) &= 1/2\big[f(0)e^0 + f(1)e^{-j\pi}\big]\\
&= 1/2\big[10\times1+20\times(-1)\big]\\
&= -5
\end{aligned}
$$

因此,对给定的 1×2 矩阵 $\boldsymbol{f} = [10 \quad 20]$ 进行正向离散傅里叶变换,我们得到 $\boldsymbol{F} = [15 \quad -5]$。

对得到的结果进行离散傅里叶逆变换,可以看到,由于函数对的可逆性质,将会重新生成相同的值。

$$f(x) = \sum_{u=0}^{N-1} F(u) e^{2\pi j x u / N}$$

$$u = 0, 1, \cdots, N-1$$

由得到的矩阵，得：

$$F(0) = 15$$

$$F(1) = -5$$

$$f(0) = \sum_{u=0}^{1} F(u) e^{0}$$

这里，$x = 0$，计算得原始矩阵第 0 个位置的值为：

$$f(0) = \sum_{u=0}^{1} F(u) e^{0}$$

$$f(0) = F(0) e^{0} + F(1) e^{0}$$

$$f(0) = 15 \times 1 + (-5) \times 1$$

$$f(0) = 10$$

下面我们将计算原始矩阵第 1 个位置的值：

$$f(1) = \sum_{u=0}^{1} F(u) e^{2\pi j u / 2}$$

这里，$x = 1$，生成的原始矩阵第 1 个位置的值为：

$$f(1) = \sum_{u=0}^{1} F(u) e^{j\pi u}$$

$$f(1) = F(0) e^{0} + F(1) e^{j\pi}$$

现在计算 $e^{j\pi}$ 的值：

$$e^{j\pi} = \cos\pi + j\sin\pi$$

计算 $\cos\pi$ 和 $\sin\pi$ 的值。

我们可以把 $\cos\pi$ 写成：

$$\cos\pi = \cos180°$$

$$= \cos(2\times90°+0°)$$

$$= -\cos0°$$

$$= -1$$

类似地，

$$\sin\pi = \sin180°$$

$$= \sin(2\times90°+0°)$$

$$= -\sin0°$$

$$= 0$$

因此

$$e^{j\pi} = \cos\pi+j\sin\pi$$

$$= -1+j\times0$$

$$= -1$$

因此

$$f(1)=F(0)e^0+F(1)e^{j\pi}$$

$$f(1)=15\times1+(-5)\times(-1)$$

$$f(1)=20$$

所以，我们得到的结果是 $f=\begin{bmatrix}10 & 20\end{bmatrix}$。

对得到的结果进行离散傅里叶逆变换，可以清楚地看到重新生成了原始矩阵。因此，对 DFT 进行逆变换是可能的。

由 $F=\begin{bmatrix}15 & -5\end{bmatrix}$，我们得到 $f=\begin{bmatrix}10 & 20\end{bmatrix}$，这就是原始矩阵。

现在，我们再举一个例子，考虑一个像 $\begin{bmatrix}a & b\end{bmatrix}$ 这样的 1×2 矩阵。

对上述矩阵进行正向离散傅里叶变换，得到第 0 个位置的值：

$$F(u)=1/N \sum_{x=0}^{N-1} f(x) \mathrm{e}^{-2\pi \mathrm{j}xu/N}$$

$$x=0,1,\cdots,N-1$$

在给定矩阵中，

$$f(0)=a$$

$$f(1)=b$$

$$F(0)=1/2 \sum_{x=0}^{1} f(x)\mathrm{e}^0 (这里 u=0)$$

$$F(0)=1/2 \sum_{x=0}^{1} f(x)$$

$$F(0)=1/2[f(0)+f(1)]$$

$$F(0)=\frac{1}{2}(a+b)$$

下面计算第 1 个位置的值：

$$F(1)=1/2 \sum_{x=0}^{1} f(x)\mathrm{e}^{-2\pi \mathrm{j}x/}2(这里 u=1)$$

$$F(1)=1/2 \sum_{x=0}^{1} f(x)\mathrm{e}^{-\mathrm{j}\pi x}$$

$$F(1)=\frac{1}{2}[f(0)\mathrm{e}^0+f(1)\mathrm{e}^{-\mathrm{j}\pi}]$$

在此之前，已经计算出：

$$\mathrm{e}^{-\mathrm{j}\pi}=\cos\pi-\mathrm{j}\sin\pi$$

$$=-1-\mathrm{j}\times 0$$

$$=-1$$

因此

$$F(1)=f(0)\mathrm{e}^0+f(1)\mathrm{e}^{-\mathrm{j}\pi}$$

$$F(1) = a \times 1 + b \times (-1)$$

因此

$$F(1) = \frac{1}{2}(a-b)$$

在对给定的 1×2 矩阵 $\boldsymbol{f} = \begin{bmatrix} a & b \end{bmatrix}$ 进行正向离散傅里叶变换后，我们得到 $\boldsymbol{F} = \begin{bmatrix} \dfrac{a+b}{2} & \dfrac{a-b}{2} \end{bmatrix}$。

因此，得到的包含频率系数的矩阵为 $\boldsymbol{F} = \begin{bmatrix} \dfrac{a+b}{2} & \dfrac{a-b}{2} \end{bmatrix}$。

使用下面的 IDFT 公式对频率系数进行离散傅里叶逆变换：

$$f(x) = \sum_{u=0}^{N-1} F(u) \mathrm{e}^{2\pi \mathrm{j} x u / N}$$

$$u = 0, 1, \cdots, N-1$$

频率系数是：

$$F(0) = \frac{a+b}{2}$$

$$F(1) = \frac{a-b}{2}$$

第 0 个位置的值是：

$$f(0) = \sum_{u=0}^{1} F(u) \mathrm{e}^{0} \text{（这里 } x = 0\text{）}$$

$$f(0) = \frac{a+b}{2} + \frac{a-b}{2}$$

$$f(0) = \frac{a+b+a-b}{2}$$

$$f(0) = a$$

第 1 个位置的值是：

$$f(1) = \sum_{u=0}^{1} F(u) e^{2\pi j u/2} （这里 x=1）$$

$$f(1) = \sum_{u=0}^{1} F(u) e^{j\pi u}$$

$$f(1) = F(0) e^0 + F(1) e^{j\pi}$$

$$f(1) = \frac{a+b}{2} - \frac{a-b}{2}$$

$$f(1) = \frac{a+b-a+b}{2}$$

$$f(1) = b$$

所以,得到的结果是

$$\boldsymbol{f} = \begin{bmatrix} a & b \end{bmatrix}$$

对频率系数进行离散傅里叶逆变换,可以清楚地看到重新生成了原始矩阵。因此,可以实现 DFT 的可逆变换。在这些计算中是没有精度损失的。

由频率系数矩阵 $\boldsymbol{F} = \begin{bmatrix} \dfrac{a+b}{2} & \dfrac{a-b}{2} \end{bmatrix}$,我们得到了原始矩阵 $\boldsymbol{f} = \begin{bmatrix} a & b \end{bmatrix}$。

4.2　二维离散傅里叶变换(2D DFT)

本节我们考虑一个 2×2 的图像矩阵 $\begin{bmatrix} a & b \\ c & d \end{bmatrix}$。

下面我们对上面的矩阵进行正向离散傅里叶变换。我们将应用正向 DFT 计算矩阵中第 $(0,0)$ 位置的值。

在上述给定的矩阵中,

$$f(0,0) = a$$

$$f(0,1) = b$$

$$f(1,0) = c$$

$$f(1,1) = d$$

考虑下面的二维正向公式：

$$F(u,v) = \frac{1}{\sqrt{MN}} \sum_{x=0}^{M-1} \sum_{y=0}^{N-1} f(x,y) e^{-j2\pi\left(\frac{ux}{M} + \frac{vy}{N}\right)}$$

$$u = 0,1,\cdots,M-1;\ v = 0,1,\cdots,N-1$$

$$F(0,0) = \frac{1}{\sqrt{2 \times 2}} \sum_{x=0}^{1} \sum_{y=0}^{1} f(x,y) e^{0}$$

这里，$M = 2, N = 2, u = 0, v = 0$。

$$F(0,0) = \frac{1}{2} \sum_{x=0}^{1} \sum_{y=0}^{1} f(x,y)$$

$$F(0,0) = \frac{1}{2}(a + b + c + d)$$

假定 $\frac{1}{2}(a+b+c+d) = w$，则

$$F(0,0) = w$$

$$F(a) = w$$

应用正向 DFT 计算第 $(0,1)$ 位置的值，这里，$M = 2, N = 2, u = 0, v = 1$。

$$F(0,1) = \frac{1}{2} \sum_{x=0}^{1} \sum_{y=0}^{1} f(x,y) e^{-j2\pi y/2}$$

$$F(0,1) = \frac{1}{2} \sum_{x=0}^{1} \sum_{y=0}^{1} f(x,y) e^{-j\pi y}$$

$$F(0,1) = 1/2\left[f(0,0)e^{-j\pi \times 0} + f(0,1)e^{-j\pi \times 1} + f(1,0)e^{-j\pi \times 0} + f(1,1)e^{-j\pi \times 1}\right]$$

现在计算 $e^{-j\pi}$ 的值。

根据棣莫弗定理，得：

$$e^{j\pi} = \cos\pi + j\sin\pi$$

$$e^{-j\pi} = \cos\pi - j\sin\pi$$

由前述推导可知，

$$e^{j\pi} = \cos\pi + j\sin\pi$$

$$= -1$$

$$e^{j\pi} = -1$$

因此

$$F(0,1) = 1/2[f(0,0)e^{-j\pi\times0} + f(0,1)e^{-j\pi\times1} + f(1,0)e^{-j\pi\times0} + f(1,1)e^{-j\pi\times1}]$$

$$F(0,1) = \frac{1}{2}[a + b\times(-1) + c + d\times(-1)]$$

$$F(0,1) = \frac{1}{2}(a - b + c - d)$$

假定 $\frac{1}{2}[a - b + c - d] = x$，则 $F(0,1) = x$，由此

$$F(b) = x$$

应用正向 DFT 计算第 $(1,0)$ 位置的值：

$$F(1,0) = \frac{1}{\sqrt{2\times2}} \sum_{x=0}^{1} \sum_{y=0}^{1} f(x,y)e^{-j2\pi\left(\frac{1\times x}{2} + \frac{0\times y}{2}\right)}$$

这里，$M=2, N=2, u=1, v=0$。

$$F(1,0) = \frac{1}{2} \sum_{x=0}^{1} \sum_{y=0}^{1} f(x,y)e^{-j2\pi x/2}$$

$$F(1,0) = \frac{1}{2} \sum_{x=0}^{1} \sum_{y=0}^{1} f(x,y)e^{-j\pi x}$$

$$F(1,0) = 1/2[f(0,0)e^{-j\pi\times0} + f(0,1)e^{-j\pi\times0} + f(1,0)e^{-j\pi\times1} + f(1,1)e^{-j\pi\times1}]$$

之前，我们已计算出：

$$e^{-j\pi} = \cos\pi - j\sin\pi$$

$$= -1 - j\times0$$

$$= -1$$

因此

$$F(1,0)=1/2[f(0,0)\mathrm{e}^0+f(0,1)\mathrm{e}^0+f(1,0)\mathrm{e}^{-\mathrm{j}\pi}+f(1,1)\mathrm{e}^{-\mathrm{j}\pi}]$$

$$F(1,0)=1/2[a+b+c\times(-1)+d\times(-1)]$$

$$F(1,0)=\frac{1}{2}(a+b-c-d)$$

假定 $\frac{1}{2}[a+b-c-d]=x$,则 $F(1,0)=y$,因此

$$F(c)=y$$

应用正向 DFT 计算第 $(1,1)$ 位置的值:

$$F(1,1)=\frac{1}{\sqrt{2\times2}}\sum_{x=0}^{1}\sum_{y=0}^{1}f(x,y)\mathrm{e}^{-\mathrm{j}2\pi\left(\frac{1\times x}{2}+\frac{1\times y}{2}\right)}$$

这里,$M=2,N=2,u=1,v=1$。

$$F(1,1)=\frac{1}{2}\sum_{x=0}^{1}\sum_{y=0}^{1}f(x,y)\mathrm{e}^{-\mathrm{j}2\pi\left(\frac{x+y}{2}\right)}$$

$$F(1,1)=\frac{1}{2}\sum_{x=0}^{1}\sum_{y=0}^{1}f(x,y)\mathrm{e}^{-\mathrm{j}\pi(x+y)}$$

$$F(1,1)=1/2[f(0,0)\mathrm{e}^{-\mathrm{j}\pi\times0}+f(0,1)\mathrm{e}^{-\mathrm{j}\pi\times1}+f(1,0)\mathrm{e}^{-\mathrm{j}\pi\times1}+f(1,1)\mathrm{e}^{-\mathrm{j}\pi\times2}]$$

之前,我们已计算出:

$$\mathrm{e}^{-\mathrm{j}\pi}=\cos\pi-\mathrm{j}\sin\pi$$
$$=-1-\mathrm{j}\times0$$
$$=-1$$

现在计算 $\mathrm{e}^{-\mathrm{j}2\pi}$ 的值:

$$\mathrm{e}^{-\mathrm{j}2\pi}=\cos2\pi-\mathrm{j}\sin2\pi$$

计算 $\cos2\pi$ 和 $\sin2\pi$ 的值。

我们将 $\cos2\pi$ 写为:

$$\cos 2\pi = \cos 360°$$

$$\cos \pi = \cos(360° + 0°)$$

$$= \cos 0° = 1$$

类似地，

$$\sin 2\pi = \sin 360°$$

$$= \sin(360° + 0°)$$

$$= \sin 0° = 0$$

因此，$e^{-j2\pi}$ 的值是：

$$e^{-j2\pi} = \cos 2\pi - j\sin 2\pi$$

$$= 1 + j \times 0 = 1$$

因此

$$F(1,1) = 1/2[f(0,0)e^{-j\pi \times 0} + f(0,1)e^{-j\pi \times 1} + f(1,0)e^{-j\pi \times 1} + f(1,1)e^{-j\pi \times 2}]$$

$$F(1,1) = 1/2[f(0,0)e^0 + f(0,1)e^{-j\pi} + f(1,0)e^{-j\pi} + f(1,1)e^{-j2\pi}]$$

$$F(1,1) = 1/2[a + b \times (-1) + c \times (-1) + d \times 1]$$

$$F(1,1) = \frac{1}{2}(a - b - c + d)$$

假定 $\frac{1}{2}[a-b-c+d]=z$，则 $F(1,1)=z$，因此

$$F(d) = z$$

所以，得到的结果是 $\boldsymbol{F} = \begin{bmatrix} w & x \\ y & z \end{bmatrix}$。

换种形式，空域到频域（DFT）可以表示为：

$$F(a) = \frac{1}{2}(a + b + c + d) = w$$

$$F(b) = \frac{1}{2}(a - b + c - d) = x$$

$$F(c) = \frac{1}{2}(a + b - c - d) = y$$

$$F(d) = \frac{1}{2}(a - b - c + d) = z$$

其中，a, b, c, d 是空域值，w, x, y, z 是频域值。

DFT 的逆运算

对得到的结果进行离散傅里叶逆变换，重新生成原始矩阵。考虑二维 IDFT，它将在空域中生成图像像素，如下所示：

$$f(x, y) = \frac{1}{\sqrt{MN}} \sum_{u=0}^{M-1} \sum_{v=0}^{N-1} F(u, v) e^{j2\pi\left(\frac{ux}{M} + \frac{vy}{N}\right)}$$

$$x = 0, 1, \cdots, M-1; \ y = 0, 1, \cdots, N-1$$

在计算的矩阵中，

$$F(0, 0) = w$$

$$F(0, 1) = x$$

$$F(1, 0) = y$$

$$F(1, 1) = z$$

现在，重新生成原始矩阵中第 $(0,0)$ 位置的值，即 $(x, y) = (0, 0)$，因为我们考虑的是一个 2×2 的矩阵，所以，$M = 2, N = 2$。

$$f(0, 0) = \frac{1}{\sqrt{2 \times 2}} \sum_{u=0}^{1} \sum_{v=0}^{1} F(u, v) e^{j2\pi\left(\frac{u \times 0}{2} + \frac{v \times 0}{2}\right)}$$

$$f(0, 0) = \frac{1}{2} \sum_{u=0}^{1} \sum_{v=0}^{1} F(u, v) e^{0}$$

$$f(0, 0) = \frac{1}{2}[w + x + y + z]$$

因此

$$F^{-1}(w) = \frac{1}{2}[w + x + y + z]$$

如果把 w, x, y, z 的值代入,那么得到:

$$f(0,0) = \frac{1}{2}\Big[\frac{1}{2}(a+b+c+d) + \frac{1}{2}(a-b+c-d) +$$

$$\frac{1}{2}(a+b-c-d) + \frac{1}{2}(a-b-c+d)\Big]$$

$$f(0,0) = \frac{1}{2} \times \frac{1}{2} 4a$$

因此

$$f(0,0) = a$$

$$F^{-1}(w) = a$$

应用 IDFT 计算第 $(0,1)$ 位置的值:

$$f(0,1) = \frac{1}{\sqrt{2 \times 2}} \sum_{u=0}^{1} \sum_{v=0}^{1} F(u,v) e^{j2\pi\left(\frac{u \times 0}{2} + \frac{v \times 1}{2}\right)}$$

这里,$(x,y) = (0,1)$,$M = 2$,$N = 2$。

$$f(0,1) = \frac{1}{\sqrt{2 \times 2}} \sum_{u=0}^{1} \sum_{v=0}^{1} F(u,v) e^{j2\pi\left(\frac{v \times 1}{2}\right)}$$

$$f(0,1) = \frac{1}{2}[F(0,0)e^{0} + F(0,1)e^{j\pi} + F(1,0)e^{0} + F(1,1)e^{j\pi}]$$

之前,我们已计算出:

$$e^{j\pi} = -1$$

因此

$$f(0,1) = \frac{1}{2}[w + x \times (-1) + y + z \times (-1)]$$

$$f(0,1)=\frac{1}{2}\big[w-x+y-z\big]$$

因此

$$F^{-1}(x)=\frac{1}{2}\big[w-x+y-z\big]$$

如果代入 w,x,y,z 的值,那么我们得到:

$$f(0,1)=\frac{1}{2}\Big[\frac{1}{2}(a+b+c+d)-\frac{1}{2}(a-b+c-d)+$$

$$\frac{1}{2}(a+b-c-d)-\frac{1}{2}(a-b-c+d)\Big]$$

$$f(0,1)=\frac{1}{2}\times\frac{1}{2}4b$$

$$f(0,1)=b$$

因此

$$F^{-1}(x)=b$$

应用 IDFT 计算第 $(1,0)$ 位置的值:

$$f(1,0)=\frac{1}{\sqrt{2\times2}}\sum_{u=0}^{1}\sum_{v=0}^{1}F(u,v)\mathrm{e}^{\mathrm{j}2\pi\left(\frac{u\times1}{2}+\frac{v\times0}{2}\right)}$$

这里,$(x,y)=(1,0)$,$M=2$,$N=2$。

$$f(1,0)=\frac{1}{\sqrt{2\times2}}\sum_{u=0}^{1}\sum_{v=0}^{1}F(u,v)\mathrm{e}^{\mathrm{j}2\pi\left(\frac{u\times1}{2}\right)}$$

$$f(1,0)=\frac{1}{2}\big[F(0,0)\mathrm{e}^{0}+F(0,1)\mathrm{e}^{0}+F(1,0)\mathrm{e}^{\mathrm{j}\pi}+F(1,1)\mathrm{e}^{\mathrm{j}\pi}\big]$$

因此

$$f(1,0)=\frac{1}{2}\big[F(0,0)\mathrm{e}^{0}+F(0,1)\mathrm{e}^{0}+F(1,0)\mathrm{e}^{\mathrm{j}\pi}+F(1,1)\mathrm{e}^{\mathrm{j}\pi}\big]$$

$$f(1,0) = \frac{1}{2}[w+x+y\times(-1)+z\times(-1)]$$

$$f(1,0) = \frac{1}{2}(w+x-y-z)$$

$$F^{-1}(y) = \frac{1}{2}(w+x-y-z)$$

代入 w,x,y,z 的值,我们得到:

$$f(1,0) = \frac{1}{2}\Big[\frac{1}{2}(a+b+c+d)+\frac{1}{2}(a-b+c-d)\Big]-$$

$$\frac{1}{2}(a+b-c-d)-\frac{1}{2}(a-b-c+d)\Big]$$

$$f(1,0) = \frac{1}{2}\times\frac{1}{2}4c$$

$$f(1,0) = c$$

$$F^{-1}(y) = c$$

应用 IDFT 计算第 $(1,1)$ 位置的值:

$$f(1,1) = \frac{1}{\sqrt{2\times 2}}\sum_{u=0}^{1}\sum_{v=0}^{1}F(u,v)e^{j2\pi(\frac{u\times 1}{2}+\frac{v\times 1}{2})}$$

这里,$(x,y)=(1,1),M=2,N=2$。

$$f(1,1) = \frac{1}{\sqrt{2\times 2}}\sum_{u=0}^{1}\sum_{v=0}^{1}F(u,v)e^{j\pi(+v)}$$

因此

$$f(1,1) = \frac{1}{2}[F(0,0)e^0+F(0,1)e^{j\pi}+F(1,0)e^{j\pi}+F(1,1)e^{j2\pi}]$$

$$f(1,1) = \frac{1}{2}[w+x\times(-1)+y\times(-1)+z]$$

$$f(0,1)=\frac{1}{2}(w-x-y+z)$$

因此

$$F^{-1}(z)=\frac{1}{2}(w-x-y+z)$$

如果代入 w,x,y,z 的值,那么我们得到:

$$f(1,1)=\frac{1}{2}\Big[\frac{1}{2}(a+b+c+d)-\frac{1}{2}(a-b+c-d)-$$

$$\frac{1}{2}(a+b-c-d)+\frac{1}{2}(a-b-c+d)\Big]$$

$$f(1,1)=\frac{1}{2}\times\frac{1}{2}4d$$

$$f(1,1)=d$$

因此

$$F^{-1}(z)=d$$

所以,得到的结果是 $f=\begin{bmatrix} a & b \\ c & d \end{bmatrix}$,这就是原始图像矩阵。

将离散傅里叶逆变换应用于由 DFT 生成的频率系数,可以清楚地看到重新生成了原始矩阵。因此,可逆变换是 DFT 的一个共同特征。

由频率系数矩阵 $\boldsymbol{F}=\begin{bmatrix} w & x \\ y & z \end{bmatrix}$ 重新生成了原始矩阵 $\boldsymbol{f}=\begin{bmatrix} a & b \\ c & d \end{bmatrix}$。在数学形式上,频域到空域(IDFT)可以表示如下:

$$F^{-1}(w)=a=\frac{1}{2}(w+x+y+z)$$

$$F^{-1}(x)=b=\frac{1}{2}(w-x+y-z)$$

$$F^{-1}(y)=c=\frac{1}{2}(w+x-y-z)$$

$$F^{-1}(z)=d=\frac{1}{2}(w-x-y+z)$$

其中，a，b，c，d 是空域值，w，x，y，z 是频率值。

对于认证和不可见通信，我们首先通过这些数学计算得到 F；然后基于一些用于不可见通信和认证的算法将秘密信息嵌入 w，x，y，z 中，使图像的变化保持不可见性，并且根据需要进行各种调整；最后对系数矩阵 F 进行逆变换，重新生成嵌入后的像素矩阵 f。嵌入过程中会引入一些噪声，这些噪声就是秘密的部分。信号失真程度取决于嵌入频率系数中的位置。可以通过调整操作使能见度保持在可察觉的限度内，从而减少这种噪声。在空域中嵌入后的变换矩阵称为密文图像。在通信系统的接收端，再次进行正向变换，重新生成嵌入后的频率分量。从这些频率分量中提取秘密信息，并与通过第三方系统传输的秘密进行比对，从而进行认证。

我们再举一个例子，考虑一个像 $f=\begin{bmatrix} 22 & 21 \\ 6 & 9 \end{bmatrix}$ 这样的 2×2 矩阵。

在给定的矩阵中，

$$f(0,0)=22$$

$$f(0,1)=21$$

$$f(1,0)=6$$

$$f(1,1)=9$$

对给定矩阵进行正向离散傅里叶变换，并应用正向 DFT 计算第 $(0,0)$ 位置的值：

$$F(u,v)=\frac{1}{\sqrt{MN}}\sum_{x=0}^{M-1}\sum_{y=0}^{N-1}f(x,y)\mathrm{e}^{-\mathrm{j}2\pi\left(\frac{ux}{M}+\frac{vy}{N}\right)}$$

$$u=0,1,\cdots,M-1; \ v=0,1,\cdots,N-1$$

$$F(0,0)=\frac{1}{\sqrt{2\times2}}\sum_{x=0}^{1}\sum_{y=0}^{1}(x,y)\mathrm{e}^{-\mathrm{j}2\pi\left(\frac{0\times x}{2}+\frac{0\times y}{2}\right)}$$

这里，$(u,v)=(0,1)$，$M=2$，$N=2$。

$$F(0,0)=\frac{1}{\sqrt{2\times 2}}\sum_{x=0}^{1}\sum_{y=0}^{1}f(x,y)\mathrm{e}^0$$

$$F(0,0)=\frac{1}{2}\big[f(0,0)\mathrm{e}^0+f(0,1)\mathrm{e}^0+f(1,0)\mathrm{e}^0+f(1,1)\mathrm{e}^0\big]$$

$$F(0,0)=\frac{1}{2}\times(22+21+6+9)$$

$$F(0,0)=\frac{58}{2}$$

$$F(0,0)=29$$

计算第$(0,1)$位置的值：

$$F(0,1)=\frac{1}{\sqrt{2\times 2}}\sum_{x=0}^{1}\sum_{y=0}^{1}f(x,y)\mathrm{e}^{-\mathrm{j}2\pi\left(\frac{0\times x}{2}+\frac{1\times y}{2}\right)}$$

这里，$(u,v)=(0,1)$，$M=2,N=2$。

$$F(0,1)=\frac{1}{2}\sum_{x=0}^{1}\sum_{y=0}^{1}f(x,y)\mathrm{e}^{-\mathrm{j}\pi y}$$

$$F(0,1)=\frac{1}{2}\big[f(0,0)\mathrm{e}^{-\mathrm{j}\pi\times 0}+f(0,1)\mathrm{e}^{-\mathrm{j}\pi\times 1}+f(1,0)\mathrm{e}^{-\mathrm{j}\pi\times 0}+f(1,1)\mathrm{e}^{-\mathrm{j}\pi\times 1}\big]$$

$$F(0,1)=\frac{1}{2}\big[f(0,0)\mathrm{e}^0+f(0,1)\mathrm{e}^{-\mathrm{j}\pi}+f(1,0)\mathrm{e}^0+f(1,1)\mathrm{e}^{-\mathrm{j}\pi}\big]$$

之前，我们已计算出：

$$\mathrm{e}^{-\mathrm{j}\pi}=\cos\pi-\mathrm{j}\sin\pi$$

$$=-1-\mathrm{j}\times 0=-1$$

因此

$$F(0,1)=\frac{1}{2}\big[22\times 1+21\times(-1)+6\times 1+9\times(-1)\big]$$

$$F(0,1)=\frac{1}{2}\times(22-21+6-9)$$

$$F(0,1)=\frac{1}{2}\times(-2)$$

$$F(0,1)=-1$$

计算第(1,0)位置的值：

$$F(1,0)=\frac{1}{\sqrt{2\times2}}\sum_{x=0}^{1}\sum_{y=0}^{1}f(x,y)e^{-j2\pi\left(\frac{1\times x}{2}+\frac{0\times y}{2}\right)}$$

这里，$(u,v)=(1,0)$，$M=2$，$N=2$。

$$F(1,0)=\frac{1}{2}\sum_{x=0}^{1}\sum_{y=0}^{1}f(x,y)e^{-j\pi x}$$

$$F(1,0)=\frac{1}{2}\left[f(0,0)e^{-j\pi\times0}+f(0,1)e^{-j\pi\times0}+f(1,0)e^{-j\pi\times1}+f(1,1)e^{-j\pi\times1}\right]$$

$$F(1,0)=\frac{1}{2}\left[f(0,0)e^{0}+f(0,1)e^{0}+f(1,0)e^{-j\pi}+f(1,1)e^{-j\pi}\right]$$

因此

$$F(1,0)=\frac{1}{2}\left[22\times1+21\times1+6\times(-1)+9\times(-1)\right]$$

$$F(1,0)=\frac{1}{2}\times(22+21-6-9)$$

$$F(1,0)=\frac{1}{2}\times28$$

$$F(1,0)=14$$

计算第(1,1)位置的值：

$$F(1,1)=\frac{1}{\sqrt{2\times2}}\sum_{x=0}^{1}\sum_{y=0}^{1}f(x,y)e^{-j2\pi\left(\frac{1\times x}{2}+\frac{1\times y}{2}\right)}$$

这里，$(u,v)=(1,1)$，$M=2$，$N=2$。

$$F(1,1)=\frac{1}{2}\sum_{x=0}^{1}\sum_{y=0}^{1}f(x,y)\mathrm{e}^{-\mathrm{j}\pi(x+y)}$$

$$F(1,1)=\frac{1}{2}\left[f(0,0)\mathrm{e}^{-\mathrm{j}\pi\times0}+f(0,1)\mathrm{e}^{-\mathrm{j}\pi\times1}+f(1,0)\mathrm{e}^{-\mathrm{j}\pi\times1}+f(1,1)\mathrm{e}^{-\mathrm{j}\pi\times2}\right]$$

$$F(1,1)=\frac{1}{2}\left[f(0,0)\mathrm{e}^{0}+f(0,1)\mathrm{e}^{-\mathrm{j}\pi}+f(1,0)\mathrm{e}^{-\mathrm{j}\pi}+f(1,1)\mathrm{e}^{-\mathrm{j}2\pi}\right]$$

因此

$$F(1,1)=\frac{1}{2}\left[22\times1+21\times(-1)+6\times(-1)+9\times1\right]$$

$$F(1,1)=\frac{1}{2}\times(22-21-6+9)$$

$$F(1,1)=\frac{1}{2}\times4$$

$$F(1,1)=2$$

所以，得到系数矩阵 $\boldsymbol{F}=\begin{bmatrix}29 & -1\\14 & 2\end{bmatrix}$。

对得到的结果进行离散傅里叶逆变换（IDFT），看看我们是否能得到原始矩阵。

$$f(x,y)=\frac{1}{\sqrt{MN}}\sum_{u=0}^{M-1}\sum_{v=0}^{N-1}F(u,v)\mathrm{e}^{\mathrm{j}2\pi\left(\frac{ux}{M}+\frac{vy}{N}\right)}$$

$$x=0,1,\cdots,M-1;y=0,1,\cdots,N-1$$

在变换系数矩阵中，

$$F(0,0)=29$$

$$F(0,1)=-1$$

$$F(1,0)=14$$

$$F(1,1)=2$$

计算原始矩阵第$(0,0)$位置的值,即$(x,y)=(0,0)$。因为我们考虑的是一个2×2的矩阵,所以$(x,y)=(0,0)$,$M=2$,$N=2$。

$$f(0,0)=\frac{1}{\sqrt{2\times2}}\sum_{u=0}^{1}\sum_{v=0}^{1}F(u,v)\mathrm{e}^{\mathrm{j}2\pi\left(\frac{u\times0}{2}+\frac{v\times0}{2}\right)}$$

$$f(0,0)=\frac{1}{2}\sum_{u=0}^{1}\sum_{v=0}^{1}F(u,v)\mathrm{e}^{0}$$

$$f(0,0)=\frac{1}{2}\times(29-1+14+2)$$

$$f(0,0)=\frac{1}{2}\times44$$

$$f(0,0)=22$$

应用 IDFT 计算第$(0,1)$位置的值:

$$f(0,1)=\frac{1}{\sqrt{2\times2}}\sum_{u=0}^{1}\sum_{v=0}^{1}F(u,v)\mathrm{e}^{\mathrm{j}2\pi\left(\frac{u\times0}{2}+\frac{v\times1}{2}\right)}$$

这里,$(x,y)=(0,1)$,$M=2$,$N=2$。

$$f(0,1)=\frac{1}{\sqrt{2\times2}}\sum_{u=0}^{1}\sum_{v=0}^{1}F(u,v)\mathrm{e}^{\mathrm{j}2\pi\left(\frac{v\times1}{2}\right)}$$

$$f(0,1)=\frac{1}{2}\left[F(0,0)\mathrm{e}^{0}+F(0,1)\mathrm{e}^{\mathrm{j}\pi}+F(1,0)\mathrm{e}^{0}+F(1,1)\mathrm{e}^{\mathrm{j}\pi}\right]$$

之前,我们已计算出:

$$\mathrm{e}^{\mathrm{j}\pi}=\cos\pi+\mathrm{j}\sin\pi$$

$$=-1+\mathrm{j}\times0$$

$$=-1$$

因此

$$f(0,1)=\frac{1}{2}\left[29\times1+(-1)\times(-1)+14\times1+2\times(-1)\right]$$

$$f(0,1)=\frac{1}{2}\times(29+1+14-2)$$

$$f(0,1)=\frac{1}{2}\times42$$

$$f(0,1)=21$$

应用 IDFT 计算第$(1,0)$位置的值：

$$f(1,0)=\frac{1}{\sqrt{2\times2}}\sum_{u=0}^{1}\sum_{v=0}^{1}F(u,v)\mathrm{e}^{\mathrm{j}2\pi\left(\frac{u\times1}{2}+\frac{v\times0}{2}\right)}$$

这里，$(x,y)=(1,0)$，$M=2$，$N=2$。

$$f(1,0)=\frac{1}{\sqrt{2\times2}}\sum_{u=0}^{1}\sum_{v=0}^{1}F(u,v)\mathrm{e}^{\mathrm{j}2\pi\left(\frac{u\times1}{2}\right)}$$

$$f(1,0)=\frac{1}{2}\left[F(0,0)\mathrm{e}^{0}+F(0,1)\mathrm{e}^{0}+F(1,0)\mathrm{e}^{\mathrm{j}\pi}+F(1,1)\mathrm{e}^{\mathrm{j}\pi}\right]$$

因此

$$f(1,0)=\frac{1}{2}\left[F(0,0)\mathrm{e}^{0}+F(0,1)\mathrm{e}^{0}+F(1,0)\mathrm{e}^{\mathrm{j}\pi}+F(1,1)\mathrm{e}^{\mathrm{j}\pi}\right]$$

$$f(1,0)=\frac{1}{2}\left[29\times1+(-1)\times1+14\times(-1)+2\times(-1)\right]$$

$$f(1,0)=\frac{1}{2}\times(29-1-14-2)$$

$$f(1,0)=\frac{1}{2}\times12$$

$$f(1,0)=6$$

应用 IDFT 计算第$(1,1)$位置的值：

$$f(1,1)=\frac{1}{\sqrt{2\times2}}\sum_{u=0}^{1}\sum_{v=0}^{1}F(u,v)\mathrm{e}^{\mathrm{j}2\pi\left(\frac{u\times1}{2}+\frac{v\times1}{2}\right)}$$

这里，$(x,y)=(1,1)$，$M=2$，$N=2$。

$$f(1,1)=\frac{1}{\sqrt{2\times 2}}\sum_{u=0}^{1}\sum_{v=0}^{1}F(u,v)\mathrm{e}^{\mathrm{j}\pi(u+v)}$$

$$f(1,1)=\frac{1}{2}\big[F(0,0)\mathrm{e}^{0}+F(0,1)\mathrm{e}^{\mathrm{j}\pi}+F(1,0)\mathrm{e}^{\mathrm{j}\pi}+F(1,1)\mathrm{e}^{2\mathrm{j}\pi}\big]$$

因此

$$f(1,1)=\frac{1}{2}\big[F(0,0)\mathrm{e}^{0}+F(0,1)\mathrm{e}^{\mathrm{j}\pi}+F(1,0)\mathrm{e}^{\mathrm{j}\pi}+F(1,1)\mathrm{e}^{2\mathrm{j}\pi}\big]$$

$$f(1,1)=\frac{1}{2}\big[29\times 1+(-1)\times(-1)+14\times(-1)+2\times 1\big]$$

$$f(1,1)=\frac{1}{2}\times(29+1-14+2)$$

$$f(1,1)=\frac{1}{2}\times 18$$

$$f(1,1)=9$$

所以，重新生成了原始矩阵 $\boldsymbol{f}=\begin{bmatrix}22 & 21\\ 6 & 9\end{bmatrix}$。

这证实了这个变换是可逆的。只有在嵌入秘密比特或比特流时，才会引入损失或噪声。后续操作是为了使失真最小化。

DFT 和 IDFT 分别表示为序列 $\{x(n)\}$ 和 $\{X(k)\}$ 上的线性变换。我们定义一个 N 点时间采样向量 $\boldsymbol{x}$，一个 N 点频率采样向量 $\boldsymbol{X}$ 以及一个称为变换矩阵的 $N\times N$ 矩阵 $\boldsymbol{W}_N$，如下所示：

$$\boldsymbol{x}=\{x(n)\}=[x(0),\ x(1),\ x(2),\ x(3),\ \cdots,\ x(N-1)]^{\mathrm{T}}$$

$$\boldsymbol{W}_N=\begin{bmatrix}1 & 1 & 1 & \cdots & 1\\ 1 & W_N^1 & W_N^2 & \cdots & W_N^{N-1}\\ 1 & W_N^2 & W_N^4 & \cdots & W_N^{2(N-1)}\\ \vdots & \vdots & \vdots & \cdots & \vdots\\ 1 & W_N^{1(N-1)} & W_N^{2(N-1)} & \cdots & W_N^{(N-1)(N-1)}\end{bmatrix}$$

N 点 DFT 可以用矩阵形式表示为：

$$X = W_N x$$

所以，X 是离散傅里叶变换后的序列，W_N 是对应的变换矩阵。W_N 是线性变换矩阵以及对称矩阵。如果我们假设 W_N 的逆矩阵存在，那么上述表达式可以通过两边都乘 W_N^{-1} 得到。

这样，我们得到：

$$x = W_N^{-1} X$$

由此，IDFT 可以用矩阵形式表示出来：

$$x = \frac{1}{N} W_N^{\mathrm{H}} X$$

W_N^{H} 是矩阵 W_N 的复共轭。DFT 和 IDFT 是在数字信号处理应用中起着非常重要作用的计算工具。

4.3　用于图像隐写的离散傅里叶变换

本节我们考虑 DFT 在图像中的应用。下面的算法描述了嵌入和认证过程的编码和解码过程。

1) 算法：嵌入

输入：载体图像（$N \times N$）。

输出：嵌入后图像（$N \times N$）。

方法：利用以下公式生成变换矩阵：

$$F(u,v) = \frac{1}{\sqrt{MN}} \sum_{x=0}^{M-1} \sum_{y=0}^{N-1} f(x,y) e^{-\mathrm{j}2\pi\left(\frac{ux}{M}+\frac{vy}{N}\right)}$$

$$u = 0, 1, \cdots, M-1; \quad v = 0, 1, \cdots, N-1$$

步骤 1：获取一幅 $N \times N$ 的载体图像。

步骤 2：对整幅图像执行以下操作。

- 选择一个大小为 $l \times l$ 的子图像作为掩膜，l 可以是 2,3,4 等。

- 对每个掩膜进行前向 DFT，生成掩膜的变换系数。

- 使用嵌入算法进行嵌入。

- 使用 LSB 编码或哈希函数选择系数中的嵌入位置。

- 在掩膜的每个变换系数中嵌入预定的比特。

- 进行适当调整，使嵌入后系数的偏差最小。

- 对每个掩膜进行逆 IDFT，生成掩膜的嵌入后像素。

步骤 3：停止。

2）算法：解码

输入：嵌入后图像 ($N \times N$)。

输出：解码的秘密信息和身份验证。

方法：利用以下公式生成变换矩阵：

$$F(u,v) = \frac{1}{\sqrt{MN}} \sum_{x=0}^{M-1} \sum_{y=0}^{N-1} f(x,y) e^{-j2\pi\left(\frac{ux}{M} + \frac{vy}{N}\right)}$$

$$u = 0,1,\cdots,M-1; \; v = 0,1,\cdots,N-1$$

步骤 1：获取嵌入后图像 ($N \times N$)。

步骤 2：对整个嵌入后图像执行如下操作。

- 选择与嵌入时使用的相同的掩膜 ($l \times l$ 的子图像)。

- 对每个掩膜进行正向 DFT，生成掩膜的变换系数。

- 使用解码算法进行提取。

- 使用相同的 LSB 编码或哈希函数选择系数中的嵌入位置。

- 从掩膜的每个变换系数中提取嵌入的比特。

步骤 3:停止。

图 4.1 显示了变换域中嵌入方案的流程图。

图 4.2、4.3 和 4.4 分别是原始图像、DFT 前向变换后的系数图像和对嵌入后的系数矩阵进行逆 DFT 后的图像。

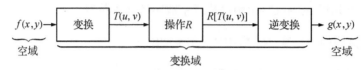

图 4.1　变换域的通用嵌入过程

图 4.2　原始图像

图 4.3　DFT 系数图像

图 4.4　逆变换后的图像

4.4　基于 LSB 编码的不可见通信与图像认证

在本节中,基于 LSB 的嵌入是在变换域中完成的。选取一幅图像作为载体,不将整幅图像作为变换的输入,而是从图像中选择一个尺寸为 2×2 的小窗口。将 DFT 应用于此窗口,并将整个过程应用于此窗口。除了第一个分量外,认证图像中的三个比特被嵌入四个系数中的三个频率系数的 LSB 中。嵌入后,对该子图像进行 IDFT,在空域中生成尺寸为 2×2 的嵌入后子图像。最后将窗口以无重叠的方式在整个图像中滑动,完成整幅图像的嵌入任务。

在接收端解码时,遵循以下步骤。使用相同的掩膜获取相同大小的子图像,进行离散傅里叶变换生成嵌入后频率分量,从除第一个频率系数外的三个频率系数中提取三个 LSB。对整个图像重复该过程,以提取完整的秘密信息或图像,从而在目的地进行身份验证。

1) LSB 编码实例

考虑一个图像矩阵为 8×4 的例子。从输入图像中提取的子图像矩阵如图 4.5 所示。

根据给出的算法,将图像分成 2×2 的子图像,如图 4.6 所示。

130	138	140	143	142	144	142	148
139	134	131	137	139	141	141	147
165	160	159	161	157	166	160	161
146	154	156	158	154	148	153	141

图 4.5　输入矩阵为从图像中获取的 8×4 的子图

130	138	140	143	142	144	142	148	165	160	159	161	157	166	160	161
139	134	131	137	139	141	141	147	146	154	156	158	154	148	153	141

图 4.6　载体图像的 8 个 2×2 块

图 4.7 给出了发送端各块的 DFT 系数。

270	−2	275	−5	283	−2	289	−6	312	−2	317	−2	312	−2	307	5
−3	−7	7	1	3	0	1	0	12	6	3	0	10	−8	13	−7

图 4.7　每个 2×2 块的 DFT 系数

考虑将秘密信息的三个字节或秘密图像的三个像素嵌入图像矩阵的变换系数中。这些像素值分别是 73、182 和 109。从最低有效位(LSB)到最高有效位(MSB)串联后转换成的二进制字符串为 10010010/01101101/10110110。

图 4.8 显示了在载体图像中嵌入秘密比特的过程。第 1 个系数留空,第 2、第 3 和第 4 个系数分别将 1 比特嵌入各自的 LSB 中。

图 4.9 显示了嵌入后 DFT 块的值,这些分量可能是负值。在变换后的块的频率系数中嵌入秘密比特后,对每个变换后的块进行 IDFT。使用相同的 2×2 掩膜,对嵌入块进行 IDFT 将其转换到像素域。图 4.10 显示了空域中的嵌入后像素值或嵌入后的图像矩阵。

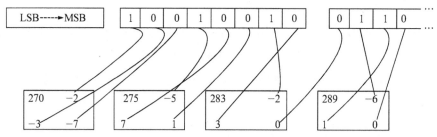

图 4.8　除 2×2 变换块的第一个系数外,将单个比特嵌入每个 LSB

| 270 | −1 | 275 | −5 | 283 | −1 | 289 | −5 | 312 | −1 | 317 | −1 | 312 | −2 | 307 | 4 |
| −4 | −8 | 6 | 0 | 2 | 0 | 1 | 0 | 12 | 6 | 3 | 0 | 10 | −8 | 13 | −7 |

图 4.9　嵌入秘密比特后的 DFT 块的值

| 129 | 138 | 139 | 144 | 143 | 144 | 142 | 148 | 165 | 160 | 160 | 161 | 156 | 166 | 159 | 162 |
| 139 | 134 | 131 | 138 | 140 | 141 | 141 | 147 | 147 | 154 | 157 | 158 | 154 | 148 | 153 | 142 |

图 4.10　执行 IDFT 操作之后的值

2) 提取与认证

在接收端进行提取。在秘密信息或秘密图像的提取过程中,首先对嵌入图像进行 DFT。以同样的方式对 2×2 的子图像块进行 DFT 得到频率系数,如图 4.11 所示。从每个 DFT 块(不包括第一个像素)中提取秘密图像的隐藏位,重构秘密图像或信息。提取过程如图 4.12 所示。

| 270 | −1 | 275 | −5 | 283 | −1 | 289 | −5 | 312 | −1 | 317 | −1 | 312 | −2 | 307 | 4 |
| −4 | −8 | 6 | 0 | 2 | 0 | 1 | 0 | 12 | 6 | 3 | 0 | 10 | −8 | 13 | −7 |

图 4.11　在接收端进行 DFT 操作后的值

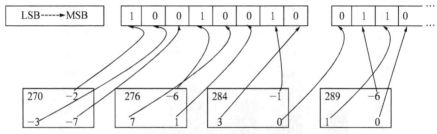

图 4.12 从接收端的嵌入图像中提取秘密信息

3) 结果、比较与分析

本节考虑使用 USC-SIPI 图像数据库[版本 5,原始发布:1997 年 10 月,南加州大学电气工程系信号和图像处理研究所(http://sipi. usc. edu/database/)]的 10 幅基准图像实现该技术。所有图像都是灰度图像。通过 MSE、PSNR 和直方图分析对方案的实现结果进行了分析。

表 4.1 给出了 10 幅基准图像的 MSE 和 PSNR 值。从表中可以看出,Truck 图像的 PSNR 最大,House 图像的 PSNR 最小,但所有图像的 PSNR 值都大于 43。从表中还可以看出,MSE 的平均值为 2.962783,PSNR 的平均值为 43.416,对于嵌入图像的感知质量来说是很好的。图 4.13 和 4.14 分别是 10 个基准图像的 MSE 和 PSNR 值柱状图。图 4.15 给出了原始 Baboon 图像、秘密 gold coin 图像和隐秘 Baboon 图像。利用给出的算法,在嵌入 gold coin 图像后得到隐秘 Baboon 图像。隐秘图像的视觉清晰度可以推断,嵌入质量较好。

表 4.1 10 幅基准图像的 MSE 和 PSNR 值

载体图像 (512×512)	均方误差	峰值信噪比
Lena	2.946032	43.438005
Baboon	2.886532	43.527040
Airplane	3.056198	43.278989
Peppers	2.900211	43.506507
Tiffany	2.979280	43.402830
Sailboat	2.917122	43.481258
Splash	3.004532	43.353035
House	3.146366	43.146366
Man	2.914580	43.485726
Truck	2.876986	43.541620

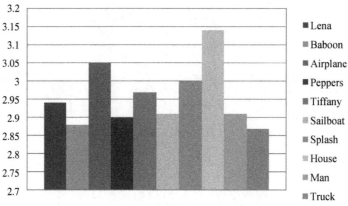

图 4.13　10 幅基准图像的 MSE 值柱状图

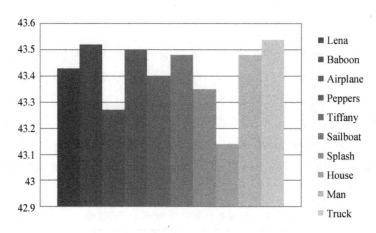

图 4.14　10 幅基准图像的 PSNR 值柱状图

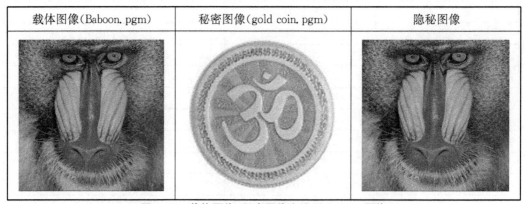

| 载体图像(Baboon. pgm) | 秘密图像(gold coin. pgm) | 隐秘图像 |

图 4.15　载体图像、秘密图像和隐秘 Baboon 图像

图 4.16 和 4.17 分别是原始 Baboon 图像和隐秘 Baboon 图像的直方图。从这两张直方图中可以清楚地看到，两幅图像的结构相似度都很高，相关性也很高。因此，嵌入图像的可感知性将会很好。

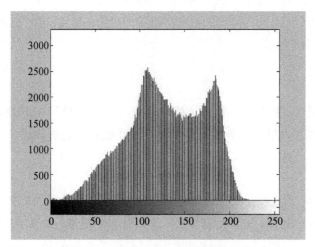

图 4.16 原始 Baboon 图像的直方图

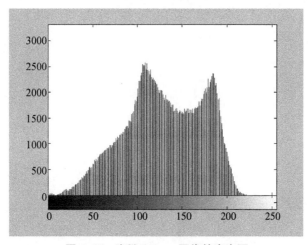

图 4.17 隐秘 Baboon 图像的直方图

4.5 DFT 的应用

1) 变换编码

将空域的图像数据转换为频域，对于图像增强、不可见数据通信、图像认证等各种图像处理应用以及远程医疗、卫星图像处理等各种应用都是非常广泛和方便的。

2) 数据压缩

数字信号处理在很大程度上依赖于频域运算（即傅里叶变换）。例如，多种有损图像和声音压缩方法采用离散傅里叶变换减少高频傅里叶系数的数量，这些高频傅里叶系数被认为是不可察觉的而被丢弃。

3) 频谱分析

根据傅里叶分析，任何物理信号都可以被分解成若干个离散频率或连续范围内的频谱。对某一信号按其频率含量进行分析所得的统计平均值称为它的频谱。

4) 远程医疗

如今，远程医疗取得了很大进展。美国或英国的医生首先看病人的血管造影图像，然后给病人开适当的药。为此，血管造影图像要送到医生那里进行观察和分析。图像可以发送，但医生将如何验证图像？基于 DFT 的隐写可用于在目的地（即医生处）对图像进行身份认证。

5

基于离散余弦变换的可逆编码

离散余弦变换(DCT)以特定顺序传递数据点序列,该序列与以不同频率波动的余弦函数的总和有关。从音频(如 MP3)和图像(如 JPEG)的有损压缩(其中可以丢弃小的高频分量)到求偏微分方程数值解用到的频谱方法,可以看到 DCT 在科学和工程领域具有重要应用。

余弦函数比正弦函数更适合于压缩,因为事实证明,为了逼近一个信号,所需的余弦函数更少,而对于微分方程,余弦表示了一种特定的边界条件选择。

与其他变换一样,离散余弦变换(DCT)可以去除图像数据之间的相关性。在去除相关性后,每个变换系数都可以独立编码,而不会损失压缩效率。

长度为 N 的一维(1-D)序列的正向 DCT 函数可以表示为:

$$C(u)=\alpha(u)\sum_{x=0}^{N-1}f(x)\cos\left[\frac{\pi(2x+1)u}{2N}\right] \tag{5.1}$$

$$u=0,1,\cdots,N-1$$

类似地,逆变换定义为:

$$f(x)=\sum_{x=0}^{N-1}\alpha(u)C(u)\cos\left[\frac{\pi(2x+1)u}{2N}\right] \tag{5.2}$$

$$x=0,1,\cdots,N-1$$

在两个等式(5.1)和(5.2)中,$\alpha(u)$定义为:

$$\alpha(u) = \begin{cases} \sqrt{\dfrac{1}{N}} & u = 0 \\[3mm] \sqrt{\dfrac{2}{N}} & u \neq 0 \end{cases}$$

由式(5.1)可知：

$$C(u = 0) = \sqrt{\frac{1}{N}} \sum_{x=0}^{N-1} f(x)$$

因此，第一变换系数是样本序列的平均值。在文献中，这个值被称为直流(DC)系数。变换系数的其余部分被称为交流(AC)系数。如果输入的序列足够大，那么它可以被划分为长度为 N 的子序列，并且 DCT 可以独立地应用于这些子序列。这里，需要注意的一点是，在每次这样的计算中，基函数点的值不会改变。在每个子序列中，只有 $f(x)$ 的值会发生变化。这是一个非常重要的性质，因为它表明基函数是固定的，可以预先计算基函数的值，然后与子序列相乘。这减少了数学运算（即乘法和加法）量，从而提高了计算效率。

N 个样本的二维正向离散余弦变换(2D-DCT)可以表示为：

$$F(u,v) = \frac{2}{N} C(u) C(v) \sum_{x=0}^{N-1} \sum_{y=0}^{N-1} f(x,y) \cos\left[\frac{\pi(2x+1)u}{2N}\right] \cos\left[\frac{\pi(2y+1)v}{2N}\right]$$

$$u = 0, 1, \cdots, N-1; \quad v = 0, 1, \cdots, N-1 \tag{5.3}$$

其中，

$$N = 2, C(k) = \begin{cases} 1/\sqrt{2} & k = 0 \\ 1 & k \neq 0 \end{cases}$$

N 个样本的二维逆离散余弦变换(2D-IDCT)可以表示为：

$$F(x,y) = \frac{2}{N} \sum_{u=0}^{N-1} \sum_{v=0}^{N-1} C(u) C(v) F(u,v) \cos\left[\frac{\pi(2x+1)u}{2N}\right] \cos\left[\frac{\pi(2y+1)v}{2N}\right]$$

$$x = 0, 1, \cdots, N-1; \quad y = 0, 1, \cdots, N-1, \text{其中 } N = 2 \tag{5.4}$$

离散余弦变换的基函数在垂直和水平方向上的频率都呈递增趋势。DCT 变换矩阵的左上角第一个元素，称为直流(DC)系数，代表了力图像或信号的整体平均水平。

在变换的计算过程中，不是一次性地对整个图像进行变换。而是取较小的子图像块（可

能是 1×1、1×2、2×2、3×3 等),并且对该子图像进行变换。在变换后的子图像系数中进行嵌入或验证。嵌入完成后,该子图像系数块被输入 IDCT 以生成嵌入像素子图像。对整个图像重复该过程,并生成传输到目标的完整嵌入后图像。

在目的端,首先将接收到的嵌入图像细分为与源端相同大小的子图像,然后将正向变换应用于这些子图像,并且从每个变换子块中提取秘密或认证比特。由提取的比特重构秘密消息或图像,认证或秘密通信便得以实施。

在本章中,我们采用 2×2 子图像块进行所有的操作。图 5.1 显示的是输入的 10×10 的图像矩阵,列号和行号分别位于标题行和标题列。

图 5.2 显示的是根据输入图像矩阵构造的第一个子图像块(如图 5.1 所示)。

	0	1	2	3	4	5	6	7	8	9
0	75	50	233	11	145	75	54	78	39	125
1	85	40	123	213	214	245	23	235	56	34
2	233	13	102	121	123	73	21	158	43	179
3	144	45	90	110	45	69	58	65	246	159
4	12	112	213	109	65	59	65	289	241	145
5	43	213	120	92145	32	86	32	159	258	297
6	221	122	214	156	58	94	78	278	214	149
7	213	201	211	83	47	254	56	246	235	108
8	102	54	258	49	95	38	28	214	298	107
9	83	76	145	148	214	54	96	200	123	214

图 5.1　原始图像矩阵

75	50
85	40

图 5.2　输入掩膜为 2×2 的图 5.1 的第一个子图像

由图 5.2 可知,给定子图像矩阵的像素分量为:

$$f(0,0)=75$$

$$f(0,1)=50$$

$$f(1,0)=85$$

$$f(1,1)=40$$

对该子图像矩阵进行正向离散余弦变换,得到如下频率分量:

$$F(0,0)=125$$

$$F(0,1)=35$$

$$F(1,0)=0$$

$$F(1,1)=-10$$

因此,生成的变换系数矩阵如图 5.3 所示。第一个分量 $F(0,0)=125$ 是直流分量,其余系数 35、0 和 -10 是交流分量。嵌入的一般趋势是保持直流分量不变,使用其他分量插入秘密信息。研究人员使用该直流分量进行嵌入后调整。嵌入后,对嵌入系数图像进行 DCT 逆变换。图 5.4 为非主对角交流分量 35 和 0 的 LSB 中单比特嵌入情况。秘密二进制值 10(十进制等效值 2)被嵌入这两个系数中。35 的二进制值为 00100011。

125	35
0	-10

图 5.3　由图 5.2 中给出的输入子图像生成的掩膜大小为 2×2 的子图像的变换系数

图 5.4 显示了对非对角频率系数的信息嵌入过程,输出的嵌入子矩阵如图 5.5 所示。从图 5.5 中可以看出,在嵌入后,系数的值是不变的。原因是我们将秘密比特嵌入所选比特位置的变换系数中。如果在那个比特位置有一个 0,并且我们在那个位置嵌入一个 0 的话,那么系数值就不会有任何变化。但从概念上讲,我们在那个位置嵌入了一个 0。同样,如果在那个位置有一个 1 并且我们在那个位置嵌入了一个 1,那么系数值不会有任何变化。但从概念上讲,我们在那个位置嵌入了一个 1。在一个系数内比特发生变化的概率最大为 50%。在这里,我们将信息嵌入变换系数的 LSB 上。这个比特位置是使用哈希函数选择的,这就是嵌入密钥。

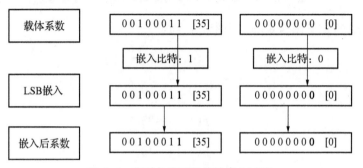

图 5.4　非对角线系数值的嵌入过程

125	35
0	−10

图 5.5　频域中尺寸为 2×2 的掩膜的嵌入后子图像

对嵌入图像进行逆离散余弦变换,以生成像素域的嵌入后图像,如图 5.6 所示。

75	50
85	40

图 5.6　空域中尺寸为 2×2 的掩膜的嵌入后子图像

对整个图像重复该过程,最后生成嵌入后图像。该嵌入后图像通过网络传输到接收端。

5.1　嵌入实例

本节我们考虑进行 DCT 后的前四个掩膜块,如下所示:

第一个掩膜 |0　5| 第二个掩膜 |2　7| 第三个掩膜 |5　9| 第四个掩膜 |8　5|

　　　　　 |6　2| 　　　　　 |8　5| 　　　　　 |7　4| 　　　　　 |6　9|

秘密图像的第一个像素的十进制值是 192。192 的二进制值为 11000000。每个比特的位置如下所示:

$$MSB = 1(第 8 位)$$

$$1(第 7 位)$$

$$0(第 6 位)$$

$$0(第 5 位)$$

$$0(第 4 位)$$

$$0(第 3 位)$$

$$0(第 2 位)$$

$$LSB = 0(第 1 位)$$

输入掩膜中的四对非对角线元素,即八个元素{(5,6),(7,8),(9,7)和(5,6)}将被嵌入二进制值 11000000,每个 LSB 嵌入一位。选择每个掩膜(0,1)和(1,0)位置的元素。第一个掩膜的非对角元素为 5 和 6,其二进制等价值分别为 00000101 和 00000110。

第一个掩膜是 $\begin{vmatrix} 0 & 5 \\ 6 & 2 \end{vmatrix}$。

执行以下操作,从消息字节的 LSB 到 MSB(192≡11000000),每次嵌入一个比特。

消息字节(十进制 192)	→11000000 ⎫
以 128 为掩膜(十进制)	→10000000 ⎬
执行 AND 运算	→10000000
右移 7 位	→00000001 ⎫
(0,1)处的像素值是 5	→00000101 ⎬
执行 OR 运算	→00000101→第一个掩膜(0,1)处的嵌入后像素

因此,第一个掩膜(0,1)位置的嵌入后像素值为 00000101≡5(十进制)。可以注意到,嵌入后像素的值没有变化。原因是原像素的 LSB 为 1,我们在 MSB 中嵌入了 1,所以不会有任何变化。

取第一个掩膜(1,0)位置的元素,其取值为十进制形式的 6。

执行以下操作:

消息字节(十进制 192)	→11000000 ⎫
以 64 为掩膜(十进制)	→01000000 ⎬
执行 AND 运算	→01000000
右移 6 位	→00000001 ⎫
(1,0)处的像素值是 6	→00000110 ⎬
执行 OR 运算	→00000111→第一个掩膜(1,0)处的嵌入后像素

因此,第一个掩膜(1,0)位置的嵌入后像素值是 00000111≡7(十进制)。(0,1)位置的嵌入后值为 5,(1,0)位置的嵌入后值为 7。

所以,嵌入后的第一个掩膜是 $\begin{vmatrix} 0 & 5 \\ 7 & 2 \end{vmatrix}$。

第二个掩膜是 $\begin{vmatrix} 2 & 7 \\ 8 & 5 \end{vmatrix}$。

(0,1)和(1,0)位置的元素分别为 7 和 8。

7 的二进制值是 00000111。

8 的二进制值是 00001000。

执行以下操作：

取第二个掩膜(0,1)位置的元素 7。

消息字节(十进制 192)	→11000000
<u>以 32 为掩膜(十进制)</u>	→00100000
执行 AND 运算	→00000000
右移 5 位	→00000000
取 254 的二进制值	→11111110,当移位后值变为 0 时
<u>(0,1)处的像素值是 7</u>	→00000111
执行 AND 运算	→00000110 → 第二个掩膜 (0,1)处的嵌入后像素值

因此,第二个掩膜(1,0)位置的嵌入后像素值是 00000110≡6(十进制)。

取第二个掩膜(1,0)位置的元素 8。

消息字节(十进制 192)	→11000000
<u>以 16 为掩膜(十进制)</u>	→00010000
执行 AND 运算	→00000000
右移 4 位	→00000000
取 254 的二进制值	→11111110,当移位后值变为 0 时
<u>在(1,0)处的像素值是 8</u>	→00001000
执行 AND 运算	→00001000→第二个掩膜(1,0)处的嵌入后像素值

因此,第二个掩膜(1,0)位置的嵌入后像素值是 00001000≡8(十进制)。

所以,嵌入后的第二个掩膜是 $\begin{vmatrix} 2 & 6 \\ 8 & 5 \end{vmatrix}$。

第三个掩膜是 $\begin{vmatrix} 5 & 9 \\ 7 & 4 \end{vmatrix}$。

$(0,1)$ 和 $(1,0)$ 位置的元素分别为 9 和 7。

9 的二进制值是 00001001。

7 的二进制值是 00000111。

执行以下操作：

取第三个掩膜 $(0,1)$ 位置的元素 9。

消息字节（十进制 192）	→11000000
以 8 为掩膜（十进制）	→00001000
执行 AND 运算	→00000000
右移 3 位	→00000000
取 254 的二进制值	→11111110,当移位后值变为 0 时
$(0,1)$ 处的像素值为 9	→00001001
执行 AND 运算	→00001000→第三个掩膜 $(0,1)$ 处的嵌入后像素值

因此,第三个掩膜 $(0,1)$ 位置的嵌入后像素值为 00001000≡8（十进制）。

取第三个掩膜 $(1,0)$ 位置的元素 7。

消息字节（十进制 192）	→11000000
以 4 为掩膜（十进制）	→00000100
执行 AND 运算	→00000000
右移 2 位	→00000000
取 254 的二进制值	→11111110,当移位后值变为 0 时
$(1,0)$ 处的像素值为 7	→00000111
执行 AND 运算	→00000110→第三个掩膜 $(1,0)$ 处的嵌入后像素值

因此,第三个掩膜 $(1,0)$ 位置的嵌入后像素值是 00000110≡6（十进制）。

所以,嵌入后的第三个掩膜是 |5　8|

|6　4|。

第四个掩膜是 |8　5|

|6　9|。

$(0,1)$ 和 $(1,0)$ 位置的元素分别为 5 和 6。

5 的二进制值是 00000101。

6 的二进制值是 00000110。

执行以下操作:

取第四个掩膜 $(0,1)$ 位置的元素 5。

消息字节(十进制 192)	→11000000
以 2 为掩膜(十进制)	→00000010
执行 AND 运算	→00000000
右移 1 位	→00000000
取 254 的二进制值	→11111110,当移位后值变为 0 时
$(0,1)$ 处的像素值是 5	→00000101
执行 AND 运算	→00000100→第四个掩膜 $(0,1)$ 处的嵌入后像素值

因此,第四个掩膜 $(0,1)$ 位置的嵌入后像素值是 00000100≡4(十进制)。

取第四个掩膜 $(1,0)$ 位置的元素 6。

消息字节(十进制 192)	→11000000
以 1 为掩膜(十进制)	→00000001
执行 AND 运算	→00000000
右移 0 位	→00000000
取 254 的二进制值	→11111110,当移位后值变为 0 时
$(1,0)$ 的像素值为 6	→00000110
执行 AND 运算	→00000110→第四个掩膜 $(1,0)$ 处的嵌入后像素值

因此,第四个掩膜(1,0)位置的嵌入后像素值是 00000110≡6(十进制)。

所以,嵌入后的第四个掩膜是 |8 4|

|6 9|。

可见,嵌入使得原系数值变化极小,如下所示:

对四个子图像块进行 2×2 DCT 后得到变换系数为:

第一个掩膜 |0 5|　第二个掩膜 |2 7|　第三个掩膜 |5 9|　第四个掩膜|8 5|

|6 2|　　　　　　|8 5|　　　　　　|7 4|　　　　　|6 9|。

在每个掩膜的非对角线元素的 LSB 进行嵌入后的变换系数为:

第一个掩膜 |0 5|　第二个掩膜 |2 6|　第三个掩膜 |5 8|　第四个掩膜 |8 4|

|7 2|　　　　　　|8 5|　　　　　　|6 4|　　　　　|6 9|。

对这些系数值进行逆 DCT 变换生成嵌入后的像素值矩阵。

5.2　解码

表 5.1 给出了原始系数值、嵌入后系数值和秘密比特。从表中可以清楚地看出,表的第三行和第四行(标题行除外)是相同的。这意味着,每个 LSB 都嵌入了一个秘密消息比特。

在接收端进行解码时,将嵌入图像分成与发送端相同大小的子图像。每个子图像使用 DCT 进行转换。在变换后的系数中,从这四个掩膜的非对角线元素的每个 LSB 中提取秘密比特。将秘密比特连接起来重建秘密消息或图像以进行解码和身份验证。在这种情况下,提取的比特是 11000000,其十进制形式为 192。这是在目的地解码的秘密信息。

从表 5.1 中可以清楚地看出,在嵌入过程中,并不是所有 LSB 被改变,8 个 LSB 中有 5 个 LSB 值被改变。即,62.5% 的比特被改变,因此减少了质量退化。

表 5.1　原始系数值、嵌入后系数值以及秘密比特

原始系数值	5	6	7	8	9	7	5	6
嵌入后系数值	5	7	6	8	8	6	4	6
原始像素的 LSB	1	0	1	0	1	1	1	0
嵌入后像素的 LSB	1	1	0	0	0	0	0	0
秘密比特 192≡11000000(从 MSB 到 LSB)	1	1	0	0	0	0	0	0

5.3　DCT 的性质

在前面的章节中,已经建立了 DCT 的数学基础,对其图像处理应用进行了较为直观的分析。本节将概述 DCT 的一些特性,并举例说明,这些特性在图像处理应用中很有用。

1) 去相关

图像变换的主要优势是去除相邻像素之间的冗余,从而生成可以独立编码的不相关变换系数。假如对图像进行二维 DCT 变换,那么,DCT 运算后的自相关幅度非常小。从直流系数到高频交流系数,系数值会逐渐减小到零,然后为负。因此,可以推断 DCT 具有良好的去相关特性。

2) 能量压缩

转换系统的有用性体现在其将输入数据尽可能固定在有限的系数上。这允许量化器去除相对不重要的振幅系数,而不会引起重建图像太大的图像失真。DCT 对高度相关的图像具有重要的能量压缩作用。

3) 可分离性

DCT 函数可以表示为:

$$C(u,v)=\alpha(u)\alpha(v)\sum_{x=0}^{N-1}\cos\left[\frac{\pi(2x+1)u}{2N}\right]\sum_{y=0}^{N-1}f(x,y)\cos\left[\frac{\pi(2x+1)v}{2N}\right]$$

$$u,v=0,1,\cdots,N-1$$

DCT 中的 $C(u,v)$ 可以通过对图像的行和列进行连续的一维操作,分两步计算出来。这是计算变换系数的一个主要优点。DCT 的这一特性称为可分离性。这一思想如

图 5.7 所示。所提出的参数同样适用于逆 DCT 计算。

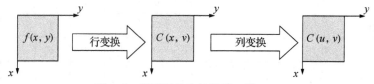

图 5.7   利用可分离性计算二维 DCT

4）对称性

再看一下式(5.3)和(5.4)中的行和列运算,就会发现无论先进行行运算还是先进行列运算,结果都是一样的。这样的变换称为对称变换。一个可分离的对称变换可以表示为:

$$T = AfA$$

其中,A 是一个 $N \times N$ 的对称变换矩阵,元素 $a(i,j)$ 由式(5.5)给出,f 是 $N \times N$ 的图像矩阵。

$$a(i,j) = \alpha(j) \sum_{j=0}^{N-1} \cos\left[\frac{\pi(2j+1)i}{2N}\right] \tag{5.5}$$

变换矩阵可以预先计算、分离,然后应用于图像,从而在数量级方面提高计算效率。

5）正交性

我们给出由式(5.6)表示的逆变换:

$$f = A^{-1}TA^{-1}$$

由于 DCT 的基函数是正交的,因此,A 的逆变换矩阵等于它的转置,即 $A^{-1} = A^T$。所以,除了它的去相关特性,该性质还降低了预计算的复杂性。

5.4   二维 DCT 和 IDCT 的计算及举例

本节中,我们将以详细的步骤计算 DCT 和 IDCT 的系数,以便读者更好地理解。对于二维 DCT 和 IDCT 的广义方程,取式(5.3)和(5.4)中的表达式。

考虑一个二维 DCT 的例子。2×2 窗口的输入数据分别为 32、41、57、61,输入图像子矩阵如图 5.8 所示。

| 32 | 41 |
| 57 | 61 |

图 5.8　2×2 大小掩膜的输入图像

系数是：

$$f(0,0)=32$$

$$f(0,1)=41$$

$$f(1,0)=57$$

$$f(1,1)=61$$

正向离散余弦变换（DCT）的系数根据式（5.3）计算得：

$$F(0,0)=\text{sqrt}(1/n)\times\text{sqrt}(1/n)\times[f(0,0)\times\cos0\times\cos0+f(0,1)\times\cos0\times\cos0+f(1,0)\times$$
$$\cos0\times\cos0+f(1,1)\times\cos0\times\cos0]$$

$$=1/n\times[f(0,0)\times1\times1+f(0,1)\times1\times1+f(1,0)\times1\times1+f(1,1)\times1\times1]$$

$$=1/2\times(32+41+57+61)\quad\backslash\backslash\text{代入 }n=2\text{ 以及 }f(0,0)、f(0,1)、f(1,0)、f(1,1)$$
$$\text{的值}$$

$$=1/2\times191$$

$$=95.5$$

〔注：sqrt（　）表示开平方〕

$$F(0,1)=\text{sqrt}(1/n)\times\text{sqrt}(2/n)\times[f(0,0)\times\cos0\times\cos45+f(0,1)\times\cos0\times\cos135+$$
$$f(1,0)\times\cos0\times\cos45+f(1,1)\times\cos0\times\cos135]$$

$$=\text{sqrt}2/n[f(0,0)\times1\times(1/\text{sqrt}2)+f(0,1)\times1\times(-1/\text{sqrt}2)+f(1,0)\times1\times$$
$$(1/\text{sqrt}2)+f(1,1)\times1\times(-1/\text{sqrt}2)]$$

$$=1/2\times(32-41+57-61)\quad\backslash\backslash\text{代入 }n=2\text{ 以及 }f(0,0)、f(0,1)、f(1,0)、f(1,1)$$
$$\text{的值}$$

$$=1/2\times(-13)$$

$$=-6.5$$

$$F(1,0)=\text{sqrt}(1/n)\times\text{sqrt}(2/n)\times[f(0,0)\times\cos45\times\cos0+f(0,1)\times\cos45\times\cos0+$$
$$f(1,0)\times\cos135\times\cos0+f(1,1)\times\cos135\times\cos0]$$

$$=\text{sqrt}2/n\,[f(0,0)\times(1/\text{sqrt}2)\times1+f(0,1)\times(1/\text{sqrt}2)\times1+f(1,0)\times$$
$$(-1/\text{sqrt}2)\times1+f(1,1)\times(-1/\text{sqrt}2)\times1\,]$$

$$=1/2\times(32+41-57-61) \quad \text{\\\\代入}\ n=2\ \text{以及}\ f(0,0)、f(0,1)、f(1,0)、f(1,1)$$
$$\text{的值}$$

$$=1/2\times(-45)$$

$$=-22.5$$

$$F(1,1)=\text{sqrt}(2/n)\times\text{sqrt}(2/n)\times[f(0,0)\times\cos45\times\cos45+f(0,1)\times\cos45\times\cos135+$$
$$f(1,0)\times\cos135\times\cos45+f(1,1)\times\cos135\times\cos135]$$

$$=2/n\times[f(0,0)\times(1/\text{sqrt}2)\times(1/\text{sqrt}2)+f(0,1)\times(1/\text{sqrt}2)\times(-1/\text{sqrt}2)+$$
$$f(1,0)\times(-1/\text{sqrt}2)\times(1/\text{sqrt}2)+f(1,1)\times(-1/\text{sqrt}2)\times(-1/\text{sqrt}2)]$$

$$=1/2\times(32-41-57+61) \quad \text{\\\\代入}\ n=2\ \text{以及}\ f(0,0)、f(0,1)、f(1,0)、f(1,1)$$
$$\text{的值}$$

$$=1/2\times(-5)$$

$$=-2.5$$

因此,计算出来的系数值是:

$$F(0,0)=95.5$$

$$F(0,1)=-6.5$$

$$F(1,0)=-22.5$$

$$F(1,1)=-2.5$$

由此,变换后的系数矩阵如图 5.9 所示:

95.5	-6.5
-22.5	-2.5

图 5.9 变换后的系数值

对这些频率系数进行嵌入，并进行逆变换，生成嵌入后图像。在目的端完成解码。

对于逆 DCT，我们看下面给出的一些计算。

$$f(x,y)=\frac{2}{N}\sum_{u=0}^{N-1}\sum_{v=0}^{N-1}C(u)C(v)F(u,v)\cos\left[\frac{\pi(2x+1)u}{2N}\right]\cos\left[\frac{\pi(2y+1)v}{2N}\right]$$

$x=0,1,\cdots,N-1;\ y=0,1,\cdots,N-1$，其中 $N=2,u,v=0,1,\cdots,N-1$

以及

$$C(u)=\text{sqrt}(1/n)，对于 u=0$$

$$\text{sqrt}(2/n)，对于 u!=0$$

$$C(v)=\text{sqrt}(1/n)，对于 v=0$$

$$\text{sqrt}(2/n)，对于 v!=0$$

现在，计算 $f(0,0)$ 的值：

$f(0,0)=\text{sqrt}(1/n)\times\text{sqrt}(1/n)\times[F(0,0)\times\cos0\times\cos0+F(0,1)\times\cos0\times\cos0+F(1,0)\times$
$\quad\cos0\times\cos0+F(1,1)\times\cos0\times\cos0)]$

$\quad=1/n\times[F(0,0)\times1\times1+F(0,1)\times1\times1+F(1,0)\times1\times1+F(1,1)\times1\times1]$

$\quad=1/2\times(95.5-6.5-22.5-2.5)$　\\代入 $n=2$ 以及 $F(0,0)$、$F(0,1)$、$F(1,0)$、
$\qquad\qquad\qquad\qquad\qquad\qquad\qquad F(1,1)$的值

$\quad=1/2\times64$

$\quad=32$

$f(0,1)=\text{sqrt}(1/n)\times\text{sqrt}(2/n)\times[F(0,0)\times\cos0\times\cos45+F(0,1)\times\cos0\times\cos135+$
$\quad F(1,0)\times\cos0\times\cos45+F(1,1)\times\cos0\times\cos135)]$

$\quad=\text{sqrt}2/n[F(0,0)\times1\times(1/\text{sqrt}2)+F(0,1)\times1\times(-1/\text{sqrt}2)+F(1,0)\times1\times$
$\quad(1/\text{sqrt}2)+F(1,1)\times1\times(-1/\text{sqrt}2)]$

$\quad=1/2\times(95.5+6.5-22.5+2.5)$　\\代入 $n=2$ 以及 $F(0,0)$、$F(0,1)$、$F(1,0)$、
$\qquad\qquad\qquad\qquad\qquad\qquad\qquad F(1,1)$的值

$$=1/2 \times 82$$

$$=41$$

$$f(1,0) = \text{sqrt}(1/n) \times \text{sqrt}(2/n) \times [F(0,0) \times \cos45 \times \cos0 + F(0,1) \times \cos45 \times \cos0 \times +$$
$$F(1,0) \times \cos135 \times \cos0 + F(1,1) \times \cos135 \times \cos0]$$

$$= \text{sqrt}2/n[F(0,0) \times (1/\text{sqrt}2) \times 1 + F(0,1) \times (1/\text{sqrt}2) \times 1 + F(1,0) \times$$
$$(-1/\text{sqrt}2) \times 1 + F(1,1) \times (-1/\text{sqrt}2) \times 1]$$

$$=1/2 \times (95.5 - 6.5 + 22.5 + 2.5) \qquad \backslash\backslash 代入\, n=2\, 以及\, F(0,0)、F(0,1)、F(1,0)、$$
$$F(1,1)的值$$

$$=1/2 \times 114$$

$$=57$$

$$f(1,1) = \text{sqrt}(2/n) \times \text{sqrt}(2/n) \times [F(0,0) \times \cos45 \times \cos45 + F(0,1) \times \cos45 \times \cos135 +$$
$$F(1,0) \times \cos135 \times \cos45 + F(1,1) \times \cos135 \times \cos135]$$

$$=2/n \times [F(0,0) \times (1/\text{sqrt}2) \times (1/\text{sqrt}2) + F(0,1) \times (1/\text{sqrt}2) \times (-1/\text{sqrt}2) +$$
$$F(1,0) \times (-1/\text{sqrt}2) \times (1/\text{sqrt}2) + F(1,1) \times (-1/\text{sqrt}2) \times (-1/\text{sqrt}2)]$$

$$=1/2 \times (95.5 + 6.5 + 22.5 - 2.5) \qquad \backslash\backslash 代入\, n=2\, 以及\, F(0,0)、F(0,1)、F(1,0)、$$
$$F(1,1)的值$$

$$=1/2 \times 122$$

$$=61$$

最后，进行 DCT 逆变换，生成如下像素值：

$$f(0,0)=32$$

$$f(0,1)=41$$

$$f(1,0)=57$$

$$f(1,1)=61$$

因此，经过逆变换后重新生成原始图像矩阵，如图 5.10 所示：

32	41
57	61

图 5.10　IDCT 后重新生成的像素值

5.5　三维(3D)DCT 和 IDCT 的计算及 3D 图像实例

对三维图像处理的需求日益增加,主要集中在医学图像处理,如三维 MRI 图像。因此,三维变换计算现在越来越重要。

考虑式(5.7)进行三维正向 DCT 变换。

$$
\begin{aligned}
F(u,v,w) = &\left(\frac{2}{M}\right)\left(\frac{2}{N}\right)\left(\frac{2}{p}\right)\alpha(u)\alpha(v)\alpha(w)\sum_{x=0}^{M-1}\sum_{y=0}^{N-1}\sum_{z=0}^{p-1}f(x,y,z)\cdot \\
&\cos\left(\frac{(2x+1)u\pi}{2M}\right)\cos\left(\frac{(2y+1)v\pi}{2N}\right)\cos\left(\frac{(2z+1)w\pi}{2p}\right)
\end{aligned}
\tag{5.7}
$$

对应的三维 IDCT 如式(5.8)所示:

$$
\begin{aligned}
f(x,y,z) = &\left(\frac{2}{M}\right)\left(\frac{2}{N}\right)\left(\frac{2}{p}\right)\sum_{u=0}^{M-1}\sum_{v=0}^{N-1}\sum_{w=0}^{p-1}\alpha(u)\alpha(v)\alpha(w)F(u,v,w)\cdot \\
&\cos\left(\frac{(2x+1)u\pi}{2M}\right)\cos\left(\frac{(2y+1)v\pi}{2N}\right)\cos\left(\frac{(2z+1)w\pi}{2p}\right)
\end{aligned}
\tag{5.8}
$$

其中,

$$
\alpha(u) = \begin{cases} \sqrt{\dfrac{1}{2}} & u=0 \\ 1 & \text{其他} \end{cases}
$$

具体计算考虑一个 $2\times2\times2$ 的三维矩阵,如图 5.11 所示。

像素值可以写成:

$$f(0,0,0)=0$$

$$f(0,0,1)=255$$

$$f(0,1,0)=255$$

$$f(0,1,1)=0$$

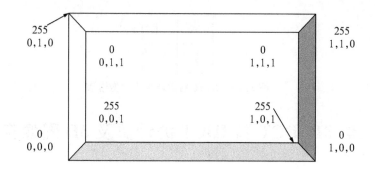

图 5.11　2×2×2 的三维输入图像矩阵

$$f(1,0,0)=0$$

$$f(1,0,1)=255$$

$$f(1,1,0)=255$$

$$f(1,1,1)=0$$

所以,输入的三维图像矩阵是:

$$f[2][2][2]=\{$$

$$\{$$

$$\{0,255\},$$

$$\{255,0\}$$

$$\},$$

$$\{$$

$$\{0,255\},$$

$$\{255,0\}$$

$$\}$$

$$\}$$

1）正向 DCT 计算

$$F(0,0,0)=\alpha(0)\alpha(0)\alpha(0)\sum_{x=0}^{1}\sum_{y=0}^{1}\sum_{z=0}^{1}f(x,y,z)\cos0\cos0\cos0$$

$$=(1/\sqrt{2})\times(1/\sqrt{2})\times(1/\sqrt{2})\times[f(0,0,0)+f(0,0,1)+f(0,1,0)+f(0,1,1)+$$
$$f(1,0,0)+f(1,0,1)+f(1,1,0)+f(1,1,1)]$$

$$=1/2\sqrt{2}\times(0+255+255+0+0+255+255+0)$$

$$=255\sqrt{2}$$

$$F(0,0,1)=\alpha(0)\alpha(0)\alpha(1)\sum_{x=0}^{1}\sum_{y=0}^{1}\sum_{z=0}^{1}f(x,y,z)\cos0\cos0\cos\left(\frac{(2z+1)\pi}{4}\right)$$

$$=(1/\sqrt{2})\times(1/\sqrt{2})\times[f(0,0,0)\cos(\pi/4)+f(0,0,1)\cos(3\pi/4)+f(0,1,0)\cos(\pi/4)+$$
$$f(0,1,1)\cos(3\pi/4)+f(1,0,0)\cos(\pi/4)+f(1,0,1)\cos(3\pi/4)+f(1,1,0)\times$$
$$\cos(\pi/4)+f(1,1,1)\cos(3\pi/4)]$$

$$=1/2\times(0-255/\sqrt{2}+255/\sqrt{2}+0+0-255/\sqrt{2}+255/\sqrt{2}+0)$$

$$=0$$

$$F(0,1,0)=\alpha(0)\alpha(1)\alpha(0)\sum_{x=0}^{1}\sum_{y=0}^{1}\sum_{z=0}^{1}f(x,y,z)\cos0\cos\left(\frac{(2z+1)\pi}{4}\right)\cos0$$

$$=(1/\sqrt{2})\times(1/\sqrt{2})\times[f(0,0,0)\cos(\pi/4)+f(0,0,1)\cos(\pi/4)+f(0,1,0)$$
$$\cos(3\pi/4)+f(0,1,1)\cos(3\pi/4)+f(1,0,0)\cos(\pi/4)+f(1,0,1)\cos(\pi/4)+$$
$$f(1,1,0)\cos(3\pi/4)+f(1,1,1)\cos(3\pi/4)]$$

$$=\frac{1}{2}\times(0+255\sqrt{2}-255\sqrt{2}+0+0+255\sqrt{2}-255\sqrt{2}+0)$$

$$=0$$

$$F(0,1,1)=\alpha(0)\alpha(1)\alpha(1)\sum_{x=0}^{1}\sum_{y=0}^{1}\sum_{z=0}^{1}f(x,y,z)\cos0\cos\left(\frac{(2y+1)\pi}{4}\right)\cos\left(\frac{(2z+1)\pi}{4}\right)$$

$$=(1/\sqrt{2})[f(0,0,0)\cos(\pi/4)\cos(\pi/4)+f(0,0,1)\cos(\pi/4)\cos(3\pi/4)+$$
$$f(0,1,0)\cos(3\pi/4)\cos(\pi/4)+f(0,1,1)\cos(3\pi/4)\cos(3\pi/4)+f(1,0,0)\times$$

$$\cos(\pi/4)\cos(\pi/4)+f(1,0,1)\cos(\pi/4)\cos(3\pi/4)+f(1,1,0)\cos(3\pi/4)\times$$

$$\cos(\pi/4)+f(1,1,1)\cos(3\pi/4)\cos(3\pi/4)]$$

$$=1/\sqrt{2}\times(0-255/2-255/2+0+0-255/2-255/2+0)$$

$$=-255\sqrt{2}$$

$$F(1,0,0)=\alpha(1)\alpha(0)\alpha(0)\sum_{x=0}^{1}\sum_{y=0}^{1}\sum_{z=0}^{1}f(x,y,z)\cos\left(\frac{(2x+1)\pi}{4}\right)\cos0\cos0$$

$$=(1/\sqrt{2})\times(1/\sqrt{2})\times[f(0,0,0)\cos(\pi/4)+f(0,0,1)\cos(\pi/4)+f(0,1,0)\times$$

$$\cos(\pi/4)+f(0,1,1)\cos(\pi/4)+f(1,0,0)\cos(3\pi/4)+f(1,0,1)\cos(3\pi/4)+$$

$$f(1,1,0)\cos(3\pi/4)+f(1,1,1)\cos(3\pi/4)]$$

$$=1/2\times(0+255/\sqrt{2}+255/\sqrt{2}+0+0-255/\sqrt{2}-255/\sqrt{2}+0)$$

$$=0$$

$$F(1,0,1)=\alpha(1)\alpha(0)\alpha(1)\sum_{x=0}^{1}\sum_{y=0}^{1}\sum_{z=0}^{1}f(x,y,z)\cos\left(\frac{(2x+1)\pi}{4}\right)\cos0\cos\left(\frac{(2z+1)\pi}{4}\right)$$

$$=(1/\sqrt{2})\times[f(0,0,0)\cos(\pi/4)\cos(\pi/4)+f(0,0,1)\cos(\pi/4)\cos(3\pi/4)+$$

$$f(0,1,0)\cos(\pi/4)\cos(\pi/4)+f(0,1,1)\cos(\pi/4)\cos(3\pi/4)+f(1,0,0)\times$$

$$\cos(3\pi/4)\cos(\pi/4)+f(1,0,1)\cos(3\pi/4)\cos(3\pi/4)+f(1,1,0)\cos(3\pi/4)\times$$

$$\cos(\pi/4)+f(1,1,1)\cos(3\pi/4)\cos(3\pi/4)]$$

$$=1/\sqrt{2}\times(0-255/2+255/2+0+0+255/2-255/2+0)$$

$$=0$$

$$F(1,1,0)=\alpha(1)\alpha(1)\alpha(0)\sum_{x=0}^{1}\sum_{y=0}^{1}\sum_{z=0}^{1}f(x,y,z)\cos\left(\frac{(2x+1)\pi}{4}\right)\cos\left(\frac{(2y+1)\pi}{4}\right)\cos0$$

$$=(1/\sqrt{2})\times[f(0,0,0)\cos(\pi/4)\cos(\pi/4)+f(0,0,1)\cos(\pi/4)\cos(\pi/4)+$$

$$f(0,1,0)\cos(\pi/4)\cos(3\pi/4)+f(0,1,1)\cos(\pi/4)\cos(3\pi/4)+f(1,0,0)\times$$

$$\cos(3\pi/4)\cos(\pi/4)+f(1,0,1)\cos(3\pi/4)\cos(\pi/4)+f(1,1,0)\cos(3\pi/4)\times$$

$$\cos(3\pi/4)+f(1,1,1)\cos(3\pi/4)\cos(3\pi/4)]$$

$$=1/\sqrt{2}\times(0+255/2-255/2+0+0-255/2+255/2+0)$$

$$=0$$

$$F(1,1,1)=\alpha(1)\alpha(1)\alpha(1)\sum_{x=0}^{1}\sum_{y=0}^{1}\sum_{z=0}^{1}f(x,y,z)\cos\left(\frac{(2x+1)\pi}{4}\right)\cos\left(\frac{(2y+1)\pi}{4}\right)\cos\left(\frac{(2z+1)\pi}{4}\right)$$

$$=[f(0,0,0)\cos(\pi/4)\cos(\pi/4)\cos(\pi/4)+f(0,0,1)\cos(\pi/4)\cos(\pi/4)\cos(3\pi/4)+$$

$$f(0,1,0)\cos(\pi/4)\cos(3\pi/4)\cos(\pi/4)+f(0,1,1)\cos(\pi/4)\cos(3\pi/4)\cos(3\pi/4)$$

$$+f(1,0,0)\cos(3\pi/4)\cos(\pi/4)\cos(\pi/4)+f(1,0,1)\cos(3\pi/4)\cos(\pi/4)\cos(3\pi/4)$$

$$+f(1,1,0)\cos(3\pi/4)\cos(3\pi/4)\cos(\pi/4)+f(1,1,1)\cos(3\pi/4)\cos(3\pi/4)\times$$

$$\cos(3\pi/4)]$$

$$=0-255/(2\sqrt{2})-255/(2\sqrt{2})+0+0+255/(2\sqrt{2})+255/(2\sqrt{2})+0$$

$$=0$$

所以变换矩阵是：

$$F[2][2][2]=\{$$

$$\{$$

$$\{255\sqrt{2},\ 0\},\{0,-255\sqrt{2}\}\},$$

$$\{$$

$$\{0,\ 0\},\{0,\ 0\}\}$$

$$\}$$

因此,生成的变换系数为(图 5.12):

$$F(0,0,0)=255\sqrt{2}$$

$$F(0,0,1)=0$$

$$F(0,1,0)=0$$

$$F(0,1,1)=-255\sqrt{2}$$

$$F(1,0,0)=0$$

$$F(1,0,1)=0$$

$$F(1,1,0)=0$$

$$F(1,1,1)=0$$

利用某种嵌入算法将秘密信息嵌入这些频率系数中,实现隐蔽通信或认证。在嵌入秘密信息后,利用 IDCT 对变换后的嵌入矩阵进行逆变换,具体计算见下节。

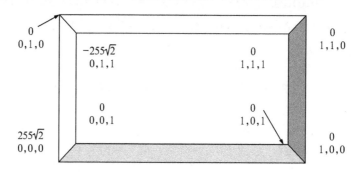

图 5.12　2×2×2 的三维变换系数矩阵

2) 逆 DCT 计算

$$f(0,0,0)=\sum_{u=0}^{1}\sum_{v=0}^{1}\sum_{w=0}^{1}\alpha(u)\alpha(v)\alpha(w)F(u,v,w)\cos\left(\frac{u\pi}{4}\right)\cos\left(\frac{v\pi}{4}\right)\cos\left(\frac{w\pi}{4}\right)$$

$$=1/(2\sqrt{2})F(0,0,0)+0+0+1/(2\sqrt{2})F(0,1,1)$$

$$=255\sqrt{2}/(2\sqrt{2})-255\sqrt{2}/(2\sqrt{2})$$

$$=0$$

$$f(0,0,1)=\sum_{u=0}^{1}\sum_{v=0}^{1}\sum_{w=0}^{1}\alpha(u)\alpha(v)\alpha(w)F(u,v,w)\cos\left(\frac{u\pi}{4}\right)\cos\left(\frac{v\pi}{4}\right)\cos\left(\frac{3w\pi}{4}\right)$$

$$=\alpha(0)\alpha(0)\alpha(0)F(0,0,0)+0+0+\alpha(0)\alpha(1)\alpha(1)F(0,1,1)\cos0\,\cos\left(\frac{\pi}{4}\right)\times$$

$$\cos\left(\frac{3\pi}{4}\right)$$

$$=255/2+255/2$$

$$=255$$

$$f(0,1,0)=\sum_{u=0}^{1}\sum_{v=0}^{1}\sum_{w=0}^{1}\alpha(u)\alpha(v)\alpha(w)F(u,v,w)\cos\left(\frac{u\pi}{4}\right)\cos\left(\frac{3v\pi}{4}\right)\cos\left(\frac{w\pi}{4}\right)$$

$$=\alpha(0)\alpha(0)\alpha(0)F(0,0,0)+0+0+\alpha(0)\alpha(1)\alpha(1)F(0,1,1)\cos0\,\cos\left(\frac{3\pi}{4}\right)\times$$

$$\cos\left(\frac{\pi}{4}\right)$$

$$=255/2-255\sqrt{2}/\sqrt{2}\times(-1/\sqrt{2})\times(1/\sqrt{2})$$

$$=255/2+255/2$$

$$=255$$

$$f(0,1,1)=\sum_{u=0}^{1}\sum_{v=0}^{1}\sum_{w=0}^{1}\alpha(u)\alpha(v)\alpha(w)F(u,v,w)\cos\left(\frac{u\pi}{4}\right)\cos\left(\frac{3v\pi}{4}\right)\cos\left(\frac{3w\pi}{4}\right)$$

$$=\alpha(0)\alpha(0)\alpha(0)F(0,0,0)+0+0+\alpha(0)\alpha(1)\alpha(1)F(0,1,1)\cos0\,\cos\left(\frac{3\pi}{4}\right)\times$$

$$\cos\left(\frac{3\pi}{4}\right)$$

$$=255/2-255\sqrt{2}/\sqrt{2}\times(-1/\sqrt{2})\times(1/\sqrt{2})$$

$$=255/2-255/2$$

$$=0$$

$$f(1,0,0)=\sum_{u=0}^{1}\sum_{v=0}^{1}\sum_{w=0}^{1}\alpha(u)\alpha(v)\alpha(w)F(u,v,w)\cos\left(\frac{3u\pi}{4}\right)\cos\left(\frac{v\pi}{4}\right)\cos\left(\frac{w\pi}{4}\right)$$

$$=\alpha(0)\alpha(0)\alpha(0)F(0,0,0)+0+0+\alpha(0)\alpha(1)\alpha(1)F(0,1,1)\cos0\,\cos\left(\frac{\pi}{4}\right)\times$$

$$\cos\left(\frac{\pi}{4}\right)$$

$$= 255/2 - 255\sqrt{2}/\sqrt{2} \times (1/\sqrt{2}) \times (1/\sqrt{2})$$

$$= 255/2 - 255/2$$

$$= 0$$

$$f(1,0,1) = \sum_{u=0}^{1} \sum_{v=0}^{1} \sum_{w=0}^{1} \alpha(u)\alpha(v)\alpha(w)F(u,v,w) \cos\left(\frac{3u\pi}{4}\right) \cos\left(\frac{v\pi}{4}\right) \cos\left(\frac{3w\pi}{4}\right)$$

$$= \alpha(0)\alpha(0)\alpha(0)F(0,0,0) + 0 + 0 + \alpha(0)\alpha(1)\alpha(1)F(0,1,1) \cos0 \cos\left(\frac{\pi}{4}\right) \times$$

$$\cos\left(\frac{3\pi}{4}\right)$$

$$= 255/2 - 255\sqrt{2}/\sqrt{2} \times (1/\sqrt{2}) \times (-1/\sqrt{2})$$

$$= 255/2 + 255/2$$

$$= 255$$

$$f(1,1,0) = \sum_{u=0}^{1} \sum_{v=0}^{1} \sum_{w=0}^{1} \alpha(u)\alpha(v)\alpha(w)F(u,v,w) \cos\left(\frac{3u\pi}{4}\right) \cos\left(\frac{3v\pi}{4}\right) \cos\left(\frac{w\pi}{4}\right)$$

$$= \alpha(0)\alpha(0)\alpha(0)F(0,0,0) + 0 + 0 + F(0,1,1) \cos0 \cos\left(\frac{3\pi}{4}\right) \cos\left(\frac{\pi}{4}\right)$$

$$= 255/2 - 255\sqrt{2}/\sqrt{2} \times (-1/\sqrt{2}) \times (1/\sqrt{2})$$

$$= 255/2 + 255/2$$

$$= 255$$

$$f(1,1,1) = \sum_{u=0}^{1} \sum_{v=0}^{1} \sum_{w=0}^{1} \alpha(u)\alpha(v)\alpha(w)F(u,v,w) \cos\left(\frac{3u\pi}{4}\right) \cos\left(\frac{3v\pi}{4}\right) \cos\left(\frac{3w\pi}{4}\right)$$

$$= \alpha(0)\alpha(0)\alpha(0)F(0,0,0) + 0 + 0 + \alpha(0)\alpha(1)\alpha(1)F(0,1,1) \cos0 \cos\left(\frac{3\pi}{4}\right) \times$$

$$\cos\left(\frac{3\pi}{4}\right)$$

$$= 255/2 - 255\sqrt{2}/\sqrt{2} \times (-1/\sqrt{2}) \times (-1/\sqrt{2})$$

$$= 255/2 - 255/2$$

$$= 0$$

经过逆变换后,像素值为:

$$f(0,0,0)=0$$

$$f(0,0,1)=255$$

$$f(0,1,0)=255$$

$$f(0,1,1)=0$$

$$f(1,0,0)=0$$

$$f(1,0,1)=255$$

$$f(1,1,0)=255$$

$$f(1,1,1)=0$$

因此,IDCT 后的图像矩阵是

$$F^{-1}[2][2][2]=\{$$

$$\{$$

$$\{0,255\},\{255,0\}$$

$$\},$$

$$\{$$

$$\{0,255\},\{255,0\}$$

$$\}$$

$$\}$$

$$=f[2][2][2]$$

3) 嵌入与提取

考虑一种算法,它将单个比特嵌入一个大小为 $128\times128\times128$ 的 3D 载体图像的每个像素的 LSB 中。嵌入和提取算法通过三维 DCT 和三维 IDCT 在变换域中进行。

4) 嵌入算法

输入:载体图像($N \times N \times N$)。

输出:嵌入后图像($N \times N \times N$)。

方法:利用式(5.5)生成变换矩阵。对除直流分量外的每个变换系数的 LSB 上进行嵌入操作。之后进行三维逆变换,生成三维密文图像。

步骤 1:获取三维载体图像($N \times N \times N$)。

步骤 2:对整个 3D 载体图像进行如下操作。

- 选择 $2 \times 2 \times 2$ 的掩膜(子图像可以是 $l \times l \times l$,如 $2 \times 2 \times 2$、$3 \times 3 \times 3$ 或 $4 \times 4 \times 4$,此处以 $2 \times 2 \times 2$ 为例)。

- 对每个 $2 \times 2 \times 2$ 的掩膜进行三维正向 DCT,得到掩膜的变换系数。

- 对除掩膜($2 \times 2 \times 2$)直流系数外的各变换系数的 LSB 进行嵌入操作。

- 进行适当的调整,使嵌入系数的偏差最小。

- 对每个三维掩膜进行 IDCT,生成掩膜的嵌入后像素。

步骤 3:停止。

算法:解码

输入:嵌入后的 3D 图像($N \times N \times N$)。

输出:解码的秘密信息和认证。

方法:由式(5.5)生成变换矩阵。除直流分量外,从变换系数的每个 LSB 中提取秘密比特。提取的秘密比特被组合起来以生成秘密信息或进行身份验证。

步骤 1:将嵌入后的三维图像($N \times N \times N$)作为输入。

步骤 2:对整个嵌入后图像执行如下操作。

- 选择相同的 3D 图像掩膜($2 \times 2 \times 2$)。

- 将正向 DCT 应用于每个 3D 掩膜,生成掩膜的变换系数。

- 基于嵌入过程中的 LSB 方法原理,从掩膜除直流系数外的每个变换系数的

LSB 中提取嵌入的比特。

步骤 3:停止。

图 5.13 为采用三维 DCT 的隐写嵌入过程,图 5.14 为提取过程。

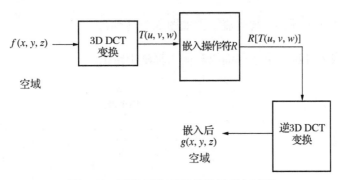

图 5.13 采用三维 DCT 的隐写嵌入过程

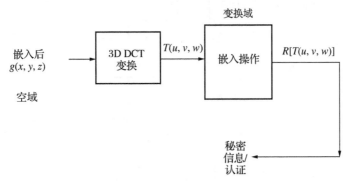

图 5.14 采用三维 DCT 变换的隐写提取过程

5.6 基于二维 DCT 的隐写方案的实现

在本节中,实现了一种基于二维离散余弦变换的隐写方案。该方案采用尺寸为 $N_1 \times N_1$ 的图像作为载体,并嵌入一个尺寸为 $N_2 \times N_2$ 的秘密图像。对于单比特 LSB 嵌入,如果充分利用嵌入容量,那么 $N_2 \times N_2$ 的大小将是 $N_1 \times N_1$ 的 1/8。但是在当前的具体实现中,我们更进一步。对秘密图像 $N_2 \times N_2$ 进行静态哈夫曼编码,得到变长编码流,并将该流嵌入尺寸为 $N_1 \times N_1$ 的载体图像中。此外,将哈夫曼编码过程中生成的树嵌入载体图像中,这被称为哈夫曼编码的"额外开销"。尽管如此,我们仍然能够显著减小输入图像的大小。

在编码过程中,选择 2×2 掩膜。利用二维 DCT 将掩膜变换到频域,得到频率系数。使用哈希函数(行+列)mod 3 来选择系数内的嵌入位置。然后,将来自编码后的秘密图像的比特嵌入系数的选定位置。查找表中的流也使用相同的哈希函数进行嵌入。

嵌入流程图如图 5.15 所示,解码流程图如图 5.16 所示。

哈夫曼编码和嵌入算法在下节的编码和嵌入算法中给出。

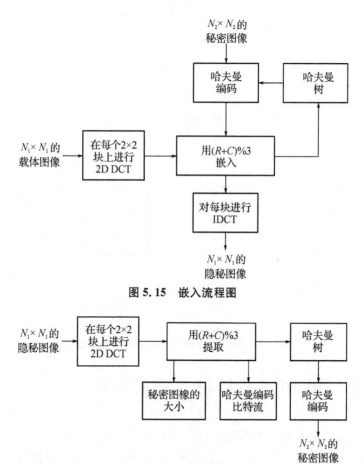

图 5.15 嵌入流程图

图 5.16 提取流程图

1) 编码和嵌入算法

输入:$N_1×N_1$ 的载体图像和 $N_2×N_2$ 的秘密信息或图像。

输出:一幅隐秘图像。

步骤 1:获取 $N_2 \times N_2$ 的秘密图像,计算整幅图像中每个像素值出现的概率。

步骤 2:根据整幅秘密图像中像素的概率生成哈夫曼树。

步骤 3:利用哈夫曼树生成秘密图像的哈夫曼编码的二进制位流。

步骤 4:计算秘密数据的大小,包括额外的开销(哈夫曼编码信息、哈夫曼树、秘密信息的大小)。

步骤 5:将传输图像分割成大小为 2×2 的非重叠块,并对每个块进行 DCT。

步骤 6:将秘密数据的大小嵌入前 n 个 2×2 DCT 块中。

步骤 7:重复以下步骤,直到秘密数据嵌入完毕。

- 从载体的 $n+1$ 块开始,按行序取一个 2×2 变换后的块。
- 用哈希函数 $h =$ (行+列) mod 3 计算变换后的 2×2 矩阵的每个系数中的嵌入位置。
- 在 2×2 块的每个 DCT 系数中的 h 位置嵌入 1 个比特。

步骤 8:对 2×2 块进行 IDCT。

步骤 9:结束。

2) 提取和解码算法

输入:$N_1 \times N_1$ 的隐秘图像。

输出:秘密图像。

步骤 1:将接收端接收到的图像分割成 2×2 的非重叠块,在每个 2×2 块上进行正向 DCT。

步骤 2:从前 n 个 2×2 DCT 块中提取秘密数据的大小。

步骤 3:重复以下步骤,直到秘密数据提取结束。

- 从载体的 $n+1$ 块开始,按行序取一个 2×2 变换后的块。
- 用哈希函数 $h =$ (行+列) mod 3 计算变换后的 2×2 矩阵的每个变换系数中

的嵌入位置。

- 从 2×2 块的每个 DCT 系数中的 h 位置提取 1 个比特。

步骤 4：利用开销信息重构哈夫曼树。

步骤 5：解码秘密图像的原始像素。

步骤 6：重建秘密图像。

步骤 7：结束。

3）结果

图 5.17、图 5.18、图 5.19 分别为尺寸为 512×512 的原始图像 Lena、尺寸为 64×64 的秘密图像 Cameraman 和尺寸为 512×512 的嵌入后图像 Lena。

图 5.17　尺寸为 512×512 的原始图像 Lena

图 5.18　尺寸为 64×64 的秘密图像 Cameraman

图 5.19　尺寸为 512×512 的嵌入后图像 Lena

5.7　DCT 的应用

DCT 常用于信号和图像处理,特别是用于有损数据压缩,这是因为它具有强大的"能量压缩"特性。大多数情况下,信号信息倾向于集中在 DCT 的有限低频分量中。DCT 还广泛应用于图像认证和隐蔽通信。

6

基于小波的可逆变换编码

在现代社会中,我们非常依赖于数字化文件。这些文件很容易被复制、修改和分发。这给数字文档所有权的保护带来了挑战。数字多媒体数据的易操作性,导致人们常常会对其内容的可靠性产生担忧。因此,数字数据认证是最重要的安全应用之一。水印的基本作用是对信息进行可靠的嵌入和检测。水印技术在版权和基于身份验证的应用中都有很好的应用前景。为了保护多媒体图像的真实性,人们提出了多种方法。这些方法包括传统的密码学、脆弱和半脆弱的水印以及基于图像内容的数字签名。

在本章中,小波变换将被用于图像编码。小波变换是一种能够提供信号发生时间信息的方法,可以表示信号的时频信息。在数学中,小波、小波分析和小波变换用有限长或快速衰减的振荡波形(称为母小波)表示信号。该波形被设计和解释以匹配输入信号。从形式上讲,这种表示是一个小波级数,相对于平方可积函数希尔伯特空间的完全正交基,它是平方可积函数的坐标表示。"小波"一词于 20 世纪 80 年代初由 Morlet 和 Grossman 提出。小波变换大致分为离散小波变换(DWT)和连续小波变换(CWT)。这两者之间的主要区别在于,连续变换在所有可能的尺度和平移上操作,而离散变换采用所有尺度和平移值的特定子集。本章主要讨论离散小波变换。

在基于小波的正向变换中,使用式(6.1)和式(6.2)将图像从空域转换到频域,而在逆变换中,逆变换过程则由式(6.3)完成。用科学的术语,就是将图像矩阵与尺度函数系数和小波函数系数相乘得到变换矩阵。

$$Y_{\text{Low}}[k] = \sum_n x[n] \cdot h[2k-n] \tag{6.1}$$

$$Y_{\text{High}}[k] = \sum_n x[n] \cdot g[2k-n] \tag{6.2}$$

$$x[n] = \sum_{k=-\infty}^{+\infty} (Y_{\text{High}}[k] \cdot g[2k-n]) + (Y_{\text{Low}}[k] \cdot h[2k-n]) \tag{6.3}$$

上述公式中，$x[n]$ 为原始信号，$h[x]$ 为半带低通滤波器，$g[x]$ 为半带高通滤波器，$Y_{\text{Low}}[k]$ 是由下采样 2 倍的高通滤波器输出的信号，$Y_{\text{High}}[k]$ 是由下采样 2 倍的低通滤波器输出的信号。

在正向变换中，基于 Mallat 的二维小波变换生成一组双正交图像子类。在二维小波变换中，尺度函数 $\varphi(x,y)$ 由式(6.4)表示：

$$\varphi(x,y) = \varphi(x)\varphi(y) \tag{6.4}$$

$\Psi(x)$ 是与一维尺度函数 $\varphi(x)$ 相关的一维小波函数，三个二维小波可以定义为式(6.5)：

$$\Psi^{\text{H}}(x,y) = \varphi(x)\Psi(y)$$

$$\Psi^{\text{V}}(x,y) = \Psi(x)\varphi(y) \tag{6.5}$$

$$\Psi^{\text{D}}(x,y) = \Psi(x)\Psi(y)$$

低分辨率子图像	水平方向子图像
$\Psi(x,y) = \varphi(x)\varphi(y)$	$\Psi^{\text{H}}(x,y) = \varphi(x)\Psi(y)$

图 6.1　变换后的小波分解

我们接着考虑 Haar 小波。根据 Haar 正向变换尺度函数系数和小波函数系数，$H_0 = \dfrac{1}{2}$，$H_1 = \dfrac{1}{2}, G_0 = \dfrac{1}{2}, G_1 = -\dfrac{1}{2}$。

逆变换与正向变换正好相反，先进行列变换，然后进行行变换。但是，对于列/行变换矩阵来说，系数值是不同的。逆变换的系数为 $H_0 = 1, H_1 = 1, G_0 = 1, G_1 = -1$。由于变换是可逆的，因此逆变换可以生成原始图像矩阵。

Haar 函数的具体定义如下：

$$\text{har}(0, \theta) = 1, \quad 0 \leqslant \theta < 1$$

$$\text{har}(1,\theta)=\begin{cases} 1 & 0{\leqslant}\theta{<}\dfrac{1}{2} \\ -1 & \dfrac{1}{2}{\leqslant}\theta{<}1 \end{cases}$$

$$\text{har}(2,\theta)=\begin{cases} \sqrt{2} & 0{\leqslant}\theta{<}\dfrac{1}{4} \\ -\sqrt{2} & \dfrac{1}{4}{\leqslant}\theta{<}\dfrac{1}{2} \\ 0 & \dfrac{1}{2}{\leqslant}\theta{<}1 \end{cases}$$

$$\text{har}(3,\theta)=\begin{cases} 0 & 0{\leqslant}\theta{<}\dfrac{1}{2} \\ \sqrt{2} & \dfrac{1}{2}{\leqslant}\theta{<}\dfrac{3}{4} \\ -\sqrt{2} & \dfrac{3}{4}{\leqslant}\theta{<}1 \end{cases}$$

$$\vdots$$

$$\text{har}(2^p+n,\theta)=\begin{cases} \sqrt{2^p} & \dfrac{n}{2^p}{\leqslant}\theta{<}\dfrac{(n+1/2)}{2^p} \\ -\sqrt{2^p} & \dfrac{(n+1/2)}{2^p}{\leqslant}\theta{<}(n+1)2^p \\ 0 & 0{<}\theta{<}\dfrac{n}{2^p},\ \dfrac{(n+1)}{2^p}{<}\theta{<}1 \end{cases}$$

$$p=1,2,\cdots;\ n=0,1,\cdots,2^p-1$$

采用 Harr 变换将认证信息变换到频域。

原始的 Haar 函数定义如下：

$$\text{har}(k,0)=\lim_{\theta\to 0,\theta<0}\text{har}(k,\theta)$$

$$\text{har}(k,1)=\lim_{\theta\to 1,\theta<0}\text{har}(k,\theta)$$

式(6.6)给出了离散 Haar 函数：

$$r_n(t)=\sum_{k=0}^{2^n-1}\psi_{n,k}(t),t\in[0,1],n{\geqslant}0 \tag{6.6}$$

6.1 Haar 小波变换

这是一个正交函数。在 Haar 小波变换中,将原始图像分解为四个频带。其中,LL 频带:包含原始图像的低频信息,HL 频带:包含原始图像的水平信息,LH 频带:包含原始图像的垂直信息,HH 频带:包含原始图像的对角线信息,如图 6.2 所示。

x	y
z	w

LL_0	HL_0
LH_0	HH_0

原始图像掩膜(2×2)　　一维小波分解掩膜

图 6.2　在 Harr Wavelet 中采用 2×2 掩膜表示第一级小波分解

具体分解公式如下:

$$LL = \frac{(x+y)+(z+w)}{4}$$

$$HL = \frac{(x-y)+(z-w)}{4}$$

$$LH = \frac{(x+y)-(z+w)}{4}$$

$$HH = \frac{(x-y)-(z-w)}{4}$$

图 6.3(a)表示一个 4×4 的图像矩阵。将式(6.1)和(6.2)应用于图像,得到列变换后的矩阵[图 6.3(b)],该矩阵表示三个频带[图 6.3(c)],即垂直频带、水平频带、对角频带。

198	190	191	187
220	200	171	151
116	200	160	164
136	140	150	118

202	175	7	6
140	148	−14	9
−8	14	−3	−4
2	14	−12	−66

　　(a) 图像矩阵　　　　　　　　(b) 列变换后的矩阵

202	175
140	148

7	6
−14	9

水平频带

−8	14
2	14

−3	−4
−12	−66

对角频带

垂直频带

(c) 小波变换的第一级正向输出

图 6.3　小波变换中的图像分解示例

1) 认证过程中原始图像的信息流分析

通过对信息流的检查,可以发现信息应该嵌入哪里,从而对图像进行认证。使用这种技术,所有水平、垂直和对角线信息都可以可视化。假设,图6.4表示512×512图像的一维小波分解。对图像小波分解的HL频带、HH频带和LH频带的像素强度值按行排列顺序进行比较。

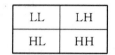

LL	LH
HL	HH

图6.4 图像的一维小波分解

如果HL频带的像素强度值大于其他两个频带,那么该像素按RGB格式表示为(255,0,0),否则表示为(0,0,0),这表示256×256图像中原始图像的水平信息。如果LH频带的像素强度值大于其他两个频带,那么该像素按RGB格式表示为(0,255,0),否则表示为(0,0,0),这表示256×256图像中原始图像的垂直信息。如果HH频带的像素强度值大于其他两个频带,那么该像素按RGB格式表示为(0,0,255),否则表示为(0,0,0),这表示256×256图像中原始图像的水平信息,如图6.5所示。

2) 多级小波变换

根据以下步骤完成多级2D-Haar小波分解。

步骤1:将掩蔽图像(例如512×512)作为输入,执行一级二维Harr小波变换。分别计算LL系数(LL_1)、水平系数HL(HL_1)、垂直系数LH(LH_1)和对角线系数HH(HH_1)。

步骤2:取第一级LL系数(LL_1),对图像进行二级二维Harr小波变换。分别计算二级LL系数(LL_2)、水平系数HL(HL_2)、垂直系数LH(LH_2)和对角系数HH(HH_2)。

步骤3:取第二级LL系数(LL_2),对图像进行三级二维Harr小波变换。分别计算三级LL系数(LL_3)、水平系数HL(HL_3)、垂直系数LH(LH_3)和对角系数HH(HH_3)。

以这种方式对二维图像进行多级Harr小波分解。图6.6是三级小波分解图像的方框图。

图6.7显示了图像的多级小波分解的部分结果。该图的最左边一列显示了三个输入图像。其右面的第一列、第二列和第三列分别为一级、二级、三级小波分解图像。

一级小波分解图像 (512×512)	水平信息 (256×256)	垂直信息 (256×256)	对角信息 (256×256)

图 6.5　一级小波分解中的信息流示例

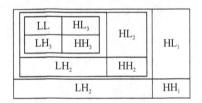

图 6.6　三级小波分解图像

3）小波逆变换

小波变换是可逆的，逆小波变换是小波变换的逆变换。在这里，首先进行列变换，然后进行行变换。需要注意的是，列/行变换矩阵的系数值是不同的。

4）离散信号的小波变换

我们考虑一个有 N 个有限样本的信号。我们选择某个正整数 k，使信号维度为 2^k 以简化计算。

原始图像 (512×512)	一级小波分解图像	二级小波分解图像	三级小波分解图像
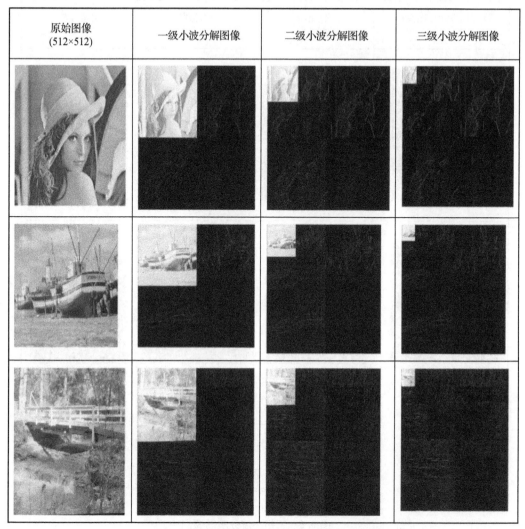			

图 6.7　三个基准原始图像的一级、二级、三级小波分解图像

令 $f \in \mathbf{R}^8$ 并使用式(6.7)中给出的基向量展开 $V^0 \oplus W^0 \oplus V^1 \oplus W^1 \cdots$：

$$
\Psi(t) = \begin{cases}
1 & 0 \leqslant t < \dfrac{1}{2} \\[2mm]
-1 & \dfrac{1}{2} \leqslant t < 1 \\[2mm]
0 & 其他
\end{cases}
\tag{6.7}
$$

其中，$\Psi(t)$ 是 Haar 小波的母小波函数。

定义 $\Psi_i^j(t)$:

$$\Psi_i^j(t) = \sqrt{2^j}\Psi(2^j t - i), i = 0, 1, \cdots, 2^j - 1 \qquad (6.8)$$

定义向量空间 Ψ^j:

$$\Psi^j = SP\{\Psi_i^j\}, i = 0, \cdots, 2^j - 1$$

式中,SP 表示线性生成空间,其尺度函数可定义为:

$$\Phi(t) = \begin{cases} 1 & 0 \leqslant t < 1 \\ 0 & \text{其他} \end{cases} \qquad (6.9)$$

W^j 具有以下性质:

$$W^j \subseteq V^{j+1}$$

这是 Haar 基底的结构。Haar 基有一个非常重要的性质,即 W^j 和 V^j 之间的关系为:

$$V^{j+1} = V^j \oplus W^j \qquad (6.10)$$

令 $f \in \mathbf{R}^N$ 表示具有 N 个样本(N 维向量)的有限离散信号:

$$f = (f[0], f[1], \cdots, f[N-1]) \qquad (6.11)$$

令 $\{v_k\}(k = 0, 1, \cdots, N-1)$ 为 $\mathbf{R}^N$ 的一个基,则:

$$f = \langle f, v_0 \rangle v_0 + \langle f, v_1 \rangle v_1 + \cdots + \langle f, v_{N-1} \rangle v_{N-1} \qquad (6.12)$$

5) 实例

我们考虑一个具有 8 个样本的离散有限信号,它可以推广到任何有限信号。对于正整数 k,信号的维为 2^k。

令 $f \in \mathbf{R}^8$ 并根据式(6.7)和(6.8)展开,得:

$$\begin{aligned} f = &\langle f, \Phi_0^0 \rangle \Phi_0^0 + \langle f, \Psi_0^0 \rangle \Psi_0^0 + \langle f, \Psi_0^1 \rangle \Psi_0^1 + \langle f, \Psi_1^1 \rangle \Psi_1^1 + \\ &\langle f, \Psi_0^2 \rangle \Psi_0^2 + \langle f, \Psi_1^2 \rangle \Psi_1^2 + \langle f, \Psi_2^2 \rangle \Psi_2^2 + \langle f, \Psi_3^2 \rangle \Psi_3^2 \end{aligned} \qquad (6.13)$$

对应于信号的傅里叶展开,现在计算内积:

$$\langle f, \Phi_i^f \rangle \text{和} \langle f, \Psi_i^f \rangle$$

原则上可以通过计算积分(或离散情况下求和)来实现。实际上,内积的计算是通过以下方式完成的。

考虑离散信号 $f(2,5,8,9,7,4,-1,1)$。基于式(6.13),信号在 Haar 基上的展开式如下所示。

步骤 1:

$$f = \frac{((2+5),(8+9),(7+4),(-1+1),(2-5),(8-9),(7-4),(-1-1))}{\sqrt{2}}$$

$$= \frac{(7,17,11,0,-3,-1,3,-2)}{\sqrt{2}}$$

步骤 2:

$$f = \frac{\left(\frac{(7+17)}{\sqrt{2}},\frac{(11+0)}{\sqrt{2}},\frac{(7-17)}{\sqrt{2}},\frac{(11-0)}{\sqrt{2}},-3,-1,3,-2\right)}{\sqrt{2}}$$

$$= \frac{\left(\frac{24}{\sqrt{2}},\frac{11}{\sqrt{2}},\frac{-10}{\sqrt{2}},\frac{11}{\sqrt{2}},-3,-1,3,-2\right)}{\sqrt{2}}$$

步骤 3:

$$f = \frac{\left(\frac{(24+11)}{(\sqrt{2})^2},\frac{(24-11)}{(\sqrt{2})^2},\frac{-10}{\sqrt{2}},\frac{11}{\sqrt{2}},-3,-1,3,-2\right)}{\sqrt{2}}$$

$$= \frac{\left(\frac{35}{2},\frac{13}{2},\frac{-10}{\sqrt{2}},\frac{11}{\sqrt{2}},-3,-1,3,-2\right)}{\sqrt{2}}$$

$$\approx (12.4,4.60,-5.00,5.50,-2.12,-0.71,2.12,-1.41)$$

最终向量中的元素是式(6.13)中的系数。

在加/减一对数字后,将它们除以一个标准化因子 $\sqrt{2}$,并且每一步都不涉及向量后面的元素,这个过程叫做"平均和差分"。

前面的示例展示了实现一维 Haar 小波变换的步骤。对于二维离散信号(图像),所要做的就是对图像的每一行进行一维变换,然后对图像的每一列进行一维变换。

下面我们举个例子解释图像的小波变换。一个二维矩阵的图像,像素取值范围为 0 到 255 的整数。0 表示黑色,255 表示白色。

步骤 1:输入图像矩阵:

$$\begin{pmatrix} 2 & 9 & 6 & 2 \\ 5 & 1 & 8 & 5 \\ 4 & 7 & 3 & 4 \\ 2 & 9 & 6 & 1 \end{pmatrix}$$

步骤 2:根据式(6.13)对第 1 行 $[2,9,6,2]$ 进行逐行变换。这里归一化值使用 $\pm\dfrac{1}{2}$ 而不用 $\sqrt{2}$。变换为:

$$\begin{pmatrix} (2+9)\times\dfrac{1}{2} & (6+2)\times\dfrac{1}{2} & (2-9)\times\dfrac{1}{2} & (6-2)\times\dfrac{1}{2} \\ G_0 & G_1 & H_0 & H_1 \end{pmatrix} \equiv \begin{pmatrix} 5.5 & 4 & -3.5 & 2 \\ G_0 & G_1 & H_0 & H_1 \end{pmatrix}$$

这里,G_0,G_1 是平均,H_0,H_1 是差分。完成行变换后,矩阵中的均值和差值为:

$$\begin{pmatrix} 5.5 & 4.0 & -3.5 & 2.0 \\ 3.0 & 6.5 & 2.0 & 1.5 \\ 5.5 & 3.5 & -1.5 & -0.5 \\ 5.5 & 3.5 & -3.5 & 2.5 \end{pmatrix}$$

步骤 3:根据式(6.13)进行列变换,归一化值为 $\pm\dfrac{1}{2}$。计算结果将生成步骤 1 中获取的图像矩阵的小波变换。

数据	计算
5.5	$(5.5+3)\times 1/2 = 4.25$
3	$(5.5+5.5)\times 1/2 = 5.5$
5.5	$(5.5-3)\times 1/2 = 1.25$
5.5	$(5.5-5.5)\times 1/2 = 0$

变换后的图像矩阵如下所示：

$$\begin{pmatrix} 4.25 & 5.25 & -0.75 & 1.75 \\ 5.50 & 3.50 & -2.50 & 1.00 \\ 1.25 & -1.25 & -2.75 & 0.25 \\ 0.00 & 0.00 & 1.00 & -1.50 \end{pmatrix}$$

对于小波逆变换，过程是相似的，但有两个小变化，如下所示。

1. 如果正变换中的归一化值为 $\sqrt{2}$，那么逆变换的归一化值是一样的，即 $\sqrt{2}$。这意味着逆变换计算的归一化值没有变化。但是，如果正变换中使用的归一化值为 $\pm\dfrac{1}{2}$，那么对于逆变换，归一化值将为 ±1。

2. 正变换和逆变换的第二个不同之处在于步骤的顺序，正变换首先进行行变换，然后进行列变换。但是在逆变换中，首先计算列变换，然后计算行变换。

6）Haar 小波变换计算

为了从 n 个样本的数组中计算 Haar 小波的变换系数，需要执行以下操作。

1. 以非重叠方式计算每对像素的平均值 $\left(\dfrac{n}{2}$平均值$\right)$。

2. 在获取原矩阵的平均值后，计算每个平均值与原矩阵第一个像素之间的差 $\left(\dfrac{n}{2}$差值$\right)$。

3. 将平均值放入数组的前半部分。

4. 将差值放入数组的后半部分（数组的长度必须是 2 的整数次幂）。

均值和差值的计算按以下方式完成。两个连续的像素 P 和 Q 相加，结果除以 2 得到平均值 av。用 av 减 P 或用 Q 减 av 计算差值：

$$\mathrm{av} = \frac{P+Q}{2}$$

$$\mathrm{dif} = \mathrm{av} - P = Q - \mathrm{av}$$

这种计算是可逆的。

$$P = \mathrm{av} - \mathrm{dif}$$

$$Q = \mathrm{av} + \mathrm{dif}$$

我们考虑一个包含八个元素的一维矩阵的例子,矩阵如图 6.8 所示。

| 7 | 1 | 6 | 6 | 3 | −5 | 4 | 2 |

图 6.8　包含八个元素的输入矩阵

(1) 第一级计算

从第一个元素开始,取连续的两个元素,以不重叠的方式计算元素的平均值,并将结果放在中间矩阵的前四位。

按以下方式计算元素的差。从平均值中减去计算该平均值的第一个元素,并将结果保留在中间数组的上半部分 $\left(\dfrac{n}{2}+1\right)$。换句话说,从顺序得到的平均值的第 0 个位置减去输入数组中偶数位置上的每个元素,然后从中间数组的第 $\left(\dfrac{n}{2}+1\right)$ 个位置开始依次放入。

现在取中间数组的前半部分,重复这个过程,如此完成一轮迭代。重复该过程,直到在一个循环中只有单个平均值和差值。

计算如下所示。

平均值:

$$\frac{7+1}{2}=4$$

$$\frac{6+6}{2}=6$$

$$\frac{3-5}{2}=-1$$

$$\frac{4+2}{2}=3$$

差值:

$$4-7=-3$$

$$6-6=0$$

$$-1-3=-4$$

$$3-4=-1$$

第一级的详细计算如图 6.9 所示。

平均值	差值
$\dfrac{7+1}{2}=4$	$4-\boldsymbol{7}=-3$
$\dfrac{6+6}{2}=6$	$6-\boldsymbol{6}=0$
$\dfrac{3-5}{2}=-1$	$-1-\boldsymbol{3}=-4$
$\dfrac{4+2}{2}=3$	$3-\boldsymbol{4}=-1$

图 6.9　第一级平均值和差值的计算

因此,第一级的中间输出如图 6.10 所示。

| 4 | 6 | -1 | 3 | -3 | 0 | -4 | -1 |

图 6.10　第一级的中间输出

(2) 第二级计算

本例的第二级计算将产生两个平均值和两个差值。以第一级的输出为输入(图 6.11)。只有前半部分参与计算(前四个元素)。这意味着将冻结计算出的差值,从第一级的中间输出中只取四个平均值。

| 4 | 6 | -1 | 3 | -3 | 0 | -4 | -1 |

图 6.11　第二级计算的中间输入

平均值:

$$\frac{4+6}{2}=5$$

$$\frac{-1+3}{2}=1$$

差值:

$$5-4=1$$

$$1+1=2$$

第二级的详细计算如图 6.12 所示。

平均值	差值
$\dfrac{4+6}{2}=5$	$5-\mathbf{4}=1$
$\dfrac{-1+3}{2}=1$	$1-(-\mathbf{1})=2$

图 6.12 第二级平均值和差值的计算

因此,第二级的中间输出如图 6.13 所示。

| 5 | 1 | 1 | 2 | −3 | 0 | −4 | −1 |

图 6.13 第二级的中间输出

冻结差值元素(六个元素),剩下两个平均元素供第三层进一步计算。

(3) 第三级计算

这个例子的第三级计算将产生一个平均值和一个差值。将第二级的输出作为输入(图 6.14),只有前两个元素参与计算。这意味着将冻结计算出的差值,在第二级的中间输出中只取两个平均值。

| 5 | 1 | 1 | 2 | −3 | 0 | −4 | −1 |

图 6.14 第三级计算的中间输入

平均值:

$$\frac{5+1}{2}=3$$

差值:

$$3-5=-2$$

第三级的详细计算如图 6.15 所示。

平均值	差值
$\dfrac{5+1}{2}=3$	$3-\mathbf{5}=-2$

图 6.15 第三级平均值和差值的计算

因此,第三级的中间输出如图 6.16 所示。

$$3 \quad -2 \quad 1 \quad 2 \quad -3 \quad 0 \quad -4 \quad -1$$

图 6.16　第三级计算的最终输出

我们不能再递归了,因为在一轮之后生成了单个平均元素。因此,图 6.16 中的元素构成了变换后的矩阵。

7) 逆变换计算

考虑将图 6.17 给出的变换矩阵作为逆变换的输入。用逆变换计算原矩阵的公式如下:

$$l = \mathrm{av} - \mathrm{dif}$$

$$r = \mathrm{av} + \mathrm{dif}$$

$$3 \quad -2 \quad 1 \quad 2 \quad -3 \quad 0 \quad -4 \quad -1$$

图 6.17　作为输入的变换矩阵

(1) 第三级解码

从变换后的输入矩阵中获取前两个元素。

$$l_1 = 3 - (-2) = 5$$

$$r_1 = 3 - 2 = 1$$

第三级至第二级的详细计算如图 6.18 所示。

l_1	r_1
$3-(-2)=5$	$3-2=1$

图 6.18　第三级至第二级的平均值和差值计算

(2) 第二级解码

将第三级解码的输出作为第二级解码的中间矩阵,如图 6.19 所示。

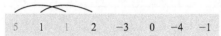

$$5 \quad 1 \quad 1 \quad 2 \quad -3 \quad 0 \quad -4 \quad -1$$

图 6.19　第二级计算的中间输入

前四个元素是两个平均值元素和两个差值元素。

$$l_1 = 5 - 1 = 4$$

$$r_1 = 5 + 1 = 6$$

$$l_1 = 1 - 2 = -1$$

$$r_1 = 1 + 2 = 3$$

第二级至第一级的详细计算如图 6.20 所示。

l_1	r_1
5−1=4	5+1=6
1−2=−1	1+2=3

图 6.20　第二级到第一级的平均值和差值计算

因此,将第二级解码的输出作为第一级解码的中间矩阵,如图 6.21 所示。

| 4 | 6 | −1 | 3 | −3 | 0 | −4 | −1 |

图 6.21　第二级计算的中间输出和第一级计算的中间输入

(3) 第一级解码

考虑从第二级到第一级得到的中间矩阵,如图 6.22 所示。

| 4 | 6 | −1 | 3 | −3 | 0 | −4 | −1 |

图 6.22　第一级计算的输入

获取整个阵列,从第一级输入计算数组中的每个元素(图 6.22)。

$$l_1 = 4 - (-3) = 7$$

$$r_1 = 4 + (-3) = 1$$

$$l_2 = 6 - 0 = 6$$

$$r_2 = 6 + 0 = 6$$

$$l_3 = (-1) - (-4) = 3$$

$$r_3 = (-1) + (-4) = -5$$

$$l_4 = 3 - (-1) = 4$$

$$r_4 = 3 + (-1) = 2$$

因此,变换数组被转换为解码后的输入数组,如图 6.23 所示。

| 7 | 1 | 6 | 6 | 3 | -5 | 4 | 2 |

图 6.23　解码输入数组

需要注意的是,这里的尺度函数在所有情况下都取值为 1,并且逆变换能准确地生成原始像素值。

6.2　二维 Haar 小波变换

1) 正向变换

考虑一个二维数组的值,如图 6.24 所示(我们可以将其视为 2×2 的子图像)。我们可以先在每行上进行一维 Haar 变换,然后在每列上进行一维 Haar 变换来完成二维 Haar 变换。

$11(l_1)$	$5(r_1)$
$3(l_2)$	$8(r_2)$

图 6.24　二维输入子图像矩阵

步骤 1:行处理,根据上一节中给出的公式按行计算平均值和差值:

$$a_1 = \frac{l_1 + r_1}{2} = \frac{11 + 5}{2} = 8$$

$$d_1 = a_1 - l_1 = 8 - 11 = -3$$

$$a_2 = \frac{l_2 + r_2}{2} = \frac{3 + 8}{2} = 5.5$$

$$d_2 = a_2 - l_2 = 5.5 - 3 = 2.5$$

因此,第一轮的中间输出如图 6.25 所示。

$8(l_1)$	$-3(r_1)$
$5.5(l_2)$	$2.5(r_2)$

图 6.25　行处理后的中间输出

步骤 2:列处理,根据上一节中给出的公式按列计算平均值和差值:

$$a_1 = \frac{8 + 5.5}{2} = 6.75$$

$$d_1 = 6.75 - 8 = -1.25$$

$$a_2 = \frac{-3 + 2.5}{2} = -0.25$$

$$d_2 = -0.25 + 3 = 2.75$$

因此,第二轮的中间输出如图 6.26 所示。

6.75	-0.25
-1.25	2.75

图 6.26　列处理后的中间输出(正向变换)

图 6.26 中的值构成了 Haar 小波变换矩阵。

2) 逆变换

考虑正向变换生成的变换矩阵,如图 6.27 所示。

$6.75(a_1)$	$-0.25(a_2)$
$-1.25(d_1)$	$2.75(d_2)$

图 6.27　逆变换的输入变换系数矩阵

公式是:

$$l_1 = a_1 - d_1$$

$$r_1 = a_1 + d_1$$

步骤 1：列处理，根据前一节给出的公式按列计算平均值和差值：

$$l_1 = 6.75 + 1.25 = 8.0$$

$$r_1 = 6.75 - 1.25 = 5.5$$

$$l_2 = -0.25 - 2.75 = -3.0$$

$$r_2 = -0.25 + 2.75 = 2.5$$

因此，按列计算后的中间输出如图 6.28 所示。

$8.0(a_1)$	$-3.0(d_1)$
$5.5(a_2)$	$2.5(d_2)$

图 6.28　列处理后的中间输出（逆变换）

步骤 2：行处理，根据前一节给出的公式按行计算平均值和差值：

$$l_1 = 8.0 + 3.0 = 11$$

$$r_1 = 8.0 - 3.0 = 5$$

$$l_2 = 5.5 - 2.5 = 3$$

$$r_2 = 5.5 + 2.5 = 8$$

图 6.29 中的值构成了 Haar 小波逆变换矩阵，即相同的原始输入矩阵。这证明了该变换具有可逆性。

11	5
3	8

图 6.29　逆向变换后的矩阵（输入矩阵）

3) 嵌入技术

考虑图 6.30 中所示的 Haar 小波正向变换后的图像矩阵。假设秘密信息是 9_{10}，即 1001_2，将其嵌入除了第一个系数值外的其他三个系数值中。

145	-36.25
-30	38.75

图 6.30　正向变换后的图像矩阵

（1）嵌入

嵌入将以图 6.31 中给出的方式完成。将 9_{10} 转换为二进制，即 00001001_2。当我们嵌入单个数字/信息时，我们将丢弃秘密信息中最左边的四位。对于多字节嵌入，所有 8 个比特都要取用。嵌入在 $a(0,1)=-36.25$、$a(1,0)=-30$ 和 $a(1,1)=38.75$ 中进行。秘密位从 MSB 到 LSB（从左到右）。"1"将被嵌入 $a(0,1)$ 中，"0"将被嵌入 $a(1,0)$ 中，"01"将被嵌入系数 $a(1,1)$ 中。

$145 \equiv 10010001 : a(0,0)$ 不嵌入	$-36.25 \equiv -00100100.01 : a(0,1)$ 将 1_2 嵌入到 LSB 中，LSB 中的 0 被替换为 1
$-30 \equiv -00011110 : a(1,0)$ 将 0_2 嵌入到 LSB 中，LSB 中的 0 被替换为 0	$38.75 \equiv 00100110.11 : a(1,1)$ 将 01_2 嵌入到 LSB 和 LSB+1 中，LSB 中的 10 被替换为 01

图 6.31　嵌入 Haar 小波变换图像矩阵中

以 $a(0,1)=-36.25_{10} \equiv -00100100.01$ 为例：

在 LSB 中嵌入一位　　　　　　　　　　1_2

嵌入后像素 $a(0,1) \equiv -00100101.01 = -37.25_{10}$

以 $a(1,0)=-30_{10} \equiv -00011110$ 为例：

在 LSB 中嵌入一位　　　　　　　　　　0_2

嵌入后像素 $a(0,1) \equiv -00011110 = -30_{10}$

以 $a(1,0)=38.75_{10} \equiv 00100110.11$ 为例：

在 LSB 中嵌入一位　　　　　　　　　　01_2

嵌入后像素 $a(0,1) \equiv 00100101.11 = 37.75_{10}$

因此，嵌入的变换系数为 $145,-37.25,-30,37.75$，生成的嵌入矩阵如图 6.32 所示。

145[$a'(0,0)$]	-37.25[$a'(0,1)$]
-30[$a'(1,0)$]	37.75[$a'(1,1)$]

图 6.32　插入秘密比特 1001 后的嵌入图像矩阵

下面,进行逆小波变换以生成空域中的嵌入后像素矩阵。

① 第一级:列计算

计算公式如下:

$$\begin{cases} l_1 = a'(0,0) - a'(1,0) = 145 - (-30) = 145 + 30 = 175 \\ r_1 = a'(0,0) + a'(1,0) = 145 + (-30) = 145 - 30 = 115 \end{cases}$$

$$\begin{cases} l_2 = a'(0,1) - a'(1,1) = -37.25 - 37.75 = -75 \\ r_2 = a'(0,1) + a'(1,1) = -37.25 + 37.75 = 0.50 \end{cases}$$

因此,中间输出如图 6.33 所示:

175[$a'(0,0)$]	-75[$a'(0,1)$]
115[$a'(1,0)$]	0.50[$a'(1,1)$]

图 6.33　列变换后的中间图像系数矩阵

② 第二级:行计算

计算公式如下:

$$\begin{cases} l_1 = a'(0,0) - a'(0,1) = 175 - (-75) = 250 \\ r_1 = a'(0,0) + a'(0,1) = 175 + (-75) = 100 \end{cases}$$

$$\begin{cases} l_2 = a'(1,0) - a'(1,1) = 115 - 0.50 = 114.5 \\ r_2 = a'(1,0) + a'(1,1) = 115 + 0.50 = 115.5 \end{cases}$$

因此,像素域嵌入后的图像矩阵如图 6.34 所示:

250.0[$x'(0,0)$]	100.0[$x'(0,1)$]
114.5[$x'(1,0)$]	115.5[$x'(1,1)$]

图 6.34　像素域嵌入后的图像矩阵

（2）解码

在接收端接收图像,进行正向变换得到嵌入后系数值。从这些系数值中提取秘密比特。将这些提取出的秘密比特串接起来,就可以重建秘密消息。图 6.34 显示了空域中的嵌入后像素。小波正向变换计算如下。

① 第一级:行计算

$$l_1 = a(0,0) = \frac{x'(0,0) + x'(0,1)}{2} = \frac{250 + 100}{2} = 175$$

$$r_1 = a(0,1) = a(0,0) - x'(0,0) = 175 - 250 = -75$$

$$l_2 = a(1,0) = \frac{x'(1,0) + x'(1,1)}{2} = \frac{114.5 + 115.5}{2} = 115$$

$$r_2 = a(1,1) = a(1,0) - x'(1,0) = 115 - 114.5 = 0.5$$

因此,行计算后的转换矩阵如图 6.35 所示:

$175.0[a(0,0)]$	$-75[a(0,1)]$
$115.0[a(1,0)]$	$0.5[a(1,1)]$

图 6.35 行计算后的中间图像矩阵

② 第二级:列计算

$$l_1 = a'(0,0) = \frac{a(0,0) + a(1,0)}{2} = \frac{175 + 115}{2} = 145$$

$$r_1 = a'(1,0) = a'(0,0) - a(0,0) = 145 - 175 = -30$$

$$l_2 = a'(0,1) = \frac{a(0,1) + a(1,1)}{2} = \frac{-75 + 0.5}{2} = -37.25$$

$$r_2 = a'(1,1) = a'(0,1) - a(0,1) = -37.25 - (-75) = 37.75$$

因此,转换后的矩阵如图 6.36 所示:

$145[a'(0,0)]$	$-37.25[a'(0,1)]$
$-30[a'(1,0)]$	$37.75[a'(1,1)]$

图 6.36 正向变换后的中间图像矩阵

取系数 $a'(0,1) = -37.25_{10}$

将其转换为二进制 $= -0010010\mathbf{1}.01_2$

从 LSB 中提取一个秘密比特,即 1_2

取系数 $a'(1,0) = -30_{10}$

将其转换为二进制 $= -0001111\mathbf{0}_2$

从 LSB 中提取一个秘密比特,即 0_2

取系数 $a'(1,1) = -37.75_{10}$

将其转换为二进制 $= 001001\mathbf{11}.11_2$

从 LSB 和 LSB+1 中提取两个秘密比特,即 01_2

将提取的比特 $1_2 + 0_2 + 01_2 = 1001_2 = 9_{10}$ 拼接起来

这是从发送者那里收到的秘密信息。

6.3 基于遗传算法的 Haar 小波彩色图像认证

本节介绍了基于遗传算法的使用 Haar 小波变换的频域图像认证技术。应用 Haar 小波变换获得变换域分量。将隐藏图像的三个比特嵌入子掩膜的每个系数上。通过逆变换获得中间隐写子图像。生成的图像通过遗传算法(GA)处理,以获得具有最佳感知质量的图像。

图像认证是通过隐写实现的。隐写是一种为数字图像数据提供安全保护的数据隐藏技术。隐写可以通过两种方式实现,空域隐写和频域隐写。图像认证可以借助数据隐藏来实现。信息安全和图像认证已成为保护数字图像文件不受非法访问的重要手段。其目的是通过保持图像的可见属性不变,将秘密信息嵌入原始图像中。最常用的方法是通过对原始图像进行掩蔽、过滤和变换,来替换最低有效位(LSB)。本节给出了一种通过基于块的数据隐藏实现消息安全传输的算法。

1) 技术

在本小节中,将通过示例说明该技术。从彩色原始图像中按行顺序使用 2×2 掩膜进行数据分割。对分割的块应用 Haar 小波变换将其变换到频域。在每个变换后的图像系数子掩膜上嵌入秘密图像的三个比特。使用逆 Haar 小波变换将图像子掩膜从频域变换到空域。首先嵌入秘密图像的维度。通过遗传算法对生成的隐秘图像进行处理,得到优化的隐秘图像。作为遗传算法的一部分,通过交叉和变异获得新一代的数据。在新一代中,选取 8 条随机染色体作为初始群体。应用轮盘选择方法,利用哈希函数选取最合适的 2 条染色体。最适合的 2 条染色体通过交叉处理产生了两个新的后代。然后通过突变处理新的后代。基于精英策略,最合适的后代被选为下一轮的种群。重复此过程,直到得到最优值。嵌入过程的流程图如图 6.37 所示。

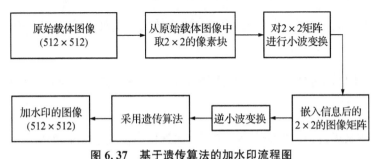

图 6.37 基于遗传算法的加水印流程图

（1）嵌入算法

该技术使用尺寸为 $p \times q$ 的彩色图像作为输入。选择尺寸为 $m \times n$ 的秘密图像。在每个变换系数掩膜中嵌入秘密图像比特。

输入:尺寸为 $p \times q$ 的原始图像,尺寸为 $m \times n$ 的秘密图像。

输出:优化后的尺寸为 $p \times q$ 的隐秘图像。

方法:在原彩色图像中嵌入秘密图像比特,然后采用遗传算法处理。

步骤 1:从秘密图像的头部提取秘密图像的维度。

步骤 2:对于每个秘密的消息/图像,按以行为主的顺序读取尺寸为 2×2 的彩色原始图像掩膜。应用 Haar 小波变换获得四个系数。

步骤 3:首先将维度嵌入,然后将秘密图像像素嵌入每个系数的三个 LSB 上。前十六个嵌入位置为宽度保留,接下来的十六个为高度保留。

步骤 4:应用 Haar 逆变换将掩膜返回到空域。

步骤 5:对整个载体图像重复该过程以生成隐秘图像。

步骤 6:通过遗传算法对隐秘图像像素进行处理,随机生成 8 条染色体作为初始群体。

步骤 7:秘密信息被放置在最后三个 LSB 位置。利用一个哈希函数在 8 个初始种群中选择 2 条最适的染色体并对其进行轮盘选择。$f(n) = \dfrac{1}{\mod(s(x,y)-c(x,y))+1}$,$f(n)$ 是适应度函数,$s(x,y)$ 是隐秘图像像素在坐标 (x,y) 上的强度值,$c(x,y)$ 为宿主图像/原始图像在同一坐标 (x,y) 下的强度值。最佳适应值是 1。

步骤 8:其中第一位来自第一个父级,第二位来自第二个父级,从第四位开始,遵循统一的交叉过程。

步骤 9:通过从 1 位翻转到 0 位或从 0 位翻转到 1 位(从第四位开始),对交叉染色体进行突变。

步骤 10:精英主义通过消除弱染色体,在下一次迭代中使用最佳染色体。

步骤 11:对整个隐秘图像重复步骤 7 至步骤 10,以生成优化的隐秘图像。

(2) 提取算法

在空域中接收优化的隐秘图像。将优化的隐秘图像作为输入,从中提取隐藏的消息/图像大小、内容。

输入:尺寸为 $p \times q$ 的优化隐秘图像。

输出:尺寸为 $p \times q$ 的原始图像,尺寸为 $m \times n$ 的秘密图像。

方法:从嵌入图像中提秘密图像的比特。

步骤 1:将 Haar 小波变换应用到隐秘图像掩膜上,以重新生成四个频率分量。

步骤 2:从每个系数的三个 LSB 中提取秘密比特。将块中的秘密消息/图像比特位置替换为"1"。每提取 8 个比特,构造一个认证图像的图像像素。

步骤 3:重复步骤 1 至 3,根据秘密图像的大小重新生成秘密图像。

步骤 4:停止。

（3）实例

226　137 91　209 c.1.原始图像掩膜	165　7 15　51 c.2.变形掩膜	161　3 11　51 c.3.嵌入式掩膜	220　124 96　204 c.4.嵌入式空域掩膜
230　140 c.5.新生成的染色体	198　172 c.6.交叉后代	214　236 c.7.突变后代	230　140 c.8.合成强度

2）结果

表 6.1 显示了在有效载荷为 3 b/B 的情况下，在各种基准图像上实施该方案时获得的
PSNR、MSE 和 IF 值。由表 6.1 可知，图像 House 得到的 PSNR 最大，值为 39.198872，
图像 Blackeyed 的 PSNR 值最小，为 38.340897。对于 IF，图像 House 和 Lostlake 的值
最大为 0.999712，Barnfall 的值最小为 0.998945。

表 6.1　使用 Haar 小波变换将 3 b/B 嵌入各种基准图像中的 PSNR、MSE 和 IF

图像	PSNR	MSE	IF
Lena	39.147354	7.913072	0.999603
Baboon	39.174267	7.864184	0.999589
Pepper	39.098537	8.002519	0.999519
Barnfall	39.194988	7.826754	0.998945
Blakeyed	38.340897	9.527759	0.999156
Butrfly	39.440990	7.395735	0.999495
Colomtn	39.168777	7.874132	0.999385
House	39.198872	7.819756	0.999712
Lostlake	39.088345	8.021320	0.999712
Peaceful	39.105713	7.989301	0.999155

6.4　应用

这些技术可以应用于图像认证、数据压缩、信号处理、图像处理、边缘检测、飞机和潜艇的
检测等，还可以应用于远程医疗的医学图像认证。

7

基于 Z 变换的可逆编码

7.1　Z 变换

Z 是一个复变量。Z 变换将离散的空域信号转换为复频域表示。Z 变换是从拉普拉斯变换中推导出来的。

在数学文献中，Z 变换被称为生成函数，是 De. Moivre 结合概率论引入的。1947 年，W. Haurewicz 将其作为线性常系数差分方程的一种处理方法而重新提出。1952 年，Zedeh 在哥伦比亚大学将其发展为脉冲控制理论。

Eliahu Ibraham Jury 通过引入不等于样本时间倍数的样本理想延迟因子对其进行了重构。式(7.1)为 Z 变换方程：

$$F(z,m) = \sum_{k=0}^{+\infty} f(kT+m)z^{-k} \tag{7.1}$$

其中，T 为采样周期，m（延迟参数）是$[0,T]$之间的分数。

7.2　拉普拉斯变换

如果信号不是有限的序列，这意味着能量不局限在面积有限的曲线下，那么傅里叶变换无法对这种信号进行处理。下面的这个例子可以使概念变得更清晰。定义函数 $x(t)=1$ 的幅度谱，如图 7.1 所示。

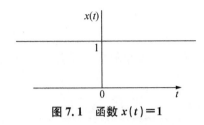

图 7.1 函数 $x(t)=1$

此处对于 t 的所有值，$x(t)=1$。因为 $x(t)$ 下的面积不是有限的，这意味着这个函数不是绝对可积的。为了计算这类函数的幅度谱，需要使用收敛因子使其具有解析性或稳定性，但傅里叶变换不具备给出收敛因子的属性。因此为了分析这种信号，就需要进行其他类型的变换，这种变换被称为拉普拉斯变换。

$$F(s)=L[f(t)]=\int_{-\infty}^{+\infty}e^{-st}f(t)dt \tag{7.2}$$

其中，"L"是拉普拉斯算子，s（复值）$=\sigma+j\omega$，σ 是实部，ω 是角频率（虚部）

$$\int_{-\infty}^{+\infty}e^{-\sigma t}e^{-j\omega t}f(t)dt$$

$$=\int_{-\infty}^{+\infty}e^{-j\omega t}f'(t)dt \tag{7.3}$$

其中，$f'(t)=f(t)e^{-\sigma t}$，$\int_{-\infty}^{+\infty}e^{-j\omega t}f'(t)dt$ 就是傅里叶变换 $F[f'(t)]$。因此，拉普拉斯是含有收敛因子 σ 的傅里叶变换。σ 值的正负，表示了信号的增大或减小。

所以，$x(t)=1$ 的傅里叶变换为：

$$\zeta[x(t)]=\lim_{\sigma\to0}\zeta[e^{-\sigma|t|}x(t)]$$

$$=\lim_{\sigma\to0}\left[\int_{-\infty}^{0}e^{(\sigma-j\omega)t}dt+\int_{0}^{+\infty}e^{-(\sigma+j\omega)t}dt\right]$$

$$=\lim_{\sigma\to0}\left[\frac{1}{(\sigma-j\omega)}+\frac{1}{(\sigma+j\omega)}\right]$$

$$=\lim_{\sigma\to0}\frac{2\sigma}{\sigma^2+\omega^2}$$

$$\zeta[x(t)]=\begin{cases}\infty & \omega=0\\0 & \omega\neq0\end{cases}$$

结果表明，$x(t)=1$ 的傅里叶变换是脉冲函数。拉普拉斯变换的方法给出了 Z 域，如图 7.2 所示。

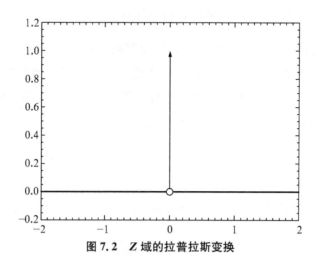

图 7.2　Z 域的拉普拉斯变换

这个单位脉冲函数由下式给出：

$$\delta(t)=\begin{cases}1 & t=0\\0 & t\neq0\end{cases}$$

脉冲函数具有依赖于实际参数的属性，因此对于 0 以外的其他所有参数值，脉冲函数都是 0；但当参数值为 0 时，它在 $-\infty$ 到 $+\infty$ 上的积分等于 1。假设 $f(t)$ 是连续函数，其中 $0\leqslant t\leqslant+\infty$。通过将 $f(t)$ 函数乘单位脉冲来采集样本值，T 为样本周期。

单位脉冲：

$$\delta(t-T)=\begin{cases}1 & t=T\\0 & t\neq T\end{cases}$$

就像其他单位脉冲函数一样，延迟 T 倍时间，也就是两个样本之间的间隔。

$$f^{*}(t)=f(t)\delta(t)+f(t)\delta(t-T)+f(t)\delta(t-2T)+f(t)\delta(t-3T)+\cdots \quad (7.4)$$

其中，$f^{*}(t)$ 是离散时间信号。

$f^*(t)$ 的拉普拉斯变换对应于频域 $L[f^*(t)]=F^*(S)$。

$$F^*(S)=\int_0^{+\infty} f^*(t)e^{-tS}dt$$

$$F^*(S)=f(0)+f(T)e^{-TS}+f(2T)e^{-2TS}+f(3T)e^{-3TS}+\cdots$$

$$=\sum_{n=0}^{+\infty} f(nT)e^{-nTS}$$

令 $e^{TS}=z$，则方程可写为：

$$F(z)=\sum_{n=0}^{+\infty} f(nT)z^{-n} \tag{7.5}$$

在这里，对 z 进行了修改，以给出一个收敛区域，其中信号具有解析性或稳定性。

在 Z 域中，$z=re^{j\omega}$，r 是圆的半径，信号在其上每个点都是可解析的。圆形区域被称为收敛域（ROC）。数组 $g[n]$ 为 $f(nT)$ 的离散表示，其中的每个索引存储样本值。因此，

$$F(z)=\sum_{n=0}^{+\infty} g[n]r^{-n}e^{-j\omega n}$$

$$=\sum_{n=0}^{+\infty} g[n](re^{j\omega})^{-n} \tag{7.6}$$

$$=\sum_{n=0}^{+\infty} g[n](Z^{-n})$$

如果 $r=1$，那么将其映射到傅里叶域：

$$F(e^{j\omega})=\sum_{n=0}^{+\infty} g[n]e^{-j\omega n} \tag{7.7}$$

7.3　Z 变换对

Z 变换对是指将离散时间信号变换到频域的正向变换和将频域变换到时域的逆变换。

1) 正向 Z 变换

对于给定的序列 $g[n]$，它的 Z 变换定义为：

$$\mathbb{Z}\{g[n]\}=G(z)=F(z)=\sum_{n=-\infty}^{+\infty} g[n]z^{-n} \tag{7.8}$$

其中，$\mathbb{Z}$ 为变换算子，n 是每个样本的位置。如果我们将 z 表示为极坐标形式 $z=re^{j\omega}$，那么这个公式可简化为如下标准公式

$$G(re^{j\omega}) = \sum_{n=-\infty}^{+\infty} g[n]r^{-n}e^{-j\omega n} \qquad (7.9)$$

如果 $r=1$，那么：

$$G(e^{j\omega}) = \sum_{n=-\infty}^{+\infty} g[n]e^{-j\omega n} \qquad (7.10)$$

当 $r=1$，这就是离散傅里叶变换。用修正序列 $\{g[n]r^{-n}\}$ 来解释离散傅里叶变换。z 变换的一种几何解释是点 z 在复 z 平面上的位置，即复 z 平面中的点 $z=re^{j\omega}$ 位于从点 $z=0$ 开始，向量长度为 r 的顶点。

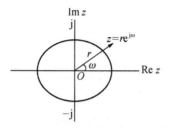

图 7.3 复 Z 平面上的点 $z=re^{j\omega}$

在理论上，$z=\text{Re}(z)+\text{Im}(z)$。因此，如果对 $G(z)$ 从 $z=1$ 开始到 $z=1$ 结束，沿逆时针计算单位圆（$r=1$）的所有 ω 值，那么可以有效地在频率范围 $0\leqslant\omega\leqslant2\pi$ 内计算 $G(e^{j\omega})$。如果沿逆时针方向遍历 $-2\pi\leqslant\omega\leqslant0$，那么通过这种方法，所有频率 $-\infty\leqslant\omega\leqslant+\infty$ 都可以被访问，且表现出周期为 2π 的周期性响应。

收敛域（R_g）是 z 值的集合 $\mathcal{R}$，其 Z 变换在 Z 平面的环形区域内收敛。

$$R_{g^-}<|z|<R_{g^+}$$

2）ROC 的例子

（1）因果信号的 ROC

假设 $X[n]$ 为因果信号，$X[n]=\alpha^n\mu[n]$，其中 $\mu[n]$ 是单位阶跃函数。我们将计算这个函数的收敛域。

$$X(z) = \sum_{n=-\infty}^{+\infty} \alpha^n\mu[n]z^{-n}$$

$$= \sum_{n=-\infty}^{+\infty} \alpha^n z^{-n}$$

$\mu[n] = \{1,1,1,1,1,1,\cdots,1_{\infty}\}$，因为它是单位阶跃因果信号(右侧序列)。

所以,

$$X(z) = \frac{1}{1-\alpha z^{-1}}$$

为了使信号稳定,$\alpha z^{-1} < 1$,因此,$|z| > \alpha$。收敛域是环形区域 $|z| > \alpha$,Z 平面上每个大于 α 的点的 Z 变换都是可解析的。

(2) 双边信号的 ROC

假设 $x(m)$ 是一个双边信号,我们将计算这个信号的收敛域。信号如图 7.4 所示:

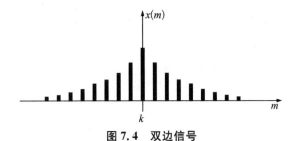

图 7.4 双边信号

$$x(m) = \begin{cases} a^m & m \geq 0 \\ b^m & m < 0 \end{cases}$$

该函数的收敛域计算如下。

$$X(z) = \sum_{x=-\infty}^{+\infty} x(m) z^{-m}$$

$$= \sum_{m=0}^{+\infty} a^m z^{-m} + \sum_{m=-\infty}^{-1} b^m z^{-m}$$

$$= \sum_{m=0}^{+\infty} (az^{-1})^m + \sum_{m=1}^{+\infty} (b^{-1}z)^{-m}$$

$$= \frac{1}{1-az^{-1}} + \frac{1}{1-b^{-1}z}$$

为了使信号稳定，$az^{-1}<1$ 和 $b^{-1}z<1$，所以，$|z|>a$ 和 $|z|<b$。收敛域是环形区域 $a<|z|<b$，即 Z 平面上每个大于 a 小于 b 的点的 Z 变换都是可解析的。

3) 逆 Z 变换

在式(7.8)的两边，即 $G(z)=\sum\limits_{n=-\infty}^{+\infty}g[n]z^{-n}$ 乘 z^{n-1}，在 $G(z)$ 的 ROC 内，围绕 $z=0$ 点，逆时针沿着闭曲线 c，对所得结果的两边进行积分，可得：

$$\oint_c G(z)z^{n-1}\mathrm{d}z=\oint_c\sum_{l=-\infty}^{+\infty}g[l]z^{-l}z^{n-1}\mathrm{d}z \tag{7.11}$$

在乘 $\dfrac{1}{2\pi\mathrm{j}}$ 后，将积分和求和进行互换，则：

$$\frac{1}{2\pi\mathrm{j}}\oint_c G(z)z^{n-1}\mathrm{d}z=\frac{1}{2\pi\mathrm{j}}\sum_{l=-\infty}^{+\infty}g[l]\oint_c z^{n-l-1}\mathrm{d}z$$

根据柯西定理，$\dfrac{1}{2\pi\mathrm{j}}\oint_c z^{n-l-1}\mathrm{d}z=\delta(n-l)$。

因此，逆 Z 变换公式如下：

$$g[n]=\frac{1}{2\pi\mathrm{j}}\oint_c G(z)z^{n-1}\mathrm{d}z \tag{7.12}$$

该方程表明，离散时间信号是包括 $X(z)$ 的所有极点的曲线积分。根据这个方程不能直接求解出离散时间信号。因此，采用了以下替代过程。

假设曲线积分是逆时针的，那么 ω 将在 $-\pi$ 到 π 之间变化，并可以转换为不同 2π 内的积分。但是，ω 可能是从 -2π 到 0。所以，

$$g[n]=\frac{1}{2\pi}\int_{-\pi}^{\pi}F(re^{\mathrm{j}\omega})r^n e^{\mathrm{j}\omega n}\mathrm{d}\omega$$

这可以等价地表示为方程(7.12a)给出的离散形式：

$$g[n]=\frac{r^n}{M}\sum_{k=0}^{M-1}F(z)e^{\mathrm{j}\omega k} \tag{7.12a}$$

7.4 广义一维(1D)Z 变换

离散 Z 变换是含有对偶方程组的变换,一种是正变换方程,另一种是逆变换方程。在信号处理中,正向 Z 变换将一个离散的时域信号,即一个实数或复数序列,转换成一个复频域表示,而逆向 Z 变换则是这个过程的逆过程。Z 变换可以用单边或双边两种方式定义。

1) 正变换方程

正向 Z 域表达式如下所示:

$$F(z)=\sum_{n=-\infty}^{+\infty} r^{-n} g[n] \mathrm{e}^{-\mathrm{j}\omega n} \tag{7.13}$$

$$F(z)=Z\{x[n]\}=\sum_{n=0}^{+\infty} x[n] r^{-n}(\cos\omega+\mathrm{j}\sin\omega)^{-n} \tag{7.13a}$$

对于使用式(7.13)进行传统 Z 变换的正向计算,在特定环境下,定义了一组值,例如 z 中 $r=1$,角频率 $\omega \in \left\{\left[0, \dfrac{\pi}{2}, \pi, \dfrac{3\pi}{2}\right]\right\}$。向量 $\boldsymbol{X}_{ij}$ 的正向 Z 变换,得到 2×2 的矩阵表示为 $\boldsymbol{X}_{00}$、$\boldsymbol{X}_{01}$、$\boldsymbol{X}_{10}$ 和 $\boldsymbol{X}_{11}$,其中索引值保持在 $0\leqslant i,j\leqslant1$ 的范围内。在计算之前,将其转换为一维数据,并将变量 $x[n]$ 以 $x[0]$、$x[1]$、$x[2]$ 和 $x[3]$ 的形式代入式(7.13a)中。式(7.13a)的具体形式如式(7.13b)和式(7.13c)所示,其中 F_ω 是不同 ω 值的频率系数值。F_ω 也可以用式(7.13c)表示,其中 $\mathrm{e}^{-\mathrm{j}\omega n}$ 等于$(\cos\omega n-\mathrm{j}\sin\omega n)$。

$$F_\omega=x[0]r^{-0}(\cos\omega+\mathrm{j}\sin\omega)^{-0}+x[1]r^{-1}(\cos\omega+\mathrm{j}\sin\omega)^{-1}+ \tag{7.13b}$$

$$x[2]r^{-2}(\cos\omega+\mathrm{j}\sin\omega)^{-2}+x[3]r^{-3}(\cos\omega+\mathrm{j}\sin\omega)^{-3}$$

$$F_\omega=x[0]r^{-0}(\cos\omega n-\mathrm{j}\sin\omega n)+x[1]r^{-1}(\cos\omega n-\mathrm{j}\sin\omega n)+ \tag{7.13c}$$

$$x[2]r^{-2}(\cos\omega n-\mathrm{j}\sin\omega n)+x[3]r^{-3}(\cos\omega n-\mathrm{j}\sin\omega n)$$

取不同的角频率 $\omega \in \left\{\left[0, \dfrac{\pi}{2}, \pi, \dfrac{3\pi}{2}\right]\right\}$,当 $r=1$ 时,使用式(7.13c)计算复系数值 $F_\omega = R_{lm}+\mathrm{j}I_{lm}$,其中 ω 取决于 l 和 m 的值。

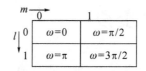

图 7.5　用于计算的各种频率

对于覆盖图像,以 2×2 的窗口按行顺序使用式(7.13)进行正向 Z 变换,以生成四个频率分量,即如图 7.5 所示的子带编码中的低频、水平、垂直和水平共轭分量。从低频到高频段中的每个频率系数都是复数,格式为 $a + jb$。

通过固定 r,选定 ω 进行 Z 变换,对八个子带、四个实数和四个虚数进行分析。可以看出,由于低频(LF)和垂直频率(VF)的整个虚部都为 0,因此最终最多需要六个子带重新生成无损图像。由于水平频率(HF)的复共轭对的存在,因此可以在没有任何损失的情况下再减少两个子带。因此,总的来说,在不丢失任何信息的情况下重新生成原始图像的最低要求是获得八个子带中的四个子带。

正向变换计算示例

假设向量 $\boldsymbol{X}_{ij} = (146, 56, 118, 100)$,$r = 1$ 和 $\omega \in \{[0, 90, 180, 270]\}$。根据式(7.13c),频率分量计算如下。

步骤 1:

$$F_0 = R_{00} + jI_{00}$$

$$= 146 \times 1^{-0}(\cos(0 \times 0) - j\sin(0 \times 0)) + 56 \times 1^{-1}(\cos(0 \times 1) - j\sin(0 \times 1)) +$$

$$118 \times 1^{-2}(\cos(0 \times 2) - j\sin(0 \times 2)) + 100 \times 1^{-3}(\cos(0 \times 3) - j\sin(0 \times 3))$$

$$= 420 + 0j$$

步骤 2:

$$F_{\frac{\pi}{2}} = R_{01} + jI_{01}$$

$$= 146 \times 1^{-0}\left(\cos\left(\frac{\pi}{2} \times 0\right) - j\sin\left(\frac{\pi}{2} \times 0\right)\right) + 56 \times 1^{-1}\left(\cos\left(\frac{\pi}{2} \times 1\right) - j\sin\left(\frac{\pi}{2} \times 1\right)\right) +$$

$$118 \times 1^{-2}\left(\cos\left(\frac{\pi}{2} \times 2\right) - j\sin\left(\frac{\pi}{2} \times 2\right)\right) + 100 \times 1^{-3}\left(\cos\left(\frac{\pi}{2} \times 3\right) - j\sin\left(\frac{\pi}{2} \times 3\right)\right)$$

$$=28+44j$$

步骤 3：

$$F_\pi = R_{01} + jI_{01}$$

$$= 146 \times 1^{-0}(\cos(\pi \times 0) - j\sin(\pi \times 0)) + 56 \times 1^{-1}(\cos(\pi \times 1) - j\sin(\pi \times 1)) +$$

$$118 \times 1^{-2}(\cos(\pi \times 2) - j\sin(\pi \times 2)) + 100 \times 1^{-3}(\cos(\pi \times 3) - j\sin(\pi \times 3))$$

$$= 108 + 0j$$

步骤 4：

$$F_{\frac{3\pi}{2}} = R_{01} + jI_{01}$$

$$= 146 \times 1^{-0}\left(\cos\left(\frac{3\pi}{2} \times 0\right) - j\sin\left(\frac{3\pi}{2} \times 0\right)\right) + 56 \times 1^{-1}\left(\cos\left(\frac{3\pi}{2} \times 1\right) - j\sin\left(\frac{3\pi}{2} \times 1\right)\right) +$$

$$118 \times 1^{-2}\left(\cos\left(\frac{3\pi}{2} \times 2\right) - j\sin\left(\frac{3\pi}{2} \times 2\right)\right) + 100 \times 1^{-3}\left(\cos\left(\frac{3\pi}{2} \times 3\right) - j\sin\left(\frac{3\pi}{2} \times 3\right)\right)$$

$$= 28 - 44j$$

对单个 2×2 的矩阵 $\begin{bmatrix} 146 & 56 \\ 118 & 100 \end{bmatrix}$ 进行正向计算，经过正向 Z 变换后，实部为 $\begin{pmatrix} 420 & 28 \\ 108 & 28 \end{pmatrix}$，虚部为 $\begin{pmatrix} 0 & 44 \\ 0 & -44 \end{pmatrix}$。

Z 变换系数也可以通过非卷积的方式，不使用三角函数，仅使用简单的加法和减法，来最小化计算量。正向 Z 变换的频率系数是 $a+jb$ 格式的复数。通过快速 Z 变换技术和传统计算得到的频率系数值相同。与传统计算相比，快速 Z 变换所需的复杂计算量更少。

2）逆变换方程

与频域对应，$g[n]$ 是在时域中采样得到的数组。如果均匀采样得到 M 个采样值（当然，这会出现在时域中），$n=0,1,\cdots,M-1$，那么逆变换方程为：

$$F(z) = \sum_{n=0}^{M-1} r^{-n} g[n] e^{-j\omega n} \tag{7.14}$$

$$\omega = 角频率，单位为 \text{rad/s}$$

式(7.15)给出了 Z 逆变换表达式：

$$g[n] = \frac{1}{2\pi \text{j}} \oint F(z) z^{n-1} \text{d}z \qquad (7.15)$$

对应于时域。其中 $z = r\text{e}^{\text{j}\omega}$，所以 $\text{d}z = \text{j}r\text{e}^{\text{j}\omega}\text{d}\omega$。

假设曲线积分是逆时针的，那么 ω 会从 $-\pi$ 到 π 转换为其他 2π 范围内的定积分。ω 可能是从 -2π 到 0。所以，

$$g[n] = \frac{1}{2\pi} \int_{-\pi}^{\pi} F(r\text{e}^{\text{j}\omega n}) r^n \text{e}^{\text{j}\omega n} \text{d}\omega \qquad (7.16)$$

上式可以用离散形式等价地表示为：

$$g[n] = \frac{r^n}{M} \sum_{k=0}^{M-1} F(z) \text{e}^{\text{j}\omega k} \qquad (7.17)$$

逆变换可逆性的计算实例

在空域对单个 2×2 的矩阵 $\begin{bmatrix} 146 & 56 \\ 118 & 100 \end{bmatrix}$ 进行正向计算，经过正向 Z 变换后，实部为 $\begin{pmatrix} 420 & 28 \\ 108 & 28 \end{pmatrix}$，虚部为 $\begin{pmatrix} 0 & 44 \\ 0 & -44 \end{pmatrix}$。

使用式(7.17)进行传统 Z 变换的逆计算。计算过程如下：

步骤 1：

$$x[0] = \frac{1^0}{4}[420 \times (\cos(0\times0) + \text{j}\sin(0\times0)) + (28+44\text{j}) \times (\cos(0\times1) + \text{j}\sin(0\times1)) +$$

$$108 \times 1^{-2}(\cos(0\times2) + \text{j}\sin(0\times2)) + (28-44\text{j}) \times 1^{-3}(\cos(0\times3) + \text{j}\sin(0\times3))]$$

$$= 146$$

步骤 2：

$$x[1] = \frac{1^1}{4}\left[420 \times \left(\cos\left(\frac{\pi}{2}\times0\right) + \text{j}\sin\left(\frac{\pi}{2}\times0\right)\right) + (28+44\text{j}) \times \left(\cos\left(\frac{\pi}{2}\times1\right) + \text{j}\sin\left(\frac{\pi}{2}\times1\right)\right) +$$

$$108 \times 1^{-2}\left(\cos\left(\frac{\pi}{2} \times 2\right) + j\sin\left(\frac{\pi}{2} \times 2\right)\right) + (28-44j) \times 1^{-3}\left(\cos\left(\frac{\pi}{2} \times 3\right) + j\sin\left(\frac{\pi}{2} \times 3\right)\right)\Big]$$

$$= 56$$

步骤 3：

$$x[2] = \frac{1^2}{4}\Big[420 \times (\cos(\pi \times 0) + j\sin(\pi \times 0)) + (28+44j) \times (\cos(\pi \times 1) + j\sin(\pi \times 1)) +$$

$$108 \times 1^{-2}(\cos(\pi \times 2) + j\sin(\pi \times 2)) + (28-44j) \times 1^{-3}(\cos(\pi \times 3) + j\sin(\pi \times 3))\Big]$$

$$= 118$$

步骤 4：

$$x[3] = \frac{1^3}{4}\Big[420 \times \left(\cos\left(\frac{3\pi}{2} \times 0\right) + j\sin\left(\frac{3\pi}{2} \times 0\right)\right) + (28+44j) \times \left(\cos\left(\frac{3\pi}{2} \times 1\right) + j\sin\left(\frac{3\pi}{2} \times 1\right)\right) +$$

$$108 \times 1^{-2}\left(\cos\left(\frac{3\pi}{2} \times 2\right) + j\sin\left(\frac{3\pi}{2} \times 2\right)\right) + (28-44j) \times 1^{-3}\left(\cos\left(\frac{3\pi}{2} \times 3\right) + j\sin\left(\frac{3\pi}{2} \times 3\right)\right)\Big]$$

$$= 100$$

因此,所得结果可以写成 $\begin{bmatrix} 146 & 56 \\ 118 & 100 \end{bmatrix}$ 的矩阵形式,与原始的 2×2 矩阵相同。

这展示了逆计算的可逆性。下面我们考虑另一个例子,它考虑了正、逆 Z 变换中可逆性计算的实部和虚部两个部分。

3) 可逆计算示例

(1) 正向变换计算

$$Z(re^{j\omega}) = F(z) = \sum_{n=-\infty}^{+\infty} r^{-n}g[n]e^{-j\omega n}$$

$$e^{-j\omega n} = \cos(\omega n) - j\sin(\omega n)$$

对于均匀采样的 M 个样本值(当然,这会出现在时域中), $n = 0, 1, \cdots, M-1$,

$$F(z) = \sum_{n=0}^{M-1} r^{-n}g[n]e^{-j\omega n} \tag{7.18}$$

考虑输入一个 1×4 的图像/矩阵,如图 7.6 所示。

$10(g_0):[a_0]$	$25(g_1):[a_1]$	$30(g_2):[a_2]$	$20(g_3):[a_3]$

图 7.6 输入尺寸为 1×4 的图像矩阵

逆时针方向取 $r=1, 0 \leqslant \omega \leqslant 2\pi$。此处,图像矩阵维度为 1×4,频率 $\omega \in \left\{ 0, \dfrac{\pi}{2}, \pi, \dfrac{3\pi}{2} \right\}$。

$\omega=0$ 处的值在 Z 域中称为 DC 系数。对于 $\omega=0, r=1, 1 \times 4$ 的输入图像/矩阵,$n=0,1,2,3$,将生成四个分量。

步骤 1:$\omega=0; r=1$

$$
\begin{aligned}
F(0) &= a_0 \\
&= 10[\cos(0 \times 0) - j\sin(0 \times 0)] + 25[\cos(0 \times 1) - j\sin(0 \times 1)] + \\
&\quad\ 30[\cos(0 \times 2) - j\sin(0 \times 2)] + 20[\cos(0 \times 3) - j\sin(0 \times 3)] \\
&= 10 \times (1-0) + 25 \times (1-0) + 30 \times (1-0) + 20 \times (1-0) \\
&= 85
\end{aligned}
$$

步骤 2:$\omega=\dfrac{\pi}{2}; r=1$

$$
\begin{aligned}
F(1) &= a_1 \\
&= 10\left[\cos\left(\frac{\pi}{2} \times 0\right) - j\sin\left(\frac{\pi}{2} \times 0\right)\right] + 25\left[\cos\left(\frac{\pi}{2} \times 1\right) - j\sin\left(\frac{\pi}{2} \times 1\right)\right] + \\
&\quad\ 30\left[\cos\left(\frac{\pi}{2} \times 2\right) - j\sin\left(\frac{\pi}{2} \times 2\right)\right] + 20\left[\cos\left(\frac{\pi}{2} \times 3\right) - j\sin\left(\frac{\pi}{2} \times 3\right)\right] \\
&= -20 - 5j
\end{aligned}
$$

步骤 3:$\omega=\pi; r=1$

$$
\begin{aligned}
F(2) &= a_2 \\
&= 10[\cos(\pi \times 0) - j\sin(\pi \times 0)] + 25[(\cos\pi \times 1) - j\sin(\pi \times 1)] + \\
&\quad\ 30[\cos(\pi \times 2) - j\sin(\pi \times 2)] + 20[\cos(\pi \times 3) - j\sin(\pi \times 3)] \\
&= -5
\end{aligned}
$$

步骤 4：$\omega = \dfrac{3\pi}{2}; r = 1$

$F(3) = a_3$

$$= 10\left[\cos\left(\dfrac{3\pi}{2} \times 0\right) - j\sin\left(\dfrac{3\pi}{2} \times 0\right)\right] + 25\left[\cos\left(\dfrac{3\pi}{2} \times 1\right) - j\sin\left(\dfrac{3\pi}{2} \times 1\right)\right] +$$

$$30\left[\cos\left(\dfrac{3\pi}{2} \times 2\right) - j\sin\left(\dfrac{3\pi}{2} \times 2\right)\right] + 20\left[\cos\left(\dfrac{3\pi}{2} \times 3\right) - j\sin\left(\dfrac{3\pi}{2} \times 3\right)\right]$$

$$= -20 + 5j$$

因此，变换 1×4 矩阵包含复共轭对，如图 7.7 所示。

$85[a_0]$	$-20 - 5j[a_1]$	$-5[a_2]$	$-20 + 5j[a_3]$

图 7.7　正向 Z 变换后的 1×4 的变换矩阵

(2) 逆变换计算

对于均匀采样的 M 个样本值（当然，这会出现在频域中），$n = 0, 1, \cdots, M-1$，逆变换方程可以写成：

$$g[n] = \frac{r^n}{M} \sum_{k=0}^{M-1} F(z) e^{j\omega k} \tag{7.19}$$

步骤 1：对于 $\omega = 0$，1×4 的输入图像/矩阵，$n = 0, 1, 2, 3$，$r = 1$；将生成四个分量。对于 $\omega = 0$：

$X[0] = x(0)$

$$= \frac{1}{4}\big[85(\cos(0 \times 0) + j\sin(0 \times 0)) - 20(\cos(0 \times 1) + j\sin(0 \times 1)) - 5j(\cos(0 \times 1) +$$

$$j\sin(0 \times 1)) - 5(\cos(0 \times 2) + j\sin(0 \times 2)) - 20(\cos(0 \times 3) + j\sin(0 \times 3)) +$$

$$5j(\cos(0 \times 3) + j\sin(0 \times 3))\big]$$

$$= \frac{1}{4} \times (85 - 20 - 5j - 5 - 20 + 5j)$$

$$=\frac{1}{4}\times 40$$

$$=10$$

步骤2:对于 $\omega=\frac{\pi}{2}$,1×4 的输入图像/矩阵,$n=0,1,2,3$,$r=1$;将生成四个分量。对于 $\omega=\frac{\pi}{2}$:

$$X[1]=x(1)$$

$$=\frac{1}{4}\Bigg[85\Big(\cos\Big(\frac{\pi}{2}\times 0\Big)+\mathrm{j}\sin\Big(\frac{\pi}{2}\times 0\Big)\Big)-20\Big(\cos\Big(\frac{\pi}{2}\times 1\Big)+\mathrm{j}\sin\Big(\frac{\pi}{2}\times 1\Big)\Big)-$$

$$5\mathrm{j}\Big(\cos\Big(\frac{\pi}{2}\times 1\Big)+\mathrm{j}\sin\Big(\frac{\pi}{2}\times 1\Big)\Big)-5\Big(\cos\Big(\frac{\pi}{2}\times 2\Big)+\mathrm{j}\sin\Big(\frac{\pi}{2}\times 2\Big)\Big)-$$

$$20\Big(\cos\Big(\frac{\pi}{2}\times 3\Big)+\mathrm{j}\sin\Big(\frac{\pi}{2}\times 3\Big)\Big)+5\mathrm{j}\Big(\cos\Big(\frac{\pi}{2}\times 3\Big)+\mathrm{j}\sin\Big(\frac{\pi}{2}\times 3\Big)\Big)\Bigg]$$

$$=25$$

步骤3:对于 $\omega=\pi$,1×4 的输入图像/矩阵,$n=0,1,2,3$,$r=1$;将生成四个分量。对于 $\omega=\pi$:

$$X[2]=x(2)$$

$$=\frac{1}{4}\big[85(\cos(\pi\times 0)+\mathrm{j}\sin(\pi\times 0))-20(\cos(\pi\times 1)+\mathrm{j}\sin(\pi\times 1))-5\mathrm{j}(\cos(\pi\times 1)+$$

$$\mathrm{j}\sin(\pi\times 1))-5(\cos(\pi\times 2)+\mathrm{j}\sin(\pi\times 2))-20(\cos(\pi\times 3)+\mathrm{j}\sin(\pi\times 3))+$$

$$5\mathrm{j}(\cos(\pi\times 3)+\mathrm{j}\sin(\pi\times 3)\big]$$

$$=30$$

步骤4:对于 $\omega=\frac{3\pi}{2}$,1×4 的输入图像/矩阵,$n=0,1,2,3$,$r=1$;将生成四个分量。对于 $\omega=\frac{3\pi}{2}$:

$$X[3]=x(3)$$

$$=\frac{1}{4}\Big[85\Big(\cos\Big(\frac{3\pi}{2}\times0\Big)+\mathrm{j}\sin\Big(\frac{3\pi}{2}\times0\Big)\Big)-20\Big(\cos\Big(\frac{3\pi}{2}\times1\Big)+\mathrm{j}\sin\Big(\frac{3\pi}{2}\times1\Big)\Big)-$$

$$5\mathrm{j}\Big(\cos\Big(\frac{3\pi}{2}\times1\Big)+\mathrm{j}\sin\Big(\frac{3\pi}{2}\times1\Big)\Big)-5\Big(\cos\Big(\frac{3\pi}{2}\times2\Big)+\mathrm{j}\sin\Big(\frac{3\pi}{2}\times2\Big)\Big)-$$

$$20\Big(\cos\Big(\frac{3\pi}{2}\times3\Big)+\mathrm{j}\sin\Big(\frac{3\pi}{2}\times3\Big)\Big)+5\mathrm{j}\Big(\cos\Big(\frac{3\pi}{2}\times3\Big)+\mathrm{j}\sin\Big(\frac{3\pi}{2}\times3\Big)\Big)\Big]$$

$$=20$$

因此，将逆变换的 1×4 矩阵转换为原始像素值，如图 7.8 所示：

$10[x_0]$	$25[x_1]$	$30[x_2]$	$20[x_3]$

图 7.8 Z 逆变换后的 1×4 的变换矩阵

（3）用于身份验证的嵌入

考虑将身份验证消息"a"（ASCII：10010011）中的一位嵌入图像矩阵的第一个变换系数中。变换后的矩阵如图 7.9 所示：

$85[a_0]$	$-20-5\mathrm{j}[a_1]$	$-5[a_2]$	$-20+5\mathrm{j}[a_3]$

图 7.9 正向 Z 变换后 1×4 的变换矩阵

将系数值转换为二进制，即 $85_{10}=01010101_2$。消息字节为"a"$=10010011$。将 MSB 的一位，即 1 嵌入第 4 个 LSB 中。

因此，

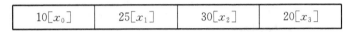

嵌入系数的值为 93_{10}。因此，像素的差值为 $93-85=8$。嵌入的主要目的就是减小这种差异。这个过程被称为调整。完成这个任务的系统被称为句柄系统。

句柄

一个简单的句柄可以用来减小差异。因为嵌入是在第四个 LSB 中完成的，所以将嵌入位右边的所有位翻转为 0。因此,嵌入后的像素为 01011000,它的十进制值是 88_{10}。

现在嵌入的秘密信息是完整的,其调整后的值为 88_{10}。差值减小到 3,嵌入像素后图像的恶化将是最小的,因此图像的质量较好。

嵌入都是基于经验的。大多数时候,我们会推导出一些数学公式使偏差达到最小。此外,我们还使用如粒子群算法(PSO)、遗传算法(GA)等算法优化偏差。

嵌入后进行逆变换,在像素域生成嵌入图像。这个嵌入的图像将被转换。在接收端,接收方接收像素域中的嵌入图像。通过正向变换生成系数值,从这些系数中提取秘密位用于身份验证和秘密数据提取。

7.5　广义二维 Z 变换

1) 二维正向变换

对于均匀采样的 M 个样本值(当然,这会出现在频域中),$n=0,1,\cdots,M-1$,二维空间 $F(z_1,z_2)$ 中的 2D 正向 Z 变换可以表示为:

$$F(z_1,z_2)=\sum_{n_1=0}^{M-1}\sum_{n_2=0}^{N-1} g(n_1,n_2)r_1^{-n_1}r_2^{-n_2}z_1^{-n_1}z_2^{-n_2} \tag{7.20}$$

其中,$z_1^{-n_1}=\mathrm{e}^{-j\omega_1 n_1}$,$z_2^{-n_2}=\mathrm{e}^{-j\omega_2 n_2}$,$z_1$ 和 z_2 都是复数,均由实部和虚部组成。这里,收敛区域 r_1 和 r_2 都可以被取为 1 或不同。式(7.20)还可以写成:

$$F(z_1,z_2)=\sum_{n_1=0}^{M-1}\sum_{n_2=0}^{N-1} g(n_1,n_2)r_1^{-n_1}r_2^{-n_2}\mathrm{e}^{-j(\omega_1 n_1+\omega_2 n_2)} \tag{7.21}$$

其中,

$$\mathrm{e}^{-j(\omega_1 n_1+\omega_2 n_2)}=\cos(\omega_1 n_1+\omega_2 n_2)-j\sin(\omega_1 n_1+\omega_2 n_2)$$

因此,

$$F(z_1,z_2)=\sum_{n_1=0}^{M-1}\sum_{n_2=0}^{N-1} r_1^{-n_1}r_2^{-n_2}g(n_1,n_2)[\cos(\omega_1 n_1+\omega_2 n_2)-j\sin(\omega_1 n_1+\omega_2 n_2)]$$

$$\tag{7.22}$$

2) 二维逆变换

对于均匀采样的 M 个样本值(在频域中),$n=0,1,\cdots,M-1$,在二维空间中从频域到空域 $g(n_1,n_2)$ 的二维 Z 逆变换的公式为:

$$g(n_1,n_2)=\frac{1}{MN}\,r_1^{n_1}r_2^{n_2}\sum_{k_1=0}^{M-1}\sum_{k_2=0}^{N-1}F(z_1,z_2)z_1^{k_1}z_2^{k_2} \qquad (7.23)$$

$$z_1^{k_1}=\mathrm{e}^{\mathrm{j}\omega k_1}$$

$$z_2^{k_2}=\mathrm{e}^{\mathrm{j}\omega k_2}$$

其中,$z_1^{k_1}=\mathrm{e}^{\mathrm{j}\omega_1 k_1}$ 和 $z_2^{k_2}=\mathrm{e}^{\mathrm{j}\omega_2 k_2}$,$z_1$ 和 z_2 都是复数,均由实部和虚部组成。这里 r_1 和 r_2 都取为 1。

所以,式(7.20)可以写成:

$$g(n_1,n_2)=\frac{1}{MN}\,r_1^{n_1}r_2^{n_2}\sum_{k_1=0}^{M-1}\sum_{k_2=0}^{N-1}F(z_1,z_2)\mathrm{e}^{\mathrm{j}(\omega_1 k_1+\omega_2 k_2)} \qquad (7.24)$$

其中,

$$\mathrm{e}^{\mathrm{j}(\omega_1 k_1+\omega_2 k_2)}=\cos(\omega_1 k_1+\omega_2 k_2)+\mathrm{j}\sin(\omega_1 k_1+\omega_2 k_2)$$

因此,该方程被转换为如下形式:

$$g(n_1,n_2)=\frac{1}{MN}\,r_1^{n_1}r_2^{n_2}\sum_{k_1=0}^{M-1}\sum_{k_2=0}^{N-1}F(z_1,z_2)\big[\cos(\omega_1 k_1+\omega_2 k_2)+\mathrm{j}\sin(\omega_1 k_1+\omega_2 k_2)\big]$$

$$(7.25)$$

3) Z 域二维变换计算示例

(1) 正向变换计算示例

考虑输入 2×2 的图像/矩阵,如图 7.10 所示。

$20(g_{0,0})$	$30(g_{0,1})$
$50(g_{1,0})$	$60(g_{1,1})$

图 7.10 尺寸为 2×2 的输入图像矩阵

取 $r_1 = 1$ 和 $r_2 = 2$。

步骤 1：$\omega_1 = 0, \omega_2 = 0$ 且 $r_1 = 1, r_2 = 2$

$$F(0,0) = 20 \times 1^{-0} \times 2^{-0} [\cos(0+0) - j\sin(0+0)] + 30 \times 1^{-0} \times 2^{-1} [\cos(0+0) -$$
$$j\sin(0+0)] + 50 \times 1^{-1} \times 2^{-0} [\cos(0+0) - j\sin(0+0)] + 60 \times 1^{-1} \times$$
$$2^{-1} [\cos(0+0) - j\sin(0+0)]$$
$$= 20 + 30 \times \frac{1}{2} + 50 + 60 \times \frac{1}{2}$$
$$= 20 + 15 + 50 + 30$$
$$= 115$$

步骤 2：$\omega_1 = 0, \omega_2 = \pi$ 且 $r_1 = 1, r_2 = 2$

$$F(0,1) = 20 \times 1^{-0} \times 2^{-0} [\cos(0+0) - j\sin(0+0)] + 30 \times 1^{-0} \times 2^{-1} [\cos(0+\pi) - j\sin(0+\pi)] +$$
$$50 \times 1^{-1} \times 2^{-0} [\cos(0+0) - j\sin(0+0)] + 60 \times 1^{-1} \times 2^{-1} [\cos(0+\pi) - j\sin(0+\pi)]$$
$$= 20 - 30 \times \frac{1}{2} + 50 - 60 \times \frac{1}{2}$$
$$= 25$$

步骤 3：$\omega_1 = \pi, \omega_2 = 0$ 且 $r_1 = 1, r_2 = 2$

$$F(1,0) = 20 \times 1^{-0} \times 2^{-0} [\cos(0+0) - j\sin(0+0)] + 30 \times 1^{-0} \times 2^{-1} [\cos(0+0) - j\sin(0+0)] +$$
$$50 \times 1^{-1} \times 2^{-0} [\cos(\pi+0) - j\sin(\pi+0)] + 60 \times 1^{-1} \times 2^{-1} [\cos(\pi+0) - j\sin(\pi+0)]$$
$$= 20 + 30 \times \frac{1}{2} - 50 - 60 \times \frac{1}{2}$$
$$= -45$$

步骤 4：$\omega_1 = \pi, \omega_2 = \pi$ 且 $r_1 = 1, r_2 = 2$

$$F(1,1) = 20 \times 1^{-0} \times 2^{-0} [\cos(0+0)] + 30 \times 1^{-0} \times 2^{-1} [\cos(0+\pi) - j\sin(0+\pi)] + 50 \times$$
$$1^{-1} \times 2^{-0} [\cos(\pi+0) - j\sin(\pi+0)] + 60 \times 1^{-1} \times 2^{-1} [\cos(\pi+\pi) - j\sin(\pi+\pi)]$$

$$=20-30\times\frac{1}{2}-50+60\times\frac{1}{2}$$

$$=-15$$

（2）逆变换计算示例

考虑 2D Z 变换的 2×2 的图像/矩阵，如图 7.11 所示：

$115(g_{0,0})：[X_{0,0}]$	$25(g_{0,0})：[X_{0,1}]$
$-45(g_{0,0})：[X_{1,0}]$	$-15(g_{0,0})：[X_{1,1}]$

图 7.11 尺寸为 2×2 的 2D Z 变换图像矩阵

取 $r_1=1$ 和 $r_2=2$。

步骤 1：$\omega_1=0,\omega_2=0$ 且 $r_1=1,r_2=2$

$$g(0,0)=\frac{(115+25-45-15)}{4}\times1^0\times2^0=20$$

步骤 2：$\omega_1=0,\omega_2=\pi$ 且 $r_1=1,r_2=2$

$$g(0,1)=\frac{(115-25-45+15)}{4}\times1^0\times2^1=30$$

步骤 3：$\omega_1=\pi,\omega_2=0$ 且 $r_1=1,r_2=2$

$$g(1,0)=\frac{(115+25+45+15)}{4}\times1^1\times2^0=50$$

步骤 4：$\omega_1=\pi,\omega_2=\pi$ 且 $r_1=1,r_2=2$

$$g(1,1)=\frac{(115-25+45-15)}{4}\times1^1\times2^1=60$$

因此，2D Z 变换中 2×2 的逆变换矩阵与输入图像/矩阵相同，如图 7.12 所示：

20	30
50	60

图 7.12 尺寸为 2×2 的二维逆变换图像矩阵

7.6 Z 域不同 r 值下的可逆计算

本节中,我们将进行 Z 域正向变换和逆变换,以验证在不同 r 值下 Z 域变换的可逆性。在这里,1D 正向和逆变换公式可用于对 2×2 矩阵的整体计算。

考虑一个空间矩阵 $f(2\times2)=\begin{bmatrix}238 & 247\\ 241 & 239\end{bmatrix}$。用相应的角频率 $\omega\left(0,\dfrac{\pi}{2},\pi,\dfrac{3\pi}{2}\right)$ 分别计算 $r=1$—5 的正向 Z 变换。首先,将 2×2 矩阵转换为 1×4 矩阵,求出给定角频率对应的幅度谱。正向变换用 $F(z)=\displaystyle\sum_{n=0}^{M-1}r^{-n}g[n]\mathrm{e}^{-\mathrm{j}\omega n}$ 表示。

1) $r=1$ 时 Z 变换的计算

一维正向 Z 变换计算如下。

第一个矩阵值,$\omega=0$

$$z=r(\cos0-\mathrm{j}\sin0)=r$$

$$F(z=r)=238+247+241+239$$

$$=965$$

第二个矩阵值,$\omega=\dfrac{\pi}{2}$

$$z=r\left(\cos\frac{\pi}{2}-\mathrm{j}\sin\frac{\pi}{2}\right)=-\mathrm{j}r$$

$$F(z=-\mathrm{j}r)=238+247\left(\cos\frac{\pi}{2}-\mathrm{j}\sin\frac{\pi}{2}\right)+241(\cos\pi-\mathrm{j}\sin\pi)+239\left(\cos\frac{3\pi}{2}-\mathrm{j}\sin\frac{3\pi}{2}\right)$$

$$=-3-8\mathrm{j}$$

第三个矩阵值,$\omega=\pi$

$$z=r(\cos\pi-\mathrm{j}\sin\pi)=-r$$

$$F(z=-r)=238+247(\cos\pi-\mathrm{j}\sin\pi)+241(\cos2\pi-\mathrm{j}\sin2\pi)+239(\cos3\pi-\mathrm{j}\sin3\pi)$$

$$=-7$$

第四个矩阵值，$\omega = \dfrac{3\pi}{2}$

$$z = r\left(\cos\frac{3\pi}{2} - \text{jsin}\frac{3\pi}{2}\right) = \text{j}r$$

$$F(z = \text{j}r) = 238 + 247\left(\cos\frac{3\pi}{2} - \text{jsin}\frac{3\pi}{2}\right) + 241(\cos 3\pi - \text{jsin}3\pi) + 239\left(\cos\frac{9\pi}{2} - \text{jsin}\frac{9\pi}{2}\right)$$

$$= -3 + 8\text{j}$$

计算结果为复共轭对 $-3-8\text{j}$ 和 $-3+8\text{j}$。

所以，变换后的矩阵是 $\begin{bmatrix} 965 & -3-8\text{j} \\ -7 & -3+8\text{j} \end{bmatrix}$。应用一维离散 Z 逆变换公式：

$$g[n] = \frac{r^n}{M}\sum_{k=0}^{M-1} F(z)\text{e}^{\text{j}\omega k}$$

第一个矩阵值，$\omega = 0$

$$g[n=0] = \frac{1}{4}\times(965 - 3 - 8\text{j} - 7 - 3 + 8\text{j}) = 238$$

第二个矩阵值，$\omega = \dfrac{\pi}{2}$

$$g[n=1] = \frac{1}{4}\Bigg[965 - 3\left(\cos\frac{\pi}{2} + \text{jsin}\frac{\pi}{2}\right) - 8\text{j}\left(\cos\frac{\pi}{2} + \text{jsin}\frac{\pi}{2}\right) - 7(\cos\pi + \text{jsin}\pi)$$

$$-3\left(\cos\frac{3\pi}{2} + \text{jsin}\frac{3\pi}{2}\right) + 8\text{j}\left(\cos\frac{3\pi}{2} + \text{jsin}\frac{3\pi}{2}\right)\Bigg]$$

$$= 247$$

第三个矩阵值，$\omega = \pi$

$$g[n=2] = \frac{1}{4}\Big[965 - 3(\cos\pi + \text{jsin}\pi) - 8\text{j}(\cos\pi + \text{jsin}\pi) - 7(\cos 2\pi + \text{jsin}2\pi)$$

$$-3(\cos 3\pi + \text{jsin}3\pi) + 8\text{j}(\cos 3\pi + \text{jsin}3\pi)\Big]$$

$$= 241$$

第四个矩阵值，$\omega = \dfrac{3\pi}{2}$

$$g[n=3] = \frac{1}{4}\Big[965 - 3\Big(\cos\frac{3\pi}{2} + j\sin\frac{3\pi}{2}\Big) - 8j\Big(\cos\frac{3\pi}{2} + j\sin\frac{3\pi}{2}\Big) -$$

$$7\big(\cos 3\pi + j\sin 3\pi\big) - 3\Big(\cos\frac{9\pi}{2} + j\sin\frac{9\pi}{2}\Big) + 8j\Big(\cos\frac{9\pi}{2} + j\sin\frac{9\pi}{2}\Big)\Big]$$

$$= 239$$

于是，原始输入矩阵被重新生成为 $\begin{bmatrix} 238 & 247 \\ 241 & 239 \end{bmatrix}$。因此，该公式可以根据可逆性进行重构。

2) $r = 2$ 时 Z 变换的计算

一维正向 Z 变换计算如下。

第一个矩阵值，$\omega = 0$

$$z = r(\cos 0 - j\sin 0) = r$$

$$F(z=r) = 238 + \frac{1}{2}\times 247 + \frac{1}{2^2}\times 241 + \frac{1}{2^3}239$$

$$= 451.625$$

第二个矩阵值，$\omega = \dfrac{\pi}{2}$

$$z = r\Big(\cos\frac{\pi}{2} - j\sin\frac{\pi}{2}\Big) = -jr$$

$$F(z=-jr) = 238 + \frac{1}{2}\times 247\Big(\cos\frac{\pi}{2} - j\sin\frac{\pi}{2}\Big) + \frac{1}{2^2}\times 241(\cos\pi - j\sin\pi) +$$

$$\frac{1}{2^3}\times 239\Big(\cos\frac{3\pi}{2} - j\sin\frac{3\pi}{2}\Big)$$

$$= 177.75 - 93.625j$$

第三个矩阵值，$\omega = \pi$

$$z = r(\cos\pi - \mathrm{jsin}\pi) = -r$$

$$F(z=-r) = 238 + \frac{1}{2}\times247(\cos\pi - \mathrm{jsin}\pi) + \frac{1}{2^2}\times241(\cos2\pi - \mathrm{jsin}2\pi) +$$

$$\frac{1}{2^3}\times239(\cos3\pi - \mathrm{jsin}3\pi)$$

$$= 144.875$$

第四个矩阵值，$\omega = \dfrac{3\pi}{2}$

$$z = r\left(\cos\frac{3\pi}{2} - \mathrm{jsin}\frac{3\pi}{2}\right) = \mathrm{j}r$$

$$F(z=\mathrm{j}r) = 238 + \frac{1}{2}\times247\left(\cos\frac{3\pi}{2} - \mathrm{jsin}\frac{3\pi}{2}\right) + \frac{1}{2^2}\times241(\cos3\pi - \mathrm{jsin}3\pi) +$$

$$\frac{1}{2^3}\times239\left(\cos\frac{9\pi}{2} - \mathrm{jsin}\frac{9\pi}{2}\right)$$

$$= 177.75 + 93.625\mathrm{j}$$

复共轭对为 177.75 $-$ 93.625j 和 177.75 $+$ 93.625j。因此，频率系数和频域矩阵是 $\begin{bmatrix} 451.625 & 177.75-93.625\mathrm{j} \\ 144.875 & 177.75+93.625\mathrm{j} \end{bmatrix}$。

应用一维离散 Z 逆变换公式：

$$g[n] = \frac{r^n}{M}\sum_{k=0}^{M-1}F(z)\mathrm{e}^{\mathrm{j}\omega k}$$

第一个矩阵值，$\omega = 0$

$$g[n=0] = \frac{2^0}{4}\times(451.625 + 177.75 - 93.625\mathrm{j} + 144.875 + 177.75 + 93.625\mathrm{j}) = 238$$

第二个矩阵值，$\omega = \dfrac{\pi}{2}$

$$g[n=1] = \frac{2^1}{4}\left[451.625 + 177.75\left(\cos\frac{\pi}{2} + \mathrm{jsin}\frac{\pi}{2}\right) - 93.625\mathrm{j}\left(\cos\frac{\pi}{2} + \mathrm{jsin}\frac{\pi}{2}\right) +\right.$$

$$144.875\big(\cos\pi+\mathrm{jsin}\pi\big)+177.75\Big(\cos\frac{3\pi}{2}+\mathrm{jsin}\frac{3\pi}{2}\Big)+93.625\mathrm{j}\Big(\cos\frac{3\pi}{2}+\mathrm{jsin}\frac{3\pi}{2}\Big)\Big]$$

$$=247$$

第三个矩阵值,$\omega=\pi$

$$g[n=2]=\frac{2^2}{4}\big[451.625+177.75(\cos\pi+\mathrm{jsin}\pi)-93.625\mathrm{j}(\cos\pi+\mathrm{jsin}\pi)+$$

$$144.875\,(\cos2\pi+\mathrm{jsin}2\pi)+177.75\,(\cos3\pi+\mathrm{jsin}3\pi)+93.625\mathrm{j}\,(\cos3\pi+$$

$$\mathrm{jsin}3\pi)\big]$$

$$=241$$

第四个矩阵值,$\omega=\dfrac{3\pi}{2}$

$$g[n=3]=\frac{2^3}{4}\Big[451.625+177.75\Big(\cos\frac{3\pi}{2}+\mathrm{jsin}\frac{3\pi}{2}\Big)-93.625\mathrm{j}\Big(\cos\frac{3\pi}{2}+\mathrm{jsin}\frac{3\pi}{2}\Big)+$$

$$144.875\big(\cos3\pi+\mathrm{jsin}3\pi\big)+177.75\Big(\cos\frac{9\pi}{2}+\mathrm{jsin}\frac{9\pi}{2}\Big)+$$

$$93.625\mathrm{j}\Big(\cos\frac{9\pi}{2}+\mathrm{jsin}\frac{9\pi}{2}\Big)\Big]$$

$$=239$$

于是,我们重新生成了 2×2 的输入矩阵 $\begin{bmatrix}238 & 247\\241 & 239\end{bmatrix}$,因此,该公式是可逆的。

3) $r=3$ 时 Z 变换的计算

第一个矩阵值,$\omega=0$

$$z=r(\cos0-\mathrm{jsin}0)=r$$

$$F(z=r)=238+\frac{1}{3}\times247+\frac{1}{3^2}\times241+\frac{1}{3^3}239$$

$$=355.963\,0$$

第二个矩阵值，$\omega=\dfrac{\pi}{2}$

$$z=r\left(\cos\frac{\pi}{2}-\text{j}\sin\frac{\pi}{2}\right)=-\text{j}r$$

$$F(z=-\text{j}r)=238+\frac{1}{3}\times247\left(\cos\frac{\pi}{2}-\text{j}\sin\frac{\pi}{2}\right)+\frac{1}{3^{2}}\times241(\cos\pi-\text{j}\sin\pi)+$$

$$\frac{1}{3^{3}}\times239\left(\cos\frac{3\pi}{2}-\text{j}\sin\frac{3\pi}{2}\right)$$

$$=211.222\,2-73.481\,5\text{j}$$

第三个矩阵值，$\omega=\pi$

$$z=r(\cos\pi-\text{j}\sin\pi)=-r$$

$$F(z=-r)=238+\frac{1}{3}\times247(\cos\pi-\text{j}\sin\pi)+\frac{1}{3^{2}}\times241(\cos2\pi-\text{j}\sin2\pi)+$$

$$\frac{1}{3^{3}}\times239(\cos3\pi-\text{j}\sin3\pi)$$

$$=173.592\,6$$

第四个矩阵值，$\omega=\dfrac{3\pi}{2}$

$$z=r\left(\cos\frac{3\pi}{2}-\text{j}\sin\frac{3\pi}{2}\right)=\text{j}r$$

$$F(z=\text{j}r)=238+\frac{1}{3}\times247\left(\cos\frac{3\pi}{2}-\text{j}\sin\frac{3\pi}{2}\right)+\frac{1}{3^{2}}\times241(\cos3\pi-\text{j}\sin3\pi)+$$

$$\frac{1}{3^{3}}\times239\left(\cos\frac{9\pi}{2}-\text{j}\sin\frac{9\pi}{2}\right)$$

$$=211.2222+73.4815\text{j}$$

复共轭对为 $211.2222-73.4815\text{j}$ 和 $211.2222+73.4815\text{j}$。所以，变换矩阵是 $\begin{bmatrix}355.9630 & 211.2222-73.4815\text{j}\\ 173.5926 & 211.2222+73.4815\text{j}\end{bmatrix}$。应用一维离散 Z 逆变换公式：

$$g[n]=\frac{r^n}{M}\sum_{k=0}^{M-1}F(z)\mathrm{e}^{jwk}$$

第一个矩阵值，$\omega=0$

$$g[n=0]=\frac{3^0}{4}\times(355.9630+211.2222-73.4815j+173.4815+211.2222+73.4815j)$$

$$=237.9722=\mathrm{round}(237.9722)=238$$

第二个矩阵值，$\omega=\frac{\pi}{2}$

$$g[n=1]=\frac{3^1}{4}\Big[355.9630+211.2222\Big(\cos\frac{\pi}{2}+j\sin\frac{\pi}{2}\Big)-73.4815j\Big(\cos\frac{\pi}{2}+j\sin\frac{\pi}{2}\Big)+$$

$$173.5926(\cos\pi+j\sin\pi)+211.2222\Big(\cos\frac{3\pi}{2}+j\sin\frac{3\pi}{2}\Big)+73.4815j\Big(\cos\frac{3\pi}{2}+j\sin\frac{3\pi}{2}\Big)\Big]$$

$$\approx247$$

第三个矩阵值，$\omega=\pi$

$$g[n=2]=\frac{3^2}{4}\Big[355.9630+211.2222(\cos\pi+j\sin\pi)-73.4815j(\cos\pi+j\sin\pi)+$$

$$173.5926(\cos2\pi+j\sin2\pi)+211.2222(\cos3\pi+j\sin3\pi)+73.4815j(\cos3\pi+j\sin3\pi)\Big]$$

$$\approx241$$

第四个矩阵值，$\omega=\frac{3\pi}{2}$

$$g[n=3]=\frac{3^3}{4}\Big[355.9630+211.2222\Big(\cos\frac{3\pi}{2}+j\sin\frac{3\pi}{2}\Big)-73.4815j\Big(\cos\frac{3\pi}{2}+j\sin\frac{3\pi}{2}\Big)+$$

$$173.5926\Big(\cos3\pi+j\sin3\pi\Big)+211.2222\Big(\cos\frac{9\pi}{2}+j\sin\frac{9\pi}{2}\Big)+$$

$$73.4815j\Big(\cos\frac{9\pi}{2}+j\sin\frac{9\pi}{2}\Big)\Big]$$

$$\approx239$$

于是,我们重新生成了 2×2 的输入矩阵 $\begin{bmatrix}238 & 247 \\ 241 & 239\end{bmatrix}$,因此,该公式是可逆的。

4) $r=4$ 时,Z 变换的计算

第一个矩阵值,$\omega=0$

$$z=r(\cos0-\mathrm{j}\sin0)=r$$

$$F(z=r)=238+\frac{1}{4}\times247+\frac{1}{4^{2}}\times241+\frac{1}{4^{3}}\times239$$

$$\approx318.5469$$

第二个矩阵值,$\omega=\dfrac{\pi}{2}$

$$z=r\left(\cos\frac{\pi}{2}-\mathrm{j}\sin\frac{\pi}{2}\right)=-\mathrm{j}r$$

$$F(z=-\mathrm{j}r)=238+\frac{1}{4}\times247\left(\cos\frac{\pi}{2}-\mathrm{j}\sin\frac{\pi}{2}\right)+\frac{1}{4^{2}}\times241\left(\cos\pi-\mathrm{j}\sin\pi\right)+$$

$$\frac{1}{4^{3}}\times239\left(\cos\frac{3\pi}{2}-\mathrm{j}\sin\frac{3\pi}{2}\right)$$

$$\approx222.9375-58.0156\mathrm{j}$$

第三个矩阵值,$\omega=\pi$

$$z=r(\cos\pi-\mathrm{j}\sin\pi)=-r$$

$$F(z=-r)=238+\frac{1}{4}\times247(\cos\pi-\mathrm{j}\sin\pi)+\frac{1}{4^{2}}\times241(\cos2\pi-\mathrm{j}\sin2\pi)+$$

$$\frac{1}{4^{3}}\times239(\cos3\pi-\mathrm{j}\sin3\pi)$$

$$\approx187.5481$$

第四个矩阵值,$\omega=\dfrac{3\pi}{2}$

$$z = r\left(\cos\frac{3\pi}{2} - j\sin\frac{3\pi}{2}\right) = jr$$

$$F(z = jr) = 238 + \frac{1}{4} \times 247\left(\cos\frac{3\pi}{2} - j\sin\frac{3\pi}{2}\right) + \frac{1}{4^2} \times 241(\cos 3\pi - j\sin 3\pi) +$$

$$\frac{1}{4^3} \times 239\left(\cos\frac{9\pi}{2} - j\sin\frac{9\pi}{2}\right)$$

$$\approx 222.9375 + 58.0156j$$

复共轭对为 222.9375 − 58.0156j 和 222.9375 + 58.0156j。所以,变换矩阵是 $\begin{bmatrix} 318.5469 & 222.9375 - 58.0156j \\ 187.5481 & 222.9375 + 58.0156j \end{bmatrix}$。应用一维离散 Z 逆变换公式:

$$g[n] = \frac{r^n}{M} \sum_{k=0}^{M-1} F(z) e^{j\omega k}$$

第一个矩阵值,$\omega = 0$

$$g[n=0] = \frac{4^0}{4}[318.5469 + 222.9375 - 58.0156j + 187.5461 + 222.9375 + 58.0156j]$$

$$\approx 238$$

第二个矩阵值,$\omega = \frac{\pi}{2}$

$$g[n=1] = \frac{4^1}{4}\Big[318.5469 + 222.9375\left(\cos\frac{\pi}{2} + j\sin\frac{\pi}{2}\right) - 58.0156j\left(\cos\frac{\pi}{2} + j\sin\frac{\pi}{2}\right) +$$

$$187.5461(\cos\pi + j\sin\pi) + 222.9375\left(\cos\frac{3\pi}{2} + j\sin\frac{3\pi}{2}\right) +$$

$$58.0156j\left(\cos\frac{3\pi}{2} + j\sin\frac{3\pi}{2}\right)\Big]$$

$$\approx 247$$

第三个矩阵值,$\omega = \pi$

$$g[n=2] = \frac{4^2}{4}\Big[318.5469 + 222.9375(\cos\pi + j\sin\pi) - 58.0156j(\cos\pi + j\sin\pi) +$$

$$187.5461(\cos2\pi + j\sin2\pi) + 222.9375(\cos3\pi + j\sin3\pi) +$$

$$58.0156j(\cos3\pi + j\sin3\pi)\Big]$$

$$\approx 241$$

第四个矩阵值，$\omega = \dfrac{3\pi}{2}$

$$g[n=3] = \frac{4^3}{4}\Big[318.5469 + 222.9375\Big(\cos\frac{3\pi}{2} + j\sin\frac{3\pi}{2}\Big) - 58.0156j\Big(\cos\frac{3\pi}{2} + j\sin\frac{3\pi}{2}\Big)$$

$$+187.5461(\cos3\pi + j\sin3\pi) + 222.9375\Big(\cos\frac{9\pi}{2} + j\sin\frac{9\pi}{2}\Big) +$$

$$58.0156j\Big(\cos\frac{9\pi}{2} + j\sin\frac{9\pi}{2}\Big)\Big]$$

$$\approx 239$$

于是，我们重新生成了 2×2 的输入矩阵 $\begin{bmatrix} 238 & 247 \\ 241 & 239 \end{bmatrix}$，因此，该公式是可逆的。

5）$r=5$ 时，Z 变换的计算

第一个矩阵值，$\omega = 0$

$$z = r(\cos0 - j\sin0) = r$$

$$F(z=r) = 238 + \frac{1}{5}\times247 + \frac{1}{5^2}\times241 + \frac{1}{5^3}\times239$$

$$=298.952$$

第二个矩阵值，$\omega = \dfrac{\pi}{2}$

$$z = r\left(\cos\frac{\pi}{2} - j\sin\frac{\pi}{2}\right) = -jr$$

$$F(z=-jr) = 238 + \frac{1}{5}\times247\left(\cos\frac{\pi}{2} - j\sin\frac{\pi}{2}\right) + \frac{1}{5^2}\times241(\cos\pi - j\sin\pi) +$$

$$\frac{1}{5^3}\times239\left(\cos\frac{3\pi}{2} - j\sin\frac{3\pi}{2}\right)$$

$$= 228.36 - 47.488j$$

第三个矩阵值，$\omega = \pi$

$$z = r(\cos\pi - j\sin\pi) = -r$$

$$F(z=-r) = 238 + \frac{1}{5}\times247(\cos\pi - j\sin\pi) + \frac{1}{5^2}\times241(\cos2\pi - j\sin2\pi) +$$

$$\frac{1}{5^3}\times239(\cos3\pi - j\sin3\pi)$$

$$= 196.328$$

第四个矩阵值，$\omega = \frac{3\pi}{2}$

$$z = r\left(\cos\frac{3\pi}{2} - j\sin\frac{3\pi}{2}\right) = jr$$

$$F(z=jr) = 238 + \frac{1}{5}\times247\left(\cos\frac{3\pi}{2} - j\sin\frac{3\pi}{2}\right) + \frac{1}{5^2}\times241(\cos3\pi - j\sin3\pi) +$$

$$\frac{1}{5^3}\times239\left(\cos\frac{9\pi}{2} - j\sin\frac{9\pi}{2}\right)$$

$$= 228.36 + 47.488j$$

复共轭对为 228.36 － 47.488j 和 228.36 ＋ 47.488j。所以，变换矩阵是 $\begin{bmatrix} 298.952 & 228.36-47.488j \\ 196.328 & 228.36+47.488j \end{bmatrix}$。应用一维离散 Z 逆变换公式：

$$g[n]=\frac{r^n}{M}\sum_{k=0}^{M-1}F(z)\mathrm{e}^{\mathrm{j}\omega k}$$

第一个矩阵值，$\omega=0$

$$g[n=0]=\frac{5^0}{4}\times(298.952+228.36-47.488\mathrm{j}+196.328+228.36+47.488\mathrm{j})=238$$

第二个矩阵值，$\omega=\frac{\pi}{2}$

$$g[n=1]=\frac{5^1}{4}\Big[298.952+228.36\Big(\cos\frac{\pi}{2}+\mathrm{j}\sin\frac{\pi}{2}\Big)-47.488\mathrm{j}\Big(\cos\frac{\pi}{2}+\mathrm{j}\sin\frac{\pi}{2}\Big)+$$

$$196.328\big(\cos\pi+\mathrm{j}\sin\pi\big)+228.36\Big(\cos\frac{3\pi}{2}+\mathrm{j}\sin\frac{3\pi}{2}\Big)+$$

$$47.488\mathrm{j}\Big(\cos\frac{3\pi}{2}+\mathrm{j}\sin\frac{3\pi}{2}\Big)\Big]$$

$$=247$$

第三个矩阵值，$\omega=\pi$

$$g[n=2]=\frac{5^2}{4}\big[298.952+228.36(\cos\pi+\mathrm{j}\sin\pi)-47.488\mathrm{j}(\cos\pi+\mathrm{j}\sin\pi)+$$

$$196.328(\cos2\pi+\mathrm{j}\sin2\pi)+228.36(\cos3\pi+\mathrm{j}\sin3\pi)+$$

$$47.488\mathrm{j}(\cos3\pi+\mathrm{j}\sin3\pi)\big]$$

$$=241$$

第四个矩阵值，$\omega=\frac{3\pi}{2}$

$$g[n=3]=\frac{5^3}{4}\Big[298.952+228.36\Big(\cos\frac{3\pi}{2}+\mathrm{j}\sin\frac{3\pi}{2}\Big)-47.488\mathrm{j}\Big(\cos\frac{3\pi}{2}+\mathrm{j}\sin\frac{3\pi}{2}\Big)+$$

$$196.328(\cos3\pi+\mathrm{j}\sin3\pi)+228.36\Big(\cos\frac{9\pi}{2}+\mathrm{j}\sin\frac{9\pi}{2}\Big)+$$

$$47.488\mathrm{j}\left(\cos\frac{9\pi}{2}+\mathrm{jsin}\frac{9\pi}{2}\right)\Big]$$

$$=239$$

于是，我们重新生成了 2×2 的输入矩阵 $\begin{bmatrix} 238 & 247 \\ 241 & 239 \end{bmatrix}$，因此，该公式是可逆的。

7.7 Z 域隐写算法

图 7.13 给出了在发送端嵌入和在接收端提取信息的详细流程图。

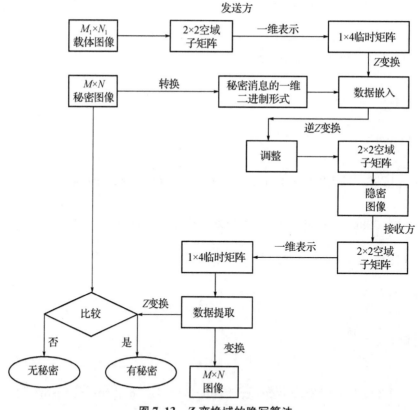

图 7.13 Z 变换域的隐写算法

在发送端一侧，将尺寸为 $M_1\times N_1$ 的载体图像按行顺序划分为 2×2 的子图像。每个 $2\times$

2 的矩阵都用 1×4 的矩阵临时表示。对每个 1×4 的矩阵进行一维正向 Z 变换,并生成系数值。将 M×N 的秘密图像转换为一维二进制形式,即秘密消息。根据发送方的需要,使用一些散列算法或其他算法将秘密信息比特嵌入变换后的系数值中。每个嵌入的块都被调整为系数值的最小偏差,保持嵌入的秘密比特不变。然后利用 Z 逆变换将嵌入的图像转换为特殊的子图像,构成隐秘图像。

调整

在频域进行嵌入后,将其转换到空域。然后根据以下两种情况应用搜索算法。

(1)情况 1

找出 2×2 数组中的最小值。如果发现任何负值,那么返回频域,将对应于频率矩阵第一块的 DC 值与该值的模乘 4 相加,或等效地对空间矩阵的每个值加上该负值的模。

(2)情况 2

如果 2×2 数组中的最大值超过 255 且不存在负值,那么返回频矩阵域,并从 255 中减去最大值。将减去的结果乘 4,对其取模,并从 DC 值中减去,或在空间中,将减去的值加到每个值中。然后,再次进行搜索以查找产生的任何负值,如果有,那么取消调整并恢复以前的值。

在接收端,接收到的 $M_1 \times N_1$ 嵌入图像再次按行顺序划分为 2×2 的子图像。每个 2×2 的矩阵都用 1×4 的矩阵临时表示。对每个 1×4 的矩阵进行一维正向 Z 变换,并生成系数值。使用相同的算法提取秘密消息,并重建 M×N 的秘密图像。将提取的数据与原始秘密数据进行比较。如果匹配,那么完成身份验证,否则身份验证失败。

7.8 嵌入 Z 域的虚部

考虑一个空间矩阵 $f(2\times2) = \begin{bmatrix} 238 & 247 \\ 241 & 239 \end{bmatrix}$。取值 $r=1$ 和相应的角频率 $\omega\left(0, \frac{\pi}{2}, \pi, \frac{3\pi}{2}\right)$ 进行 Z 变换。

首先将 2×2 的矩阵转换为 1×4 的矩阵,得到给定角频率相对应的幅度谱。

设定 $r=1$,采用下式完成正向变换计算:

$$F(z) = \sum_{n=0}^{M-1} r^{-n} g[n] e^{-j\omega n}$$

第一个变换系数值，$\omega = 0$，$r = 1$

$$z = r(\cos 0 - j\sin 0) = r$$

$$F(z = r) = 238 + 247 + 241 + 239 = 965$$

第二个变换系数值，$\omega = \dfrac{\pi}{2}$，$r = 1$

$$z = r\left(\cos\frac{\pi}{2} - j\sin\frac{\pi}{2}\right) = -jr$$

$$F(z = -jr) = 238 + 247\left(\cos\frac{\pi}{2} - j\sin\frac{\pi}{2}\right) + 241(\cos\pi - j\sin\pi) +$$

$$239\left(\cos\frac{3\pi}{2} - j\sin\frac{3\pi}{2}\right)$$

$$= -3 - 8j$$

第三个变换系数值，$\omega = \pi$，$r = 1$

$$z = r(\cos\pi - j\sin\pi) = -r$$

$$F(z = -r) = 238 + 247(\cos\pi - j\sin\pi) + 241(\cos 2\pi - j\sin 2\pi) + 239(\cos 3\pi - j\sin 3\pi)$$

$$= -7$$

第四个变换系数值，$\omega = \dfrac{3\pi}{2}$，$r = 1$

$$z = r\left(\cos\frac{3\pi}{2} - j\sin\frac{3\pi}{2}\right) = jr$$

$$F(z = jr) = 238 + 247\left(\cos\frac{3\pi}{2} - j\sin\frac{3\pi}{2}\right) + 241(\cos 3\pi - j\sin 3\pi) + 239\left(\cos\frac{9\pi}{2} - j\sin\frac{9\pi}{2}\right)$$

$$= -3 + 8j$$

所以，生成的复共轭对为 $-3 - 8j$ 和 $-3 + 8j$。

因此,生成的频率系数矩阵为 $\begin{bmatrix} 965 & -3-8j \\ -7 & -3+8j \end{bmatrix}$。

1) 嵌入

考虑将四位秘密数据"1111"嵌入变换系数的虚部中。选择第二、第三、第四和第五个 LSB 位置,留下第一个 LSB,即 $-3-8j$ 和 $-3+8j$ 虚系数的第 0 位。在这里,数据将被嵌入虚部的系数 8 中。8_{10} 的二进制等效值为 00001000_2。隐藏比特将嵌入 8_{10} 二进制中的红色粗体位置,即 $000\mathbf{0100}0$,如图 7.14 所示:

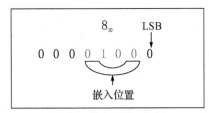

图 7.14 嵌入位置

嵌入变换后的虚系数中的隐藏比特如图 7.15 所示:

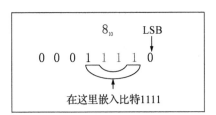

图 7.15 嵌入后的隐藏数据

在频域中嵌入秘密比特"1111"后,矩阵变为 $\begin{bmatrix} 965 & -3-30j \\ -7 & -3+30j \end{bmatrix}$。

下面,使用如下离散公式将逆 Z 变换应用于嵌入的转换矩阵:

$$g[n]=\frac{r^n}{M}\sum_{k=0}^{M-1}F(z)\mathrm{e}^{j\pi k}$$

第一个矩阵值,$\omega=0,r=1$

$$g[n=0]=\frac{1}{4}\times(965-3-30j-7-3+30j)=238$$

第二个矩阵值，$\omega=\frac{\pi}{2}$，$r=1$

$$g[n=1]=\frac{1}{4}\Big[965-3\Big(\cos\frac{\pi}{2}+j\sin\frac{\pi}{2}\Big)-30j\Big(\cos\frac{\pi}{2}+j\sin\frac{\pi}{2}\Big)$$

$$-7(\cos\pi+j\sin\pi)-3\Big(\cos\frac{3\pi}{2}+j\sin\frac{3\pi}{2}\Big)+30j\Big(\cos\frac{3\pi}{2}+j\sin\frac{3\pi}{2}\Big)\Big]$$

$$=258$$

第三个矩阵值，$\omega=\pi$，$r=1$

$$g[n=2]=\frac{1}{4}\Big[965-3(\cos\pi+j\sin\pi)-30j(\cos\pi+j\sin\pi)-7(\cos2\pi+j\sin2\pi)$$

$$-3(\cos3\pi+j\sin3\pi)+30j(\cos3\pi+j\sin3\pi)\Big]$$

$$=241$$

第四个矩阵值，$\omega=\frac{3\pi}{2}$，$r=1$

$$g[n=3]=\frac{1}{4}\Big[965-3\Big(\cos\frac{3\pi}{2}+j\sin\frac{3\pi}{2}\Big)-30j\Big(\cos\frac{3\pi}{2}+j\sin\frac{3\pi}{2}\Big)$$

$$-7(\cos3\pi+j\sin3\pi)-3\Big(\cos\frac{9\pi}{2}+j\sin\frac{9\pi}{2}\Big)+30j\Big(\cos\frac{9\pi}{2}+j\sin\frac{9\pi}{2}\Big)\Big]$$

$$=228$$

因此，2×2 的嵌入像素矩阵被还原为 $\begin{bmatrix}238 & 258 \\ 241 & 228\end{bmatrix}$。

2) 调整

由于 2×2 矩阵的第二个像素的值比 255 多 3，因此这属于前面讨论的调整中的情况 2。

首先,将减去的结果(255−258=−3)乘 4,取其模|−4×3|=12,从频域的 DC 系数中减去。因此,首先在 $\omega=0$ 处得到转换的第一个像素,然后从生成的 DC 系数中减去 12,得到当前 DC 值。为此,我们进行了以下计算。

当 $\omega=0$ 时:

$$z=r(\cos 0-\mathrm{j}\sin 0)=r$$

$$F(z=r)=238+258+241+228=965(\text{DC 系数值})$$

使用前面描述的规则,965−12=953 是当前的 DC 值。

当 $\omega=\dfrac{\pi}{2}$ 时:

$$z=r\left(\cos\frac{\pi}{2}-\mathrm{j}\sin\frac{\pi}{2}\right)=-\mathrm{j}r$$

$$F(z=-\mathrm{j}r)=238+258\left(\cos\frac{\pi}{2}-\mathrm{j}\sin\frac{\pi}{2}\right)+241(\cos\pi-\mathrm{j}\sin\pi)+228\left(\cos\frac{3\pi}{2}-\mathrm{j}\sin\frac{3\pi}{2}\right)$$

$$=-3+30\mathrm{j}$$

当 $\omega=\pi$ 时:

$$z=r(\cos\pi-\mathrm{j}\sin\pi)=-r$$

$$F(z=-r)=238+258(\cos\pi-\mathrm{j}\sin\pi)+241(\cos 2\pi-\mathrm{j}\sin 2\pi)+228(\cos 3\pi-\mathrm{j}\sin 3\pi)$$

$$=-7$$

当 $\omega=\dfrac{3\pi}{2}$ 时:

$$z=r\left(\cos\frac{3\pi}{2}-\mathrm{j}\sin\frac{3\pi}{2}\right)=\mathrm{j}r$$

$$F(z=-r)=238+258\left(\cos\frac{3\pi}{2}-\mathrm{j}\sin\frac{3\pi}{2}\right)+241(\cos 3\pi-\mathrm{j}\sin 3\pi)+228\left(\cos\frac{9\pi}{2}-\mathrm{j}\sin\frac{9\pi}{2}\right)$$

$$=-3+30\mathrm{j}$$

复共轭对为$-3-30j$和$-3+30j$。所以,频域矩阵是$\begin{bmatrix} 953 & -3-30j \\ -7 & -3+30j \end{bmatrix}$。

最后,进行Z逆变换以获得嵌入的图像/像素值。

当$\omega=0$时:

$$g[n=0]=\frac{1}{4}[953-3-30j-7-3+30j]=235$$

当$\omega=\frac{\pi}{2}$时:

$$g[n=1]=\frac{1}{4}\left[953-3\left(\cos\frac{\pi}{2}+j\sin\frac{\pi}{2}\right)-30j\left(\cos\frac{\pi}{2}+j\sin\frac{\pi}{2}\right)-7(\cos\pi+j\sin\pi)\right.$$

$$\left.-3\left(\cos\frac{3\pi}{2}+j\sin\frac{3\pi}{2}\right)+30j\left(\cos\frac{3\pi}{2}+j\sin\frac{3\pi}{2}\right)\right]$$

$$=255$$

当$\omega=\pi$时:

$$g[n=2]=\frac{1}{4}[953-3(\cos\pi+j\sin\pi)-30j(\cos\pi+j\sin\pi)-7(\cos2\pi+j\sin2\pi)$$

$$-3(\cos3\pi+j\sin3\pi)+30j(\cos3\pi+j\sin3\pi)]$$

$$=238$$

当$\omega=\frac{3\pi}{2}$时:

$$g[n=3]=\frac{1}{4}\left[953-3\left(\cos\frac{3\pi}{2}+j\sin\frac{3\pi}{2}\right)-30j\left(\cos\frac{3\pi}{2}+j\sin\frac{3\pi}{2}\right)-\right.$$

$$\left.7(\cos3\pi+j\sin3\pi)-3\left(\cos\frac{9\pi}{2}+j\sin\frac{9\pi}{2}\right)+30j\left(\cos\frac{9\pi}{2}+j\sin\frac{9\pi}{2}\right)\right]$$

$$=225$$

因此,空域中嵌入的像素/图像矩阵是 2×2 的矩阵形式:

$$\begin{bmatrix} 235 & 255 \\ 238 & 225 \end{bmatrix}$$

7.9　具有 1.25 b/B 有效负载的嵌入以及身份验证算法和调

该方法在频域的每个 2×2 子图像中按行顺序嵌入五位,在变换分量的两个虚部中嵌入相同的位。

1) 1.25 b/B 的嵌入技术

将载体图像($M_1 \times N_1$)划分为 2×2 的非重叠子图像,将每个 2×2 的子图像转换为 1×4 的矩阵形式。然后,用角频率 $\omega = 0, \dfrac{\pi}{2}, \pi, \dfrac{3\pi}{2}$ 和 $r = 1$ 对每个 1×4 矩阵进行正向 Z 变换。

这就给出了对应于 4 个角频率的 4 个频率系数。在每个 1×4 子图像块中有两个实值,其中一个是 DC[频率(ω)=0]系数,它是第一个元素,另一个是第四个系数,其他两个是复数,共同构成共轭对。除 DC 值外,另一个实数值被转换为具有 11 个量化比特的二进制形式(因为最高值应为=1 020)。如果将最右边的比特定为第 0 位,称为 LSB,那么在 LSB+1 位嵌入 1 比特。共轭对[$(a-bj)$ 和 $(a+bj)$]必须进行同样的扰动。所以,这里需要进行多次嵌入。这意味着将秘密比特嵌入 LSB+1 和 LSB+2 位。嵌入后,通过 Z 逆变换将隐密频率矩阵转换回空域。

这种嵌入技术需要进行调整,如前文所述。

(1) 1.25 b/B 嵌入的调整

在频域进行嵌入后,将其变换到空域。然后根据以下两种情况应用搜索算法。

① 情况 1

搜索算法将在 2×2 数组中找到最小值。如果发现任何负值,那么返回频域,对应于矩阵第一频率系数的 DC 值将与该值的模乘 4 相加。

② 情况 2

频域的系数被转换到空域。如果最大值超过 255 且不存在负值,那么搜索算法将找出最大值,然后从 255 中减去最大值,减去的结果乘 4,再从 DC 值中减去该值的模。现在,再采用搜索算法,如果这个调整会导致任何负值,那么中止调整,恢复以前的值。

(2) 嵌入算法

输入:$M_1 \times N_1$ 的原始图像和 $M \times N$ 的秘密图像。

输出:$M_1 \times N_1$ 的隐秘图像。

步骤 1:找出 8 位表示的秘密图像的大小。

步骤 2:取 2×2 的非重叠窗口,将其变换为 1×4,然后对原始图像矩阵按行顺序以滑动方式进行正向 Z 变换。

步骤 3:除了每个窗口中的第一个实部,将秘密图像的每一位嵌入其他频率系数中。

步骤 4:Z 逆变换完成。

步骤 5:调整。

步骤 6:重复步骤 1 到 5,直到秘密比特隐藏结束。

步骤 7:停止。

2) 提取技术

在提取过程中,将隐秘图像($M_1 \times N_1$)以不重叠方式划分为 2×2 的块,并变换为一维(1×4)形式。应用正向 Z 变换生成频率系数。在共轭对中从 LSB+1 和 LSB+2 位置获取数据后,取出秘密比特并转换为 11 位量化的二进制形式。此外,还要从第四个系数的 LSB+1 中取出 1 比特。重复此过程,直到提取出所有秘密图像数据。

(1) 提取算法

输入:$M_1 \times N_1$ 的隐秘图像。

输出:$M \times N$ 的秘密图像。

步骤 1:取一个 2×2 的非重叠窗口,将其变换为 1×4,然后对原始图像矩阵按行顺序以滑动方式进行正向 Z 变换。

步骤 2:除了每个窗口中的第一实部,从其他频率系数中提取隐藏比特。

步骤 3:重复步骤 1 到 3,直到提取所有隐藏比特。

步骤 4:停止。

3) 结果

表 7.1 显示了在 9 幅基准图像上采用该算法时获得的 PSNR、IF 和 MSE 值。从表中可以看出,除灰度图像外,MSE 约为 3。大多数图像的 PSNR 即峰值信噪比大于 43,PSNR 最小值也超过 40,这说明所有嵌入图像的感知质量都非常好。此外,所有图像的 IF 都大于 0.9999,这在有效负载为 1.25 b/B 时也相当不错。

表 7.1 1.25 b/B 的结果(嵌入虚部和实部)

载体图像 (512×512)	均方误差	峰值信噪比	图像保真度
Boat	3.1761	43.12	0.99990
Clock	3.0623	43.27	0.99998
Couple	3.4267	42.78	0.99998
Elaine	3.1991	43.08	0.99997
Jet	3.5023	42.68	0.99997
Map	3.1569	43.13	0.99997
Gray	3.156 9	43.13	0.999 97
Stream and bridge	3.4508	42.75	0.99998
Tank	3.0662	43.27	0.99997

7.10 应用

Z 变换对变换计算和嵌入/提取过程中的误差非常敏感。这种可逆转换技术可用于远程医疗、银行交易和任何其他用于安全数据传输和认证的电子交易。

8

基于离散二项式变换的可逆变换编码

在本章中,我们将计算二项式变换的可逆性。这个变换公式也以成对方式出现。式(8.1)和(8.2)给出了正向和逆向变换公式。式(8.1)是正向二项式变换,式(8.2)是逆向二项式变换。

8.1 正二项式变换方程

$$b_n = \sum_{k=0}^{n} (-1)^k \binom{n}{k} a_k \tag{8.1}$$

其中,n 和 k 为有限值,b_n 是变换系数,a_k 是原始系数。

8.2 逆变换方程

$$a_n = \sum_{k=0}^{n} (-1)^k \binom{n}{k} b_k \tag{8.2}$$

其中,n 和 k 为有限值,b_k 是变换系数,a_n 是原始系数。考虑一个由像素值 a_0、a_1、a_2、a_3 组成的 2×2 的图像矩阵,如图 8.1 所示

$(g_{0,0})$：$[a_0]$	$(g_{0,1})$：$[a_1]$
$(g_{1,0})$：$[a_2]$	$(g_{1,1})$：$[a_3]$

图 8.1　尺寸为 2×2 的输入图像矩阵

使用正向变换公式(8.1),系数值计算过程如下:

$$b_0 = \sum_{k=0}^{0} (-1)^k \left(\frac{0!}{k!\ (0-k)!} \right) a_k = (-1)^0 \times \left(\frac{1}{1 \times 1} \right) \times a_0 = a_0$$

$$b_1 = \sum_{k=0}^{1} (-1)^k \left(\frac{1!}{k!\ (1-k)!} \right) a_k = (-1)^0 \times \left(\frac{1!}{0!\ \times 1!} \right) \times a_0 + (-1)^1 \times \left(\frac{1!}{1!\ \times 0!} \right) \times a_1 = a_0 - a_1$$

$$b_2 = \sum_{k=0}^{2} (-1)^k \left(\frac{2!}{k!\ (2-k)!} \right) a_k = a_0 - 2a_1 + a_2$$

$$b_3 = \sum_{k=0}^{3} (-1)^k \left(\frac{3!}{k!\ (3-k)!} \right) a_k = a_0 - 3a_1 + 3a_2 - a_3$$

因此,使用正向二项式变换生成的变换矩阵的系数值如图 8.2 所示。

$[b_0] = a_0$	$[b_1] = a_0 - a_1$
$[b_2] = a_0 - 2a_1 + a_2$	$[b_3] = a_0 - 3a_1 + 3a_2 - a_3$

图 8.2　用 2×2 的正二项变换生成的变换矩阵

类似地,使用逆变换公式(8.2)对像素值的计算结果如下:

$$a_0 = b_0$$

$$a_1 = b_0 - b_1$$

$$a_2 = b_0 - 2b_1 + b_2$$

$$a_3 = b_0 - 3b_1 + 3b_2 - b_3$$

因此,可以使用图 8.3 中给出的二项式逆变换重新生成矩阵的像素值。

$[a_0] = b_0$	$[a_1] = b_0 - b_1$
$[a_2] = b_0 - 2b_1 + b_2$	$[a_3] = b_0 - 3b_1 + 3b_2 - b_3$

图 8.3　用 2×2 的逆二项式变换生成的原始矩阵

8.3　正向变换计算示例

考虑图 8.4 中给出的 2×2 的输入图像/矩阵。

$10(g_{0,0})$: $[a_0]$	$20(g_{0,1})$: $[a_1]$
$30(g_{1,0})$: $[a_2]$	$40(g_{1,1})$: $[a_3]$

图 8.4 2×2 的输入图像矩阵

这里，$a_0=10, a_1=20, a_2=30, a_3=40$：

$$b_0=a_0=10$$

$$b_1=a_0-a_1=10-20=-10$$

$$b_2=a_0-2a_1+a_2=10-2\times20+30=0$$

$$b_3=a_0-3a_1+3a_2-a_3=10-3\times20+3\times30-40=0$$

变换后的 2×2 的图像矩阵如图 8.5 所示：

$10(b_0)$: $x(0,0)$	$-10(b_1)$: $x(0,1)$
$0(b_2)$: $x(1,0)$	$0(b_3)$: $x(1,1)$

图 8.5 2×2 的二项式变换图像矩阵

8.4 逆变换计算示例

考虑图 8.3 中给出的二项式变换矩阵，使用式(8.2)进行逆变换计算。

$$a_0=b_0=10$$

$$a_1=b_0-b_1=10-(-10)=20$$

$$a_2=b_0-2b_1+b_2=10-2\times(-10)+0=30$$

$$a_3=b_0-3b_1+3b_2-b_3=10-3\times(-10)+3\times0-0=40$$

因此，逆二项式变换矩阵给出了与图 8.6 所示的 2×2 的输入图像矩阵相同的结果。

10	20
30	40

图 8.6 2×2 的逆二项变换图像矩阵

8.5   嵌入和认证算法

本节介绍一种基于"二项式变换"的身份认证技术。对载体图像的每个像素分量进行预处理以进行初始调整。该初始调整为像素分量设置了新的上限（即 248）和下限（即 10）。这种预嵌入像素调整策略确保嵌入隐藏图像的像素值必须在有效范围内（$0 \leqslant p \leqslant 255$）。该方法被称为"图像拉伸"。通过这种方法，可以避免隐写图像的"上溢"和"下溢"情况。

载体图像的每个像素分量通过二项式变换（BT）以行顺序转换为变换分量。如果像素分量中的值变换为负值，那么必须将其看作正值。在嵌入之后和进行逆二项式变换之前，它将再次被看作是正值。下面，使用二项式变换将图像从空域转换到变换域。

1) 变换

二项式变换可以通过使用公式（8.1）和（8.2）将每对像素分量（a_i, a_{i+1}）变换成一对变换分量（b_i, b_{i+1}）。

2) 嵌入

变换完成的每个系数都能够隐藏秘密消息/图像的一到两位。采用 mod 函数选择嵌入位置，这里使用 mod 3。使用的哈希函数是 $P = (i+j) \bmod 3$，其中 P 是嵌入像素的位置，将在该像素的二进制形式中进行嵌入。$P = 0$ 表示 LSB，$P = 1$ 表示 LSB+1，i 和 j 是像素位置的行号和列号。一个 2×2 的窗口以非重叠方式按行顺序扫过原始图像。被隐藏的图像被转换为二进制字符串。在（i, j）位置，如果 2×2 窗口的（$i+j$）mod 3 的值等于 0，那么 LSB 将被替换；如果该值等于 1，那么替换 LSB+1 和 LSB；如果该值等于 2，那么 LSB+2 将首先被替换，然后 LSB+1 被替换。重复此操作，直到嵌入被隐藏的图像的所有位。为了生成隐写图像，在所有像素分量中应用逆二项式变换。提取过程在接收端完成。在接收端，对隐写图像再次应用基于 2×2 块的二项式变换，其方式与嵌入过程相同，然后将使用相同哈希函数提取的比特流转换为被隐藏的图像。该算法的框图如图 8.7 所示。

8.6   例子

考虑给定载体/载体图像的两对像素分量。将二项式变换（BT）应用于每对像素分量，以

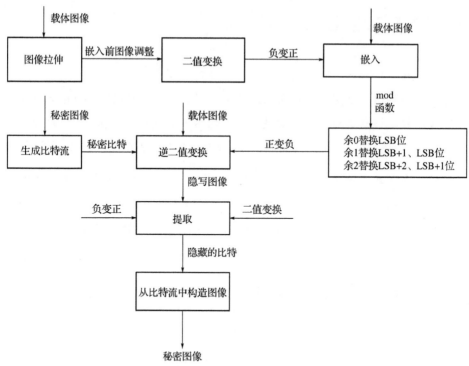

图 8.7 使用二项式变换的密写方案框图

将其转换为变换系数。假设两对像素分量分别是$(92,7)$和$(46,152)$,步骤如下。

1) 嵌入

图 8.8 为尺寸为 2×2 的输入图像:

92	7
46	152

图 8.8 尺寸为 2×2 的输入图像

步骤 1:进行初始调整,以避免在转换过程中出现上溢和下溢。在初始调整时,像素分量对变成$(92,10)$和$(46,152)$。这里,调整了第二个像素 x_{01} 的值以避免下溢,即防止像素在变换时变为小于零。输出如图 8.9 所示。

92	10
46	152

图 8.9 像素调整后尺寸为 2×2 的输入图像

步骤 2:对每对像素分量进行二项式变换(BT),得到的变换系数对如图 8.10 所示。下面给出了计算结果。

$$b_0 = a_0 = 92$$

$$b_1 = a_0 - a_1 = 92 - 10 = 82$$

$$b_2 = a_0 - 2a_1 + a_2 = 92 - 2 \times 10 + 46 = 118$$

$$b_3 = a_0 - 3a_1 + 3a_2 - a_3 = 92 - 3 \times 10 + 3 \times 46 - 152 = 48$$

92	82
118	48

图 8.10 二项式变换后尺寸为 2×2 的系数图像

步骤 3:在嵌入之前,将像素的负值视为正值,并相应地调整系数值。这里,由于不存在负数,因此不需要采取此类措施。

步骤 4:将系数转换为二进制表示,如图 8.11 所示。

01011100	01010010
01110110	00110000

图 8.11 将二项式变换系数转换为二进制表示

步骤 5:嵌入位置和嵌入方向根据所提出的哈希函数方法进行选择。图 8.12 是使用图 8.7 中给出的算法得出的。

像素位置(1,1) 嵌入位置[(1+1) mod 3] =2 mod 3=2 嵌入位置:LSB 2、1 01011**1**00	像素位置(1,2) 嵌入位置[(1+2) mod 3] =3 mod 3=0 嵌入位置:LSB 0 010100100
像素位置(2,1) 嵌入位置[(2+1) mod 3] =3 mod 3=0 嵌入位置:LSB 0 0111011**0**	像素位置(2,2) 嵌入位置[(2+2) mod 3] =4 mod 3=1 嵌入位置:LSB 1、0 001100**00**

图 8.12 二进制表示中嵌入位置的选择(1)

步骤 6：将秘密图像转换为二进制字符串，并根据 mod 函数找到嵌入位置，这里使用 mod 3。现在，如果秘密消息是 60_{10}，那将其转换为二进制流 111100_2，并使用图 8.7 给定的方法进行嵌入。嵌入后系数的二进制表示如图 8.13 所示。黄色标记的位是秘密信息流。

01011**110**	01010011
01110111	00110**00**

图 8.13　以二进制表示的嵌入系数中的秘密信息

步骤 7：将嵌入的二进制系数转换为十进制。图 8.14 给出了嵌入系数的十进制表示。

94	83
119	48

图 8.14　变换域中的嵌入图像

步骤 8：在嵌入之前具有负值的像素在嵌入之后必须也是负值。这里，因为没有负值，所以不考虑此步骤。

步骤 9：接下来，为了生成隐写图像，对所有像素分量进行逆二项式变换。计算如下：

$$a_0 = b_0 = 94$$

$$a_1 = b_0 - b_1 = 94 - 83 = 11$$

$$a_2 = b_0 - 2b_1 + b_2 = 94 - 2 \times 83 + 119 = 47$$

$$a_3 = b_0 - 3b_1 + 3b_2 - b_3 = 94 - 3 \times 83 + 3 \times 119 - 48 = 154$$

图 8.15 给出了空域中的逆变换嵌入图像。

94	11
47	154

图 8.15　具有嵌入秘密信息的空域图像

步骤 10：重复步骤 1 到步骤 9，直到所有的秘密信息位被嵌入。所有子图像都用于在像素域中重建嵌入图像。嵌入的图像被传送到目的地。

2）提取

在接收端接收像素域中的嵌入图像。一个 2×2 的窗口以非重叠方式按行顺序扫过载体图像。遵循以下步骤解码秘密信息。

步骤1:对每对像素分量进行二项式变换(BT),得到变换后的系数对,计算如下:

$$b_0 = a_0 = 94$$

$$b_1 = a_0 - a_1 = 94 - 11 = 83$$

$$b_2 = a_0 - 2a_1 + a_2 = 94 - 2 \times 11 + 47 = 119$$

$$b_3 = a_0 - 3a_1 + 3a_2 - a_3 = 94 - 3 \times 11 + 3 \times 47 - 154 = 48$$

图 8.16 给出了在接收端使用正向二项式变换生成的包含秘密信息的变换系数。

94	83
119	48

图 8.16　在接收端经过二项式变换后的尺寸为 2×2 的变换系数图像

步骤2:将系数转换为图 8.17 中给出的二进制形式。黄色标记的位是秘密信息。使用哈希函数计算位置,计算方式为 $P = (i+j) \bmod 3$,其中 P 是嵌入二进制信息的位置。$P = 0$ 表示 LSB,$P = 1$ 表示 LSB+1,i 和 j 是系数位置的行号和列号。

01011**110**	01010011
01110111	00110**00**

图 8.17　在接收端以二进制表示的具有嵌入秘密信息的系数

步骤3:根据发送方相同的哈希函数计算嵌入位置和嵌入方向。嵌入位数、嵌入方向和嵌入位置的计算结果如图 8.18 所示。

像素位置(1,1) 嵌入位置[(1+1) mod 3] =2 mod 3=2 嵌入位置:LSB 2、1 01011**110**	像素位置(1,2) 嵌入位置[(1+2) mod 3] =3 mod 3=0 嵌入位置:LSB 0 0101001**1**
像素位置(2,1) 嵌入位置[(2+1) mod 3] =3 mod 3=0 嵌入位置:LSB 0 0111011**1**	像素位置(2,2) 嵌入位置[(2+2) mod 3] =4 mod 3=1 嵌入位置:LSB 1、0 00110**00**

图 8.18　二进制表示中嵌入位置的选择(2)

步骤4:从嵌入信息的位置中提取秘密图像,并将其转换为二进制字符串。现在,如果将

形成的秘密字符串 111100_2 转换为十进制值,即 60_{10},那么秘密信息将在目标处实现了重建。

实际情况下,需要从多个子图像中提取秘密信息。因此,在这种情况下,重复步骤 1 到步骤 4,直到提取出完整的秘密信息。图 8.19 给出了生成隐秘图像的实际嵌入流程。

载体图像　　　　　　　　　　秘密图像　　　　　　　　　隐秘图像

图 8.19　生成隐秘图像的嵌入流程

8.7　一种有效载荷为 1.5 b/B 的嵌入和提取算法的实现

下面给出了在 1.5 b/B 的有效载荷下使用二项式变换实现嵌入和处理。算法 1 是嵌入算法,算法 2 是提取算法。载体图像的尺寸为 $N \times N$,秘密图像的尺寸为 $M \times M$。使用哈希函数 $P = (i + j) \bmod 3$,将两个秘密比特从秘密比特串嵌入每个变换系数中。嵌入比特过程如下:在 (i,j) 位置,如果 2×2 窗口的 $(i + j) \bmod 3$ 的值等于 0,那么 LSB 将被替换;如果该值等于 1,那么 LSB+1 和 LSB 将被相应地替换;如果该值等于 2,那么 LSB+2 将首先被替换,然后 LSB+1 被替换。重复此操作,直到嵌入秘密图像的所有位。

对于每个像素分量,在嵌入隐藏秘密位之前,调整像素值 p_c 的上、下限,使其值保持为正且小于或等于 255。这意味着:

$$p_c' = \begin{cases} 248 & p_c \geqslant 248 \\ 10 & p_c < 10 \end{cases} \tag{8.3}$$

1) 算法 1——嵌入

输入:载体图像($N \times N$)、秘密图像($M \times M$)

输出:隐秘图像

方法:在必要时对载体图像进行图像拉伸后,通过二项变换(BT)将载体图像的每个像素分量按行顺序转换为变换后的分量。使用哈希函数 $P=(i+j) \bmod 3$ 将秘密比特字符串的两个秘密位嵌入每个转换后的系数中。逆二项式变换(IBT)将每一对嵌入的分量转换为一对像素分量,生成隐秘图像。

步骤 1:将载体/主图像(c)按行顺序划分为一对像素分量,即 a_i、a_{i+1}。对于每个像素分量,在嵌入隐藏秘密位之前,必须设置像素分量 p_c 的上限和下限,使其保持正值且小于或等于 255。也就是说,

$$p_c = \begin{cases} 248 & p_c \geqslant 248 \\ 10 & p_c < 10 \end{cases}$$

步骤 2:对每对像素分量进行二项式变换(BT),将其转换为变换后的分量 s_i,s_{i+1}。

步骤 3:在进行二项式变换后,将负像素视为正像素。

步骤 4:将秘密图像转换为位字符串。

步骤 5:用大小为 2×2 的窗口 W 扫过转换后的载体图像,并根据哈希函数选择嵌入秘密位的位置。

$$R \leftarrow W[I+J] \bmod 3$$

- if $R=0$:

$$W[I+J]=BITS[K]$$

- else if $R=1$:

$$W[I+J]=BITS[K+1,K]$$

- else:

$$W[I+J]=BITS[K+2,K+1]$$

- end if

以类似的方式对 $W[(I+1),J]$、$W[I,(J+1)]$ 和 $W[(I+1),(J+1)]$ 位置进行嵌入,这里 I,J,K 是索引变量。

步骤 6：重复第 5 步，直到所有的秘密图像位被嵌入。

步骤 7：像素在嵌入前为负值，嵌入后也要为负值。

步骤 8：对每对嵌入的分量进行逆二项式变换（IBT）生成隐写图像。

步骤 9：停止。

2）算法 2——提取

输入：隐写图像

输出：秘密图像

方法：在接收端接收隐写图像，通过大小为 2×2 的 W 窗口读取，读取的方法与嵌入过程相同。将获得的比特串转换为秘密图像并进行解码。

步骤 1：接收隐写图像。

步骤 2：对隐写图像进行二项式变换，将空域像素分量转换为变换域像素分量。

步骤 3：如果像素分量中的值为负值，那么必须将其看作正值。在提取之后和进行逆二项式变换之前，它将再次被看作是正值。

步骤 4：在接收端接收隐写图像，并通过大小为 2×2 的 W 窗口读取，读取过程与嵌入过程中使用的方法相同。

$$R \leftarrow W[I+J] \bmod 3$$

• if $R=0$：

$$BITS[K] \leftarrow W[I,J]$$

• else if $R=1$：

$$BITS[K+1,K] \leftarrow W[I,J]$$

• else：

$$BITS[K+2,K+1] \leftarrow W[I,J]$$

• end if

类似地,对 W 窗口的 $(I,(J+1))$、$((I+1),J)$ 和 $((I+1),(J+1))$ 位置进行提取,这里 I,J,K 是索引变量。

步骤 5:重复步骤 1 到步骤 5,直到提取所有秘密比特。

步骤 6:提取的比特串由接收端转换成秘密图像。

步骤 7:停止。

3) 模拟和结果

使用该方法在 18 幅基准图像上进行操作,如图 8.20 所示,分辨率为 $512×512$。图 8.21 为分辨率为 $181×181$ 的秘密图像。嵌入时负载为 1.5 b/B。通过计算 PSNR 观察嵌入图像的质量和该技术的质量。

图 8.20　用于嵌入有效载荷为 1.5 b/B 秘密图像的标准图像

基准图像的峰值信噪比(PSNR)如表 8.1 所示。第二列是标准图像名称,第三列是图像的大小,第四列是 PSNR 值。从表 8.1 中可以看出,图像 Tank 的 PSNR 最大,为 42.042 3;图像 Couple(NTSC test image) 的 PSNR 最小,为 36.316 3,并且在 1.5 b/B 载荷条件下,18 幅图像的 PSNR 均大于 36,符合该技术的质量要求。

图 8.21   尺寸为 181×181 的秘密图像

表 8.1   载荷 1.5 b/B 下在 18 幅图像中进行信息嵌入的 PSNR

标准图像序号	图像名称	大小/KB	PSNR
1	Couple(NTSC test image)	256	36.3163
2	Female(from Bell Labs)	256	40.0946
3	Car and APCs	256	40.6355
4	Stream and Bridge	256	40.8648
5	Female(NTSC test image)	256	41.0182
6	Aerial	256	41.5971
7	Cameraman	256	41.3009
8	Baboon	256	41.9894
9	House	256	41.7937
10	Splash	256	41.7937
11	Tank 1	256	41.0294
12	Airplane	256	41.8597
13	Truck and APCs	256	42.0063
14	Tank 2	256	42.0294
15	Sail and boat	256	41.9922
16	Tree	256	41.4672

8.8 应用

二项式变换的计算开销非常小。因此,在嵌入式系统、传感器网络和物联网应用等认证中具有重要的应用潜力。

9

基于 Grouplet 变换的可逆变换编码

本章研究基于 Grouplet (G-Let) 变换及其可逆编码,其可以嵌入和应用于各种目的的消息/图像的身份验证,尤其是在远程医疗领域。一些群变换在反射和旋转方面是对称的。这种类型的群称为二面体群。本章讨论和分析了反射和旋转方面的对称特性。

9.1 二面体群

在数学中,二面体群是正多边形的对称群,包括旋转和反射。二面体群是有限群中最简单的例子之一,它们在群论、几何学和化学中发挥着重要作用。众所周知并且很容易证明在有限域上由二次对合生成的群是二面体群。

二面体群 D_n 是具有 n 个顶点的正多边形的对称群。我们认为这个多边形在单位圆上有顶点,顶点标记为 $0, 1, \cdots, n-1$,从 $(1, 0)$ 开始,以 $\frac{360^\circ}{n}$ (即 $\frac{2\pi}{n}$) 的倍数沿逆时针方向前进。n 边形有两种对称性,每一种都产生群 D_n 中的 n 个元素:

1. 旋转:$R_0, R_1, \cdots, R_{n-1}$,其中 R_k 是角度 $\frac{2\pi k}{n}$ 的旋转。

2. 反射:$S_0, S_1, \cdots, S_{n-1}$,其中 S_k 是过原点的线的反射,与水平轴成 $\frac{\pi k}{n}$ 角。

与具有 n 条边的多边形相关联的二面体群有两种不同的表示方法。在几何学中,群记为 D_n,而在代数中,同一群则被记为 D_{2n},表示元素的个数。在本章中,D_n 是指具有 n 条边的正多边形的对称性。具有 n 条边的正多边形有 $2n$ 个不同的对称性:n 个旋转对称性

和 n 个反射对称性。

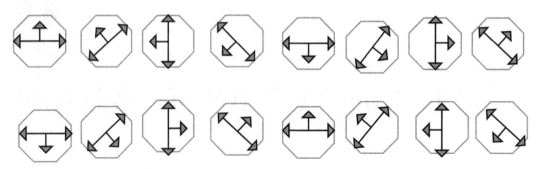

图 9.1 D_8 对给定符号的影响

相关的旋转和反射构成了二面体群 D_n。如果 n 是奇数,那么每条对称轴都将一条边的中点连接到相对的顶点。如果 n 是偶数,那么有 $n/2$ 条对称轴连接相对边的中点,有 $n/2$ 条对称轴连接相对边的顶点。在任何一种情况下,共有 n 条对称轴,对称组中有 $2n$ 个元素。在一条对称轴上反射,然后在另一条对称轴上反射,会产生轴之间角度两倍的旋转。图 9.1 显示了 D_8 的 16 个元素对停车标志的影响。第一行显示了八次旋转的效果,第二行显示了八次反射的效果。

群运算由对称组合给出:如果 a 和 b 是 D_n 中的两个元素,那么 $aob=boa$。也就是说,aob 是先应用 a 后应用 b 得到的对称性。D_n 中的元素可以被认为是平面的线性变换,使给定的 n 边形不变。这使我们可以将 D_n 中的元素表示为 2×2 矩阵,群运算对应于矩阵乘法。具体来说,

$$\boldsymbol{R}_k = \begin{pmatrix} \cos\dfrac{2\pi k}{n} & -\sin\dfrac{2\pi k}{n} \\ \sin\dfrac{2\pi k}{n} & \cos\dfrac{2\pi k}{n} \end{pmatrix} \tag{9.1}$$

$$\boldsymbol{S}_k = \begin{pmatrix} \cos\dfrac{2\pi k}{n} & \sin\dfrac{2\pi k}{n} \\ \sin\dfrac{2\pi k}{n} & -\cos\dfrac{2\pi k}{n} \end{pmatrix} \tag{9.2}$$

其中 $k=0,1,\cdots,n-1$。

如果 $n=3$,那么二面体群 D_n 为 D_3。D_n 可以是 D_3、D_4、D_5、D_6、$\cdots$、D_n,因为 $n=3,4,5,$

$6, \cdots, n$。

群本身包含该向量空间上的线性变换。群中的共轭变换通过推导每个线性变换的不可约表示将向量空间的相应不变子空间聚集在一起。这些不可约表示构成了称为 G-Let 的信号的基础。G-Let 不是一个单一的变换，而是一组与群论规则相关的变换。

为了构建 G-Let 基，我们选择与离散信号"n"的维数相同的二面体群。该群具有"n"个旋转(R)和"n"个反射(S)。它们形成一个角度为 $\theta = 360°/n$ 的群，关系如下：

$$G = \{R, R^2, R^3, R^4, \cdots, R^n, S, SR, SR^2, SR^3, \cdots, SR^{n-1}\} \tag{9.3}$$

上述群的生成元 R 和 S 之间存在三种关系：

$$S^2 = \text{id}; (S + R)^2 = \text{id}; R^n = \text{id} \tag{9.4}$$

其中 id＝身份转换。每个变换都与单个表示矩阵相连。该操作被定义为矩阵表示的乘法。旋转构成一个 G-Let 基，反射构成另一个 G-Let 基。为了计算不可约表示，我们首先找到共轭类。如果 n 为奇数，那么共轭类数为 $(n+3)/2$；如果 n 为偶数，那么共轭类数为 $(n+6)/2$。身份转换本身就形成了一个共轭类。其他共轭成员由 $S \times R^k \times S = R^{-k}$ 形成。因此，对于信号的奇数维"n"，共轭类是 R^n、R、R^2、SR、SR^2、SR^3 和 SR^{n-1}。对于奇数维，所有反射构成一个共轭类。偶数维的类别是 R、R^n、R、R^2、SR、SR^{n-2} 和 $SR^{\frac{n}{2}+1}$、SR^{n-1}。反射分为两个共轭类。因此，对于每个共轭类，不可约表示仅为一个。因此，通过从一个集合的每个共轭类中只选择一个成员，我们在信号的奇数维和偶数维两种情况下都有两个基集。每个旋转（或反射）基向量都是一个稀疏对角表示矩阵。在投影时，标识表示(id)不会在信号中产生任何变化。因此，我们只使用这些一维不可约表示来匹配表示矩阵的维数和信号的维数。例如，旋转的表示矩阵由第 i 个不可约表示(r_i)给出，如下所示：

$$r_i = \begin{pmatrix} \cos i \times \theta & -\sin i \times \theta \\ \sin i \times \theta & \cos i \times \theta \end{pmatrix} \tag{9.5}$$

反射矩阵(s_i)是任意随机反射矩阵。通过在对角放置相应的不可约表示来构建稀疏对角表示矩阵。对于二面体群，r_i 和 s_i 的维数是 2，完整表示矩阵如下所示：

$$\begin{bmatrix} \text{id} & & & 0 \\ & R = r_i & & \\ & & R = r_i & \\ 0 & & & \ddots \end{bmatrix} \tag{9.6}$$

现在只需验证 D_n 中是否存在以下关系：

$$R_i R_j = R_{i+j}$$

$$R_i S_j = S_{i+j}$$

$$S_i R_j = S_{i-j}$$

$$S_i S_j = R_{i-j}$$

其中，$0 \leqslant i, j \leqslant n-1$，并且 $i+j$ 和 $i-j$ 都是以 n 为模计算的。

9.2　G-Let 构造(正向和逆变换)

对于第 2 维，二面体群的一般形式是 D_n(其中 D 和 n 是 G-Let 的参数)。如果我们考虑 $n=3$，那么 $D_n = D_3$。

当 $n=3$ 时，将进行三个相应的旋转和反射操作以获得该变换。我们可以将三个旋转操作表示为 R_0、R_1 和 R_2，将三个反射操作表示为 S_0、S_1 和 S_2。类似地，当 $n=3$ 时，对于三个 k 值($k=0,1,2$)将有三个角度。R_0、R_1、R_2、S_0、S_1、S_2 可以根据式(9.1)和式(9.2)计算出不同的 n 和 k 值。

1) D_3 组

这是等边三角形的对称群，顶点在单位圆上，角度为 0、$2\pi/3$ 和 $4\pi/3$。根据式(9.1)和式(9.2)计算得出矩阵如下：

$$\boldsymbol{R}_0 = \begin{pmatrix} 1 & 0 \\ 0 & 1 \end{pmatrix}, \ \boldsymbol{S}_0 = \begin{pmatrix} 1 & 0 \\ 0 & -1 \end{pmatrix}$$

$$\boldsymbol{R}_1 = \begin{pmatrix} -\dfrac{1}{2} & -\dfrac{\sqrt{3}}{2} \\ \dfrac{\sqrt{3}}{2} & -\dfrac{1}{2} \end{pmatrix}, \ \boldsymbol{S}_1 = \begin{pmatrix} -\dfrac{1}{2} & \dfrac{\sqrt{3}}{2} \\ \dfrac{\sqrt{3}}{2} & \dfrac{1}{2} \end{pmatrix}$$

$$\boldsymbol{R}_2 = \begin{pmatrix} -\dfrac{1}{2} & \dfrac{\sqrt{3}}{2} \\ -\dfrac{\sqrt{3}}{2} & -\dfrac{1}{2} \end{pmatrix}, \ \boldsymbol{S}_2 = \begin{pmatrix} -\dfrac{1}{2} & -\dfrac{\sqrt{3}}{2} \\ -\dfrac{\sqrt{3}}{2} & \dfrac{1}{2} \end{pmatrix}$$

(1) D_3 的构建

求角度的一般公式是 $2\pi k/n$。

对于 $k=0$,对应的角度是 0。

对于 $k=1$,对应的角度是 $2\pi/3$。

对于 $k=2$,对应的角度是 $4\pi/3$。

可以根据式(9.1)和(9.2)获得旋转和反射矩阵。

对于旋转操作,旋转矩阵为:$\boldsymbol{R}_{2\pi k/n} = \begin{pmatrix} \cos 2\pi k/n & -\sin 2\pi k/n \\ \sin 2\pi k/n & \cos 2\pi k/n \end{pmatrix}$

对于反射操作,反射矩阵为:$\boldsymbol{S}_{2\pi k/n} = \begin{pmatrix} \cos 2\pi k/n & \sin 2\pi k/n \\ \sin 2\pi k/n & -\cos 2\pi k/n \end{pmatrix}$

其中,对于 $n=3$,$k=0,1,2$,$\boldsymbol{R}_0$、$\boldsymbol{R}_1$、$\boldsymbol{R}_2$ 和 $\boldsymbol{S}_0$、$\boldsymbol{S}_1$、$\boldsymbol{S}_2$ 是针对不同的 k 值($k=0,1,2$)和 $n=3$ 根据式(9.1)和(9.2)计算得出的。

对于 $k=0$,

(i) $\boldsymbol{R}_0 = \begin{pmatrix} \cos 0 & -\sin 0 \\ \sin 0 & \cos 0 \end{pmatrix} = \begin{pmatrix} 1 & 0 \\ 0 & 1 \end{pmatrix}$

(ii) $\boldsymbol{S}_0 = \begin{pmatrix} \cos 0 & \sin 0 \\ \sin 0 & -\cos 0 \end{pmatrix} = \begin{pmatrix} 1 & 0 \\ 0 & -1 \end{pmatrix}$

对于 $k=1$,

(iii) $\boldsymbol{R}_{2\pi/3} = \begin{pmatrix} \cos 2\pi/3 & -\sin 2\pi/3 \\ \sin 2\pi/3 & \cos 2\pi/3 \end{pmatrix} = \begin{pmatrix} -0.5 & -0.866 \\ 0.866 & -0.5 \end{pmatrix}$

(iv) $\boldsymbol{S}_{2\pi/3} = \begin{pmatrix} \cos 2\pi/3 & \sin 2\pi/3 \\ \sin 2\pi/3 & -\cos 2\pi/3 \end{pmatrix} = \begin{pmatrix} -0.5 & 0.866 \\ 0.866 & 0.5 \end{pmatrix}$

对于 $k=2$,

(v) $\boldsymbol{R}_{4\pi/3} = \begin{pmatrix} \cos 4\pi/3 & -\sin 4\pi/3 \\ \sin 4\pi/3 & \cos 4\pi/3 \end{pmatrix} = \begin{pmatrix} -0.5 & 0.866 \\ -0.866 & -0.5 \end{pmatrix}$

（vi）$S_{4\pi/3} = \begin{pmatrix} \cos4\pi/3 & \sin4\pi/3 \\ \sin4\pi/3 & -\cos4\pi/3 \end{pmatrix} = \begin{pmatrix} -0.5 & -0.866 \\ -0.866 & 0.5 \end{pmatrix}$

使用这些旋转和反射矩阵，将生成六个 G-Let 分量（其中三个用于三个旋转矩阵，三个用于三个反射矩阵），命名为 G_1、G_2、G_3、G_4、G_5 和 G_6。这些 G-Let 分量将使用对具有六个旋转和反射矩阵的输入图像矩阵执行的矩阵乘法运算来生成。

（2）D_3 的数学计算示例

我们考虑一个 2×2 矩阵 A_1，它是原始图像矩阵 A 的子矩阵。

$$A_1 = \begin{pmatrix} 86 & 205 \\ 155 & 10 \end{pmatrix}$$

旋转操作

$$G_1 = A_1 R_0$$

$$= \begin{pmatrix} 86 & 205 \\ 155 & 10 \end{pmatrix} \begin{pmatrix} 1 & 0 \\ 0 & 1 \end{pmatrix} = \begin{pmatrix} 86 & 205 \\ 155 & 10 \end{pmatrix}$$

$$G_2 = A_1 R_1$$

$$= \begin{pmatrix} 86 & 205 \\ 155 & 10 \end{pmatrix} \begin{pmatrix} -0.5 & -0.866 \\ 0.866 & -0.5 \end{pmatrix}$$

$$= \begin{bmatrix} 86\times(-0.5)+205\times0.866 & 86\times(-0.866)+205\times(-0.5) \\ 155\times(-0.5)+10\times0.866 & 155\times(-0.866)+10\times(-0.5) \end{bmatrix}$$

$$= \begin{pmatrix} -43+177.53 & -74.476-102.5 \\ -77.5+8.66 & -134.23-5 \end{pmatrix}$$

$$= \begin{pmatrix} 134.53 & -176.976 \\ -68.84 & -139.23 \end{pmatrix}$$

$$G_3 = A_1 R_2$$

$$= \begin{pmatrix} 86 & 205 \\ 155 & 10 \end{pmatrix} \begin{pmatrix} -0.5 & 0.866 \\ -0.866 & -0.5 \end{pmatrix} = \begin{pmatrix} -220.53 & -28.024 \\ -86.16 & 129.23 \end{pmatrix}$$

反射操作

$$G_4 = A_1 S_0$$

$$= \begin{pmatrix} 86 & 205 \\ 155 & 10 \end{pmatrix} \begin{pmatrix} 1 & 0 \\ 0 & -1 \end{pmatrix} = \begin{pmatrix} 86 & -205 \\ 155 & -10 \end{pmatrix}$$

$$G_5 = A_1 S_1$$

$$= \begin{pmatrix} 86 & 205 \\ 155 & 10 \end{pmatrix} \begin{pmatrix} -0.5 & 0.866 \\ 0.866 & 0.5 \end{pmatrix} = \begin{pmatrix} 134.53 & 176.976 \\ -68.84 & 139.23 \end{pmatrix}$$

$$G_6 = A_1 S_2$$

$$= \begin{pmatrix} 86 & 205 \\ 155 & 10 \end{pmatrix} \begin{pmatrix} -0.5 & -0.866 \\ -0.866 & 0.5 \end{pmatrix} = \begin{pmatrix} -220.53 & 28.024 \\ -86.16 & -129.23 \end{pmatrix}$$

这六个 G-Let 分量(G_1、G_2、G_3、G_4、G_5、G_6)可以称为变换分量集。

(3) D_3 的可逆计算

可以从这六个 G-Let 分量(G_1、G_2、G_3、G_4、G_5、G_6)中获得逆变换。

当 $n = 3$ 时,角度为 0、$2\pi/3$ 和 $4\pi/3$。

我们知道圆的总角度为 2π。如果我们添加 $2\pi/3$ 和 $4\pi/3$,即:

$$2\pi/3 + 4\pi/3 = 2\pi$$

那么我们可以重新生成原始图像,因为它等于 2π。

使用旋转,对于 $R_{2\pi/3}$ 和 $R_{4\pi/3}$,对应的 G-Let 是 G_2 和 G_3,其中 $G_2 = \begin{pmatrix} 134.53 & -176.976 \\ -68.84 & -139.23 \end{pmatrix}$ 和 $G_3 = \begin{pmatrix} -220.53 & -28.024 \\ -86.16 & 129.23 \end{pmatrix}$,则:

$$G_2 + G_3 = \begin{pmatrix} 134.53 & -176.976 \\ -68.84 & -139.23 \end{pmatrix} + \begin{pmatrix} -220.53 & -28.024 \\ -86.16 & 129.23 \end{pmatrix}$$

$$= \begin{pmatrix} -86 & -205 \\ -155 & -10 \end{pmatrix} = \begin{pmatrix} 86 & 205 \\ 155 & 10 \end{pmatrix}$$

$$= -A_1 [其中 A_1 是原始图像矩阵 A 的 2 \times 2 子矩阵]$$

因此,添加 G_2 和 G_3,我们可以得到变换图像的反转。

类似地,使用反射,对于 $S_{2\pi/3}$ 和 $S_{4\pi/3}$,对应的 G-Lets 是 G_5 和 G_6,其中 $G_5 = \begin{pmatrix} 134.53 & 176.976 \\ -68.84 & 139.23 \end{pmatrix}$ 和 $G_6 = \begin{pmatrix} -220.53 & 28.024 \\ -86.16 & -129.23 \end{pmatrix}$,则:

$$G_5 + G_6 = \begin{pmatrix} 134.53 & 176.976 \\ -68.84 & 139.23 \end{pmatrix} + \begin{pmatrix} -220.53 & 28.024 \\ -86.16 & -129.23 \end{pmatrix}$$

$$= \begin{pmatrix} -86 & -205 \\ -155 & -10 \end{pmatrix} = -\begin{pmatrix} 86 & -205 \\ 155 & -10 \end{pmatrix}$$

$$= -A_1 [其中 A_1 是原始图像矩阵 A 的 2\times2 子矩阵]$$

因为是原始图像的反射,所以逆矩阵的第一列是负数。因此,添加 G_5 和 G_6,我们可以得到变换图像的反转。

(4) G-Let D_3 在图像上的实现

我们将狒狒图像作为原始图像,如图 9.2 所示。对原始图像(狒狒图像)进行正向 G-Let D_3 变换,我们生成了三个旋转 G-Let 变换图像,标记为 G-Let 1、G-Let 2、G-Let 3 和三个反射 G-Let 变换图像,标记为 G-Let 4、G-Let 5、G-Let 6,如图 9.3 所示。进行 G-Let D_3 逆变换,生成三个旋转和三个反射 G-Let 变换图像。使用可逆计算将 G-Let 逆变换图像标记为重构图像,如图 9.4 所示。

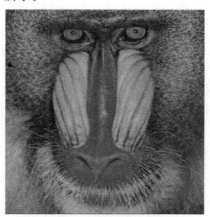

图 9.2 原始狒狒图像

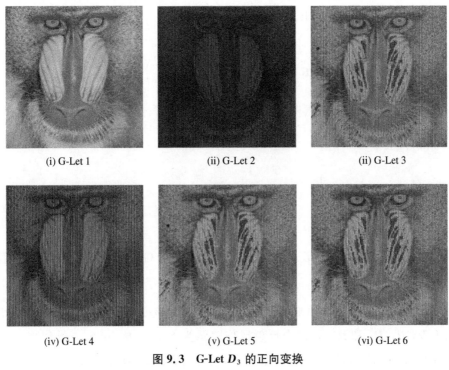

(i) G-Let 1   (ii) G-Let 2   (ii) G-Let 3

(iv) G-Let 4   (v) G-Let 5   (vi) G-Let 6

图 9.3 G-Let D_3 的正向变换

(i),(ii),(iii)是旋转变换的 G-Let 分量;(iv),(v),(vi)是反射变换的 G-Let 分量

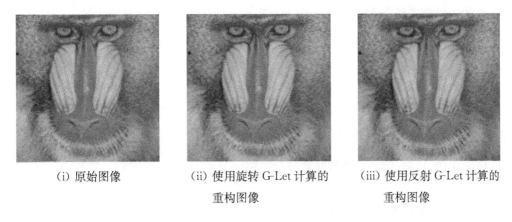

（i）原始图像   （ii）使用旋转 G-Let 计算的   （iii）使用反射 G-Let 计算的
                          重构图像   重构图像

图 9.4   G-Let D_3 逆变换后的原始图像和重构图像

2) D_4 组

这是正方形的对称群,单位圆上有四个顶点,角度为 0、$\pi/2$、π 和 $3\pi/2$。矩阵由下式给出:

$$\boldsymbol{R}_0 = \begin{pmatrix} 1 & 0 \\ 0 & 1 \end{pmatrix}, \boldsymbol{S}_0 = \begin{pmatrix} 1 & 0 \\ 0 & -1 \end{pmatrix}$$

$$\boldsymbol{R}_1 = \begin{pmatrix} 0 & -1 \\ 1 & 0 \end{pmatrix}, \boldsymbol{S}_1 = \begin{pmatrix} 0 & 1 \\ 1 & 0 \end{pmatrix}$$

$$\boldsymbol{R}_2 = \begin{pmatrix} -1 & 0 \\ 0 & -1 \end{pmatrix}, \boldsymbol{S}_2 = \begin{pmatrix} -1 & 0 \\ 0 & 1 \end{pmatrix}$$

$$\boldsymbol{R}_3 = \begin{pmatrix} 0 & 1 \\ -1 & 0 \end{pmatrix}, \boldsymbol{S}_3 = \begin{pmatrix} 0 & -1 \\ -1 & 0 \end{pmatrix}$$

(1) D_4 的构建

对于第 4 维,二面体群的一般形式是 D_n(其中 D 和 n 是 G-Let 的参数)。如果我们考虑 $n=4$,那么 $D_n=D_4$。

当 $n=4$ 时,将进行四个相应的旋转和反射操作以获得该变换。我们可以将四个旋转操作表示为 $\boldsymbol{R}_0$、$\boldsymbol{R}_1$、$\boldsymbol{R}_2$ 和 $\boldsymbol{R}_3$,将四个反射操作表示为 $\boldsymbol{S}_0$、$\boldsymbol{S}_1$、$\boldsymbol{S}_2$ 和 $\boldsymbol{S}_3$。类似地,当 $n=4$ 时,对于四个 k 值($k=0,1,2,3$)将有四个角度。$\boldsymbol{R}_0$、$\boldsymbol{R}_1$、$\boldsymbol{R}_2$、$\boldsymbol{R}_3$、$\boldsymbol{S}_0$、$\boldsymbol{S}_1$、$\boldsymbol{S}_2$、$\boldsymbol{S}_3$ 可以根据式(9.1)和式(9.2)计算出不同的 n 和 k 值。

求角度的一般公式是 $2\pi k/n$。

对于 $k=0$,对应的角度是 0。

对于 $k=1$,对应的角度是 $\pi/2$。

对于 $k=2$,对应的角度是 π。

对于 $k=3$,对应的角度是 $3\pi/2$。

可以根据式(9.1)和(9.2)获得旋转和反射矩阵。

对于旋转操作,旋转矩阵为:$\boldsymbol{R}_{2\pi k/n} = \begin{pmatrix} \cos 2\pi k/n & -\sin 2\pi k/n \\ \sin 2\pi k/n & \cos 2\pi k/n \end{pmatrix}$

对于反射操作,反射矩阵为:$\boldsymbol{S}_{2\pi k/n} = \begin{pmatrix} \cos 2\pi k/n & \sin 2\pi k/n \\ \sin 2\pi k/n & -\cos 2\pi k/n \end{pmatrix}$

其中,对于 $n=4$,$k=0,1,2,3$,$\boldsymbol{R}_0$、$\boldsymbol{R}_1$、$\boldsymbol{R}_2$、$\boldsymbol{R}_3$ 和 $\boldsymbol{S}_0$、$\boldsymbol{S}_1$、$\boldsymbol{S}_2$、$\boldsymbol{S}_3$ 是针对不同的 k 值($k=0$,

1,2,3)和 $n=4$ 计算得出的。

对于 $k=0$,

(i) $\boldsymbol{R}_0 = \begin{pmatrix} \cos 0 & -\sin 0 \\ \sin 0 & \cos 0 \end{pmatrix} = \begin{pmatrix} 1 & 0 \\ 0 & 1 \end{pmatrix}$

(ii) $\boldsymbol{S}_0 = \begin{pmatrix} \cos 0 & \sin 0 \\ \sin 0 & -\cos 0 \end{pmatrix} = \begin{pmatrix} 1 & 0 \\ 0 & -1 \end{pmatrix}$

对于 $k=1$,

(iii) $\boldsymbol{R}_{\pi/2} = \begin{pmatrix} \cos \pi/2 & -\sin \pi/2 \\ \sin \pi/2 & \cos \pi/2 \end{pmatrix} = \begin{pmatrix} 0 & -1 \\ 1 & 0 \end{pmatrix}$

(iv) $\boldsymbol{S}_{\pi/2} = \begin{pmatrix} \cos \pi/2 & \sin \pi/2 \\ \sin \pi/2 & -\cos \pi/2 \end{pmatrix} = \begin{pmatrix} 0 & 1 \\ 1 & 0 \end{pmatrix}$

对于 $k=2$,

(v) $\boldsymbol{R}_{\pi} = \begin{pmatrix} \cos \pi & -\sin \pi \\ \sin \pi & \cos \pi \end{pmatrix} = \begin{pmatrix} -1 & 0 \\ 0 & -1 \end{pmatrix}$

(vi) $\boldsymbol{S}_{\pi} = \begin{pmatrix} \cos \pi & \sin \pi \\ \sin \pi & -\cos \pi \end{pmatrix} = \begin{pmatrix} -1 & 0 \\ 0 & 1 \end{pmatrix}$

对于 $k=3$,

(vii) $\boldsymbol{R}_{3\pi/2} = \begin{pmatrix} \cos 3\pi/2 & -\sin 3\pi/2 \\ \sin 3\pi/2 & \cos 3\pi/2 \end{pmatrix} = \begin{pmatrix} 0 & 1 \\ -1 & 0 \end{pmatrix}$

(viii) $\boldsymbol{S}_{3\pi/2} = \begin{pmatrix} \cos 3\pi/2 & \sin 3\pi/2 \\ \sin 3\pi/2 & -\cos 3\pi/2 \end{pmatrix} = \begin{pmatrix} 0 & -1 \\ -1 & 0 \end{pmatrix}$

使用这些旋转和反射矩阵,将生成八个 G-Let 分量(其中四个用于四个旋转矩阵,四个用于四个反射矩阵),命名为 $\boldsymbol{G}_1$、$\boldsymbol{G}_2$、$\boldsymbol{G}_3$、$\boldsymbol{G}_4$、$\boldsymbol{G}_5$、$\boldsymbol{G}_6$、$\boldsymbol{G}_7$ 和 $\boldsymbol{G}_8$。这些 G-Let 分量将使用对具有八个旋转和反射矩阵的输入图像矩阵执行的矩阵乘法运算来生成。

(2) D_4 的数学计算示例

我们考虑一个 2×2 矩阵 $\boldsymbol{A}_1$,它是原始图像矩阵 $\boldsymbol{A}$ 的子矩阵。

$$A_1 = \begin{pmatrix} 86 & 205 \\ 155 & 10 \end{pmatrix}$$

旋转操作

$$G_1 = A_1 R_0 = \begin{pmatrix} 86 & 205 \\ 155 & 10 \end{pmatrix}\begin{pmatrix} 1 & 0 \\ 0 & 1 \end{pmatrix} = \begin{pmatrix} 86 & 205 \\ 155 & 10 \end{pmatrix}$$

$$G_2 = A_1 R_1 = \begin{pmatrix} 86 & 205 \\ 155 & 10 \end{pmatrix}\begin{pmatrix} 0 & -1 \\ 1 & 0 \end{pmatrix} = \begin{pmatrix} 205 & -86 \\ 10 & -155 \end{pmatrix}$$

$$G_3 = A_1 R_2 = \begin{pmatrix} 86 & 205 \\ 155 & 10 \end{pmatrix}\begin{pmatrix} -1 & 0 \\ 0 & -1 \end{pmatrix} = \begin{pmatrix} -86 & -205 \\ -155 & -10 \end{pmatrix}$$

$$G_4 = A_1 R_3 = \begin{pmatrix} 86 & 205 \\ 155 & 10 \end{pmatrix}\begin{pmatrix} 0 & 1 \\ -1 & 0 \end{pmatrix} = \begin{pmatrix} -205 & 86 \\ -10 & 155 \end{pmatrix}$$

反射操作

$$G_5 = A_1 S_0 = \begin{pmatrix} 86 & 205 \\ 155 & 10 \end{pmatrix}\begin{pmatrix} 1 & 0 \\ 0 & -1 \end{pmatrix} = \begin{pmatrix} 86 & -205 \\ 155 & -10 \end{pmatrix}$$

$$G_6 = A_1 S_1 = \begin{pmatrix} 86 & 205 \\ 155 & 10 \end{pmatrix}\begin{pmatrix} 0 & 1 \\ 1 & 0 \end{pmatrix} = \begin{pmatrix} 205 & 86 \\ 10 & 155 \end{pmatrix}$$

$$G_7 = A_1 S_2 = \begin{pmatrix} 86 & 205 \\ 155 & 10 \end{pmatrix}\begin{pmatrix} -1 & 0 \\ 0 & 1 \end{pmatrix} = \begin{pmatrix} -86 & 205 \\ -155 & 10 \end{pmatrix}$$

$$G_8 = A_1 S_3 = \begin{pmatrix} 86 & 205 \\ 155 & 10 \end{pmatrix}\begin{pmatrix} 0 & -1 \\ -1 & 0 \end{pmatrix} = \begin{pmatrix} -205 & -86 \\ -10 & -155 \end{pmatrix}$$

(3) D_4 的可逆计算

可以从这八个 G-Let 分量(G_1、G_2、G_3、G_4、G_5、G_6、G_7、G_8)中获得逆变换。

当 $n=4$ 时,角度为 0、$\pi/2$、π 和 $3\pi/2$。

我们知道圆的总角度为 2π。如果添加 $\pi/2$、π 和 $3\pi/2$,就可以重新生成原始图像。

使用旋转,对于 $\boldsymbol{R}_{\pi/2}$、$\boldsymbol{R}_{\pi}$ 和 $\boldsymbol{R}_{3\pi/2}$,对应的 G-Let 是 $\boldsymbol{G}_2$、$\boldsymbol{G}_3$ 和 $\boldsymbol{G}_4$,其中 $\boldsymbol{G}_2 = \begin{pmatrix} 205 & -86 \\ 10 & -155 \end{pmatrix}$、

$\boldsymbol{G}_3 = \begin{pmatrix} -86 & -205 \\ -155 & -10 \end{pmatrix}$ 和 $\boldsymbol{G}_4 = \begin{pmatrix} -205 & 86 \\ -10 & 155 \end{pmatrix}$,则:

$$\boldsymbol{G}_2 + \boldsymbol{G}_3 + \boldsymbol{G}_4 = \begin{pmatrix} 205 & -86 \\ 10 & -155 \end{pmatrix} + \begin{pmatrix} -86 & -205 \\ -155 & -10 \end{pmatrix} + \begin{pmatrix} -205 & 86 \\ -10 & 155 \end{pmatrix}$$

$$= \begin{pmatrix} -86 & -205 \\ -155 & -10 \end{pmatrix} = -\begin{pmatrix} 86 & -205 \\ 155 & -10 \end{pmatrix}$$

$$= -\boldsymbol{A}_1 [\text{其中} \boldsymbol{A}_1 \text{ 是原始图像矩阵 } \boldsymbol{A} \text{ 的 } 2 \times 2 \text{ 子矩阵}]$$

因此,添加 $\boldsymbol{G}_2$、$\boldsymbol{G}_3$ 和 $\boldsymbol{G}_4$ 我们可以重新生成原始图像。

类似地,使用反射,对于 $\boldsymbol{S}_{2\pi/3}$、$\boldsymbol{S}_{\pi}$ 和 $\boldsymbol{S}_{3\pi/2}$,对应的 G-Lets 是 $\boldsymbol{G}_6$、$\boldsymbol{G}_7$ 和 $\boldsymbol{G}_8$,其中 $\boldsymbol{G}_6 = \begin{pmatrix} 205 & 86 \\ 10 & 155 \end{pmatrix}$,$\boldsymbol{G}_7 = \begin{pmatrix} -86 & 205 \\ -155 & 10 \end{pmatrix}$ 和 $\boldsymbol{G}_8 = \begin{pmatrix} -205 & -86 \\ -10 & -155 \end{pmatrix}$,则:

$$\boldsymbol{G}_6 + \boldsymbol{G}_7 + \boldsymbol{G}_8 = \begin{pmatrix} 205 & 86 \\ 10 & 155 \end{pmatrix} + \begin{pmatrix} -86 & -205 \\ -155 & -10 \end{pmatrix} + \begin{pmatrix} -205 & -86 \\ -10 & -155 \end{pmatrix}$$

$$= \begin{pmatrix} -86 & 205 \\ -155 & 10 \end{pmatrix} = -\begin{pmatrix} 86 & -205 \\ 155 & -10 \end{pmatrix}$$

$$= -\boldsymbol{A}_1 [\text{其中} \boldsymbol{A}_1 \text{ 是原始图像矩阵 } \boldsymbol{A} \text{ 的 } 2 \times 2 \text{ 子矩阵}]$$

因为是原始图像的反射,所以逆矩阵的第一列是负数。因此,添加 $\boldsymbol{G}_6$、$\boldsymbol{G}_7$ 和 $\boldsymbol{G}_8$,我们可以重新生成原始图像。

(4) G-Let D_4 在图像上的实现

我们将狒狒图像作为原始图像,如图 9.5 所示。对原始图像(狒狒图像)进行正向 G-Let D_4 变换,我们生成了四个旋转 G-Let 变换图像,标记为 G-Let 1、G-Let 2、G-Let 3、G-Let 4 和四个反射 G-Let 变换图像,标记为 G-Let 5、G-Let 6、G-Let 7、G-Let 8,如图 9.6 所示。进行 G-Let D_4 逆变换,生成四个旋转和四个反射 G-Let 变换图像。使用可逆计算将 G-Let 逆变换图像标记为重构图像,如图 9.7 所示。

图9.5　原始狒狒图像

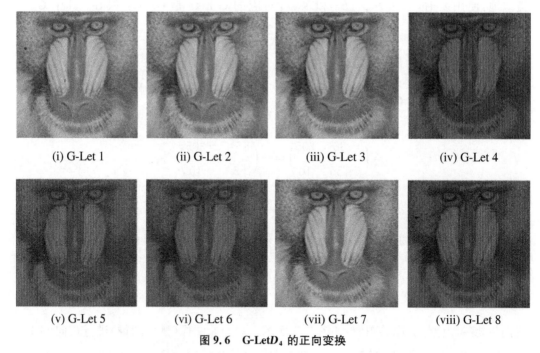

图9.6　**G-LetD_4** 的正向变换

(i),(ii),(iii)是旋转变换的 G-Let 分量;(iv),(v),(vi)是反射变换的 G-Let 分量

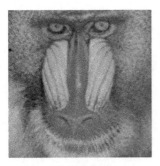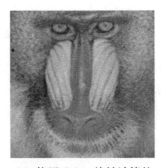

（ⅰ）原始图像　　　　（ⅱ）使用 G-Let 旋转计算的　　　（ⅲ）使用 G-Let 反射计算的
　　　　　　　　　　　　　　　重构图像　　　　　　　　　　　重构图像

图 9.7　G-Let D_4 逆变换后的原始图像和重构图像

3）D_5 组

对于第 5 维，二面体群的一般形式是 D_n（其中 D 和 n 是 G-Let 的参数）。如果我们考虑 $n=5$，那么 $D_n=D_5$。

（1）D_5 的构建

当 $n=5$ 时，将进行五个相应的旋转和反射操作以获得该变换。我们可以将五个旋转操作表示为 R_0、R_1、R_2、R_3 和 R_4，将五个反射操作表示为 S_0、S_1、S_2、S_3 和 S_4。类似地，当 $n=5$ 时，对于五个 k 值（$k=0,1,2,3,4$）将有五个角度。R_0、R_1、R_2、R_3、R_4、S_0、S_1、S_2、S_3、S_4 可以根据式（9.1）和（9.2）计算出不同的 n 和 k 值。

求角度的一般公式是 $2\pi k/n$。

对于 $k=1$，对应的角度是 $2\pi/5$。

对于 $k=2$，对应的角度是 $4\pi/5$。

对于 $k=3$，对应的角度为 $6\pi/5$。

对于 $k=4$，对应的角度为 $8\pi/5$。

可以根据式（9.1）和（9.2）获得旋转和反射矩阵。

对于旋转操作，旋转矩阵为：$\boldsymbol{R}_{2\pi k/n}=\begin{pmatrix}\cos 2\pi k/n & -\sin 2\pi k/n \\ \sin 2\pi k/n & \cos 2\pi k/n\end{pmatrix}$

对于反射操作,反射矩阵为:$S_{2\pi k/n} = \begin{pmatrix} \cos 2\pi k/n & \sin 2\pi k/n \\ \sin 2\pi k/n & -\cos 2\pi k/n \end{pmatrix}$

其中,对于 $n=5$,$k=0,1,2,3,4$,R_0、R_1、R_2、R_3、R_4 和 S_0、S_1、S_2、S_3、S_4 是针对不同的 k 值($k=0,1,2,3,4$)和 $n=5$ 计算得出的。

对于 $k=0$,

(i) $R_0 = \begin{pmatrix} \cos 0 & -\sin 0 \\ \sin 0 & \cos 0 \end{pmatrix} = \begin{pmatrix} 1 & 0 \\ 0 & 1 \end{pmatrix}$

(ii) $S_0 = \begin{pmatrix} \cos 0 & \sin 0 \\ \sin 0 & -\cos 0 \end{pmatrix} = \begin{pmatrix} 1 & 0 \\ 0 & -1 \end{pmatrix}$

对于 $k=1$,

(iii) $R_{2\pi/5} = \begin{pmatrix} \cos 2\pi/5 & -\sin 2\pi/5 \\ \sin 2\pi/5 & \cos 2\pi/5 \end{pmatrix} = \begin{pmatrix} 0.309 & -0.951 \\ 0.951 & 0.309 \end{pmatrix}$

(iv) $S_{2\pi/5} = \begin{pmatrix} \cos 2\pi/5 & \sin 2\pi/5 \\ \sin 2\pi/5 & -\cos 2\pi/5 \end{pmatrix} = \begin{pmatrix} 0.309 & 0.951 \\ 0.951 & -0.309 \end{pmatrix}$

对于 $k=2$,

(v) $R_{4\pi/5} = \begin{pmatrix} \cos 4\pi/5 & -\sin 4\pi/5 \\ \sin 4\pi/5 & \cos 4\pi/5 \end{pmatrix} = \begin{pmatrix} -0.809 & -0.588 \\ 0.588 & -0.809 \end{pmatrix}$

(vi) $S_{4\pi/5} = \begin{pmatrix} \cos 4\pi/5 & \sin 4\pi/5 \\ \sin 4\pi/5 & -\cos 4\pi/5 \end{pmatrix} = \begin{pmatrix} -0.809 & 0.588 \\ 0.588 & 0.809 \end{pmatrix}$

对于 $k=3$,

(vii) $R_{6\pi/5} = \begin{pmatrix} \cos 6\pi/5 & -\sin 6\pi/5 \\ \sin 6\pi/5 & \cos 6\pi/5 \end{pmatrix} = \begin{pmatrix} -0.809 & 0.588 \\ -0.588 & -0.809 \end{pmatrix}$

(viii) $S_{6\pi/5} = \begin{pmatrix} \cos 6\pi/5 & \sin 6\pi/5 \\ \sin 6\pi/5 & -\cos 6\pi/5 \end{pmatrix} = \begin{pmatrix} -0.809 & -0.588 \\ -0.588 & 0.809 \end{pmatrix}$

对于 $k=4$,

$$(\text{ix})\ \boldsymbol{R}_{8\pi/5}=\begin{pmatrix}\cos8\pi/5 & -\sin8\pi/5 \\ \sin8\pi/5 & \cos8\pi/5\end{pmatrix}=\begin{pmatrix}0.309 & 0.951 \\ -0.951 & 0.309\end{pmatrix}$$

$$(\text{x})\ \boldsymbol{S}_{8\pi/5}=\begin{pmatrix}\cos8\pi/5 & \sin8\pi/5 \\ \sin8\pi/5 & -\cos8\pi/5\end{pmatrix}=\begin{pmatrix}0.309 & 0.951 \\ -0.951 & -0.309\end{pmatrix}$$

使用这些旋转和反射矩阵,将生成十个 G-Let 分量(其中五个用于五个旋转矩阵,五个用于五个反射矩阵),命名为 $\boldsymbol{G}_1$、$\boldsymbol{G}_2$、$\boldsymbol{G}_3$、$\boldsymbol{G}_4$、$\boldsymbol{G}_5$、$\boldsymbol{G}_6$、$\boldsymbol{G}_7$、$\boldsymbol{G}_8$、$\boldsymbol{G}_9$ 和 $\boldsymbol{G}_{10}$。这些 G-Let 分量将使用对具有十个旋转和反射矩阵的输入图像矩阵执行的矩阵乘法运算来生成。

(2) D_5 的数学计算示例

我们考虑一个 2×2 矩阵 $\boldsymbol{A}_1$,它是原始图像矩阵 $\boldsymbol{A}$ 的子矩阵。

$$\boldsymbol{A}_1=\begin{pmatrix}86 & 205 \\ 155 & 10\end{pmatrix}$$

旋转操作

$$\boldsymbol{G}_1=\boldsymbol{A}_1\boldsymbol{R}_0=\begin{pmatrix}86 & 205 \\ 155 & 10\end{pmatrix}\begin{pmatrix}1 & 0 \\ 0 & 1\end{pmatrix}=\begin{pmatrix}86 & 205 \\ 155 & 10\end{pmatrix}$$

$$\boldsymbol{G}_2=\boldsymbol{A}_1\boldsymbol{R}_1=\begin{pmatrix}86 & 205 \\ 155 & 10\end{pmatrix}\begin{pmatrix}0.309 & -0.951 \\ 0.951 & 0.309\end{pmatrix}=\begin{pmatrix}221.529 & -18.441 \\ 57.405 & -144.315\end{pmatrix}$$

$$\boldsymbol{G}_3=\boldsymbol{A}_1\boldsymbol{R}_2=\begin{pmatrix}86 & 205 \\ 155 & 10\end{pmatrix}\begin{pmatrix}-0.809 & -0.588 \\ 0.588 & -0.809\end{pmatrix}=\begin{pmatrix}50.966 & -216.413 \\ -119.515 & -99.23\end{pmatrix}$$

$$\boldsymbol{G}_4=\boldsymbol{A}_1\boldsymbol{R}_3=\begin{pmatrix}86 & 205 \\ 155 & 10\end{pmatrix}\begin{pmatrix}-0.809 & 0.588 \\ -0.588 & -0.809\end{pmatrix}=\begin{pmatrix}-190.114 & -115.277 \\ -131.275 & 83.05\end{pmatrix}$$

$$\boldsymbol{G}_5=\boldsymbol{A}_1\boldsymbol{R}_4=\begin{pmatrix}86 & 205 \\ 155 & 10\end{pmatrix}\begin{pmatrix}0.309 & 0.951 \\ -0.951 & 0.309\end{pmatrix}=\begin{pmatrix}-168.381 & 145.131 \\ 38.385 & 150.495\end{pmatrix}$$

反射操作

$$\boldsymbol{G}_6 = \boldsymbol{A}_1 \boldsymbol{S}_0 = \begin{pmatrix} 86 & 205 \\ 155 & 10 \end{pmatrix} \begin{pmatrix} 1 & 0 \\ 0 & -1 \end{pmatrix} = \begin{pmatrix} 86 & -205 \\ 155 & -10 \end{pmatrix}$$

$$\boldsymbol{G}_7 = \boldsymbol{A}_1 \boldsymbol{S}_1 = \begin{pmatrix} 86 & 205 \\ 155 & 10 \end{pmatrix} \begin{pmatrix} 0.309 & 0.951 \\ 0.951 & -0.309 \end{pmatrix} = \begin{pmatrix} 221.529 & 18.441 \\ 57.405 & 144.315 \end{pmatrix}$$

$$\boldsymbol{G}_8 = \boldsymbol{A}_1 \boldsymbol{S}_2 = \begin{pmatrix} 86 & 205 \\ 155 & 10 \end{pmatrix} \begin{pmatrix} -0.809 & 0.588 \\ 0.588 & 0.809 \end{pmatrix} = \begin{pmatrix} 50.966 & 216.413 \\ -119.515 & 99.23 \end{pmatrix}$$

$$\boldsymbol{G}_9 = \boldsymbol{A}_1 \boldsymbol{S}_3 = \begin{pmatrix} 86 & 205 \\ 155 & 10 \end{pmatrix} \begin{pmatrix} -0.809 & -0.588 \\ -0.588 & 0.809 \end{pmatrix} = \begin{pmatrix} -190.114 & 115.277 \\ -131.275 & -83.05 \end{pmatrix}$$

$$\boldsymbol{G}_{10} = \boldsymbol{A}_1 \boldsymbol{S}_4 = \begin{pmatrix} 86 & 205 \\ 155 & 10 \end{pmatrix} \begin{pmatrix} 0.309 & -0.951 \\ -0.951 & -0.309 \end{pmatrix} = \begin{pmatrix} -168.381 & -145.131 \\ 38.385 & -150.495 \end{pmatrix}$$

(3) D_5 的可逆计算

可以从这十个 G-Let 分量（$\boldsymbol{G}_1$、$\boldsymbol{G}_2$、$\boldsymbol{G}_3$、$\boldsymbol{G}_4$、$\boldsymbol{G}_5$、$\boldsymbol{G}_6$、$\boldsymbol{G}_7$、$\boldsymbol{G}_8$、$\boldsymbol{G}_9$、$\boldsymbol{G}_{10}$）中获得逆变换。

当 $n=5$ 时，角度为 0、$2\pi/5$、$4\pi/5$、$6\pi/5$ 和 $8\pi/5$。

我们知道圆的总角度为 2π。如果我们添加 $2\pi/5$、$4\pi/5$、$6\pi/5$ 和 $8\pi/5$，即：

$$2\pi/5 + 4\pi/5 + 6\pi/5 + 8\pi/5 = 2 \times 2\pi$$

那么我们可以重新生成原始图像。

使用旋转，对于 $\boldsymbol{R}_{2\pi/5}$、$\boldsymbol{R}_{4\pi/5}$、$\boldsymbol{R}_{6\pi/5}$ 和 $\boldsymbol{R}_{8\pi/5}$，对应的 G-Let 是 $\boldsymbol{G}_2$、$\boldsymbol{G}_3$、$\boldsymbol{G}_4$、$\boldsymbol{G}_5$，其中 $\boldsymbol{G}_2 = \begin{pmatrix} 221.529 & -18.441 \\ 57.405 & -144.315 \end{pmatrix}$、$\boldsymbol{G}_3 = \begin{pmatrix} 50.966 & -216.413 \\ -119.515 & -99.23 \end{pmatrix}$、$\boldsymbol{G}_4 = \begin{pmatrix} -190.114 & -115.277 \\ -131.275 & 83.05 \end{pmatrix}$ 和 $\boldsymbol{G}_5 = \begin{pmatrix} -168.381 & 145.131 \\ 38.385 & 150.495 \end{pmatrix}$，则：

$$\boldsymbol{G}_2 + \boldsymbol{G}_3 + \boldsymbol{G}_4 + \boldsymbol{G}_5 = \begin{pmatrix} 221.529 & -18.441 \\ 57.405 & -144.315 \end{pmatrix} + \begin{pmatrix} 50.966 & -216.413 \\ -119.515 & -99.23 \end{pmatrix} +$$

$$\begin{pmatrix} -190.114 & -115.277 \\ -131.275 & 83.05 \end{pmatrix} + \begin{pmatrix} -168.381 & 145.131 \\ 38.385 & 150.495 \end{pmatrix}$$

$$= \begin{pmatrix} -86 & 205 \\ -155 & 10 \end{pmatrix} = -\begin{pmatrix} 86 & -205 \\ 155 & -10 \end{pmatrix}$$

$$= -\boldsymbol{A}_1 \left[\text{其中} \boldsymbol{A}_1 \text{是原始图像矩阵} \boldsymbol{A} \text{的} 2 \times 2 \text{子矩阵} \right]$$

因此,添加 $\boldsymbol{G}_2$、$\boldsymbol{G}_3$、$\boldsymbol{G}_4$ 和 $\boldsymbol{G}_5$,我们可以重新生成原始图像。

使用反射,对于 $\boldsymbol{S}_{2\pi/5}$,$\boldsymbol{S}_{4\pi/5}$,$\boldsymbol{S}_{6\pi/5}$ 和 $\boldsymbol{S}_{8\pi/5}$,对应的 G-Lets 是 $\boldsymbol{G}_7$、$\boldsymbol{G}_8$、$\boldsymbol{G}_9$ 和 $\boldsymbol{G}_{10}$,其中:$\boldsymbol{G}_7 = \begin{pmatrix} 221.529 & 18.441 \\ 57.405 & 144.315 \end{pmatrix}$,$\boldsymbol{G}_8 = \begin{pmatrix} 50.966 & 216.413 \\ -119.515 & -99.23 \end{pmatrix}$,$\boldsymbol{G}_9 = \begin{pmatrix} -190.114 & 115.277 \\ -131.275 & -83.05 \end{pmatrix}$ 和 $\boldsymbol{G}_{10} = \begin{pmatrix} -168.381 & -145.131 \\ 38.385 & -150.495 \end{pmatrix}$,则:

$$\boldsymbol{G}_7 + \boldsymbol{G}_8 + \boldsymbol{G}_9 + \boldsymbol{G}_{10} = \begin{pmatrix} 221.529 & 18.441 \\ 57.405 & 144.315 \end{pmatrix} + \begin{pmatrix} 50.966 & 216.413 \\ -119.515 & 99.23 \end{pmatrix} +$$

$$\begin{pmatrix} -190.114 & 115.277 \\ -131.275 & -83.05 \end{pmatrix} + \begin{pmatrix} -168.381 & -145.131 \\ 38.385 & -150.495 \end{pmatrix}$$

$$= \begin{pmatrix} -86 & -205 \\ -155 & -10 \end{pmatrix} = -\begin{pmatrix} 86 & 205 \\ 155 & 10 \end{pmatrix}$$

$$= -\boldsymbol{A}_1 \left[\text{其中} \boldsymbol{A}_1 \text{是原始图像矩阵} \boldsymbol{A} \text{的} 2 \times 2 \text{子矩阵} \right]$$

因为是原始图像的反射,所以逆矩阵的第一列是负数。因此,添加 $\boldsymbol{G}_7$、$\boldsymbol{G}_8$、$\boldsymbol{G}_9$、$\boldsymbol{G}_{10}$,我们可以重新生成原始图像。

(4) G-Let D_5 在图像上的实现

我们将狒狒图像作为原始图像,如图 9.8 所示。对原始狒狒图像进行正向 G-Let D_5 变换,我们生成了五个旋转 G-Let 变换图像,标记为 G-Let 1、G-Let 2、G-Let 3、G-Let 4、G-Let 5 和五个反射 G-Let 变换图像,标记为 G-Let 6、G-Let 7、G-Let 8、G-Let 9、G-Let 10,如图 9.9 所示。在对这五个旋转和五个反射 G-Let 变换图像进行 G-Let D_5 逆变换后,我们将 G-Let 逆变换图像标记为重构图像,如图 9.10 所示。

图 9.8　原始狒狒图像

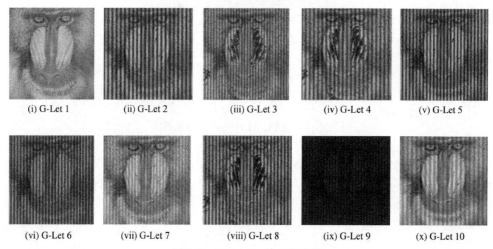

(i) G-Let 1　　(ii) G-Let 2　　(iii) G-Let 3　　(iv) G-Let 4　　(v) G-Let 5

(vi) G-Let 6　　(vii) G-Let 7　　(viii) G-Let 8　　(ix) G-Let 9　　(x) G-Let 10

图 9.9　**G-Let D_5 的正向变换**

(i),(ii),(iii),(iv),(v)是旋转变换的 G-Let 分量；(vi),(vii),(viii),(ix),(x)是反射变换的 G-Let 分量

(i) 原始图像　　　　(ii) 使用 G-Let 旋转计算的　　　(iii) 使用 G-Let 反射计算的
　　　　　　　　　　　　重构图像　　　　　　　　　　重构图像

图 9.10　G-Let D_5 逆变换后的原始图像和重构图像

4) D_6 组

对于第 6 维,二面体群的一般形式是 D_n(其中 D 和 n 是 G-Let 的参数)。如果我们考虑 $n=6$,那么 $D_n=D_6$。

(1) D_6 的构建

当 $n=6$ 时,将进行六个相应的旋转和反射操作以获得该变换。我们可以将六个旋转操作表示为 $\boldsymbol{R}_0$、$\boldsymbol{R}_1$、$\boldsymbol{R}_2$、$\boldsymbol{R}_3$、$\boldsymbol{R}_4$ 和 $\boldsymbol{R}_5$,将六个反射操作表示为 $\boldsymbol{S}_0$、$\boldsymbol{S}_1$、$\boldsymbol{S}_2$、$\boldsymbol{S}_3$、$\boldsymbol{S}_4$ 和 $\boldsymbol{S}_5$。类似地,当 $n=6$ 时,对于六个 k 值($k=0,1,2,3,4,5$)将有六个角度。$\boldsymbol{R}_0$、$\boldsymbol{R}_1$、$\boldsymbol{R}_2$、$\boldsymbol{R}_3$、$\boldsymbol{R}_4$、$\boldsymbol{R}_5$、$\boldsymbol{S}_0$、$\boldsymbol{S}_1$、$\boldsymbol{S}_2$、$\boldsymbol{S}_3$、$\boldsymbol{S}_4$、$\boldsymbol{S}_5$ 可以根据式(9.1)和(9.2)计算出不同的 n 和 k 值。

求角度的一般公式是 $2\pi k/n$。

对于 $k=0$,对应的角度是 0。

对于 $k=1$,对应的角度是 $\pi/3$。

对于 $k=2$,对应的角度是 $2\pi/3$。

对于 $k=3$,对应的角度为 π。

对于 $k=4$,对应的角度为 $4\pi/3$。

对于 $k=5$,对应的角度为 $5\pi/3$。

可以根据式(9.1)和(9.2)获得旋转和反射矩阵。

对于旋转操作,旋转矩阵为:$\boldsymbol{R}_{2\pi k/n}=\begin{pmatrix}\cos2\pi k/n & -\sin2\pi k/n \\ \sin2\pi k/n & \cos2\pi k/n\end{pmatrix}$

对于反射操作,反射矩阵为:$\boldsymbol{S}_{2\pi k/n}=\begin{pmatrix}\cos2\pi k/n & \sin2\pi k/n \\ \sin2\pi k/n & -\cos2\pi k/n\end{pmatrix}$

其中,对于 $n=6$,$k=0,1,2,3,4,5$,$\boldsymbol{R}_0$、$\boldsymbol{R}_1$、$\boldsymbol{R}_2$、$\boldsymbol{R}_3$、$\boldsymbol{R}_4$、$\boldsymbol{R}_5$ 和 $\boldsymbol{S}_0$、$\boldsymbol{S}_1$、$\boldsymbol{S}_2$、$\boldsymbol{S}_3$、$\boldsymbol{S}_4$、$\boldsymbol{S}_5$ 是针对不同的 k 值($k=0,1,2,3,4,5$)和 $n=6$ 计算得出的。

对于 $k=0$,

(i) $\boldsymbol{R}_0=\begin{pmatrix}\cos0 & -\sin0 \\ \sin0 & \cos0\end{pmatrix}=\begin{pmatrix}1 & 0 \\ 0 & 1\end{pmatrix}$

(ii) $\boldsymbol{S}_0=\begin{pmatrix}\cos0 & \sin0 \\ \sin0 & -\cos0\end{pmatrix}=\begin{pmatrix}1 & 0 \\ 0 & -1\end{pmatrix}$

对于 $k=1$，

(iii) $\boldsymbol{R}_{\pi/3} = \begin{pmatrix} \cos\pi/3 & -\sin\pi/3 \\ \sin\pi/3 & \cos\pi/3 \end{pmatrix} = \begin{pmatrix} 0.5 & -0.866 \\ 0.866 & 0.5 \end{pmatrix}$

(iv) $\boldsymbol{S}_{\pi/3} = \begin{pmatrix} \cos\pi/3 & \sin\pi/3 \\ \sin\pi/3 & -\cos\pi/3 \end{pmatrix} = \begin{pmatrix} 0.5 & 0.866 \\ 0.866 & -0.5 \end{pmatrix}$

对于 $k=2$，

(v) $R_{2\pi/3} = \begin{pmatrix} \cos2\pi/3 & -\sin2\pi/3 \\ \sin2\pi/3 & \cos2\pi/3 \end{pmatrix} = \begin{pmatrix} -0.5 & -0.866 \\ 0.866 & -0.5 \end{pmatrix}$

(vi) $\boldsymbol{S}_{2\pi/3} = \begin{pmatrix} \cos2\pi/3 & \sin2\pi/3 \\ \sin2\pi/3 & -\cos2\pi/3 \end{pmatrix} = \begin{pmatrix} -0.5 & 0.866 \\ 0.866 & 0.5 \end{pmatrix}$

对于 $k=3$，

(vii) $R_{\pi} = \begin{pmatrix} \cos\pi & -\sin\pi \\ \sin\pi & \cos\pi \end{pmatrix} = \begin{pmatrix} -1 & 0 \\ 0 & -1 \end{pmatrix}$

(viii) $\boldsymbol{S}_{\pi} = \begin{pmatrix} \cos\pi & \sin\pi \\ \sin\pi & -\cos\pi \end{pmatrix} = \begin{pmatrix} -1 & 0 \\ 0 & 1 \end{pmatrix}$

对于 $k=4$，

(ix) $R_{4\pi/3} = \begin{pmatrix} \cos4\pi/3 & -\sin4\pi/3 \\ \sin4\pi/3 & \cos4\pi/3 \end{pmatrix} = \begin{pmatrix} -0.5 & 0.866 \\ -0.866 & -0.5 \end{pmatrix}$

(x) $\boldsymbol{S}_{4\pi/3} = \begin{pmatrix} \cos4\pi/3 & \sin4\pi/3 \\ \sin4\pi/3 & -\cos4\pi/3 \end{pmatrix} = \begin{pmatrix} -0.5 & -0.866 \\ -0.866 & 0.5 \end{pmatrix}$

对于 $k=5$，

(xi) $R_{5\pi/3} = \begin{pmatrix} \cos5\pi/3 & -\sin5\pi/3 \\ \sin5\pi/3 & \cos5\pi/3 \end{pmatrix} = \begin{pmatrix} 0.5 & 0.866 \\ -0.866 & 0.5 \end{pmatrix}$

(xii) $\boldsymbol{S}_{5\pi/3} = \begin{pmatrix} \cos5\pi/3 & \sin5\pi/3 \\ \sin5\pi/3 & -\cos5\pi/3 \end{pmatrix} = \begin{pmatrix} 0.5 & -0.866 \\ -0.866 & 0.5 \end{pmatrix}$

使用这些旋转和反射矩阵，将生成十二个 G-Let 分量（其中六个用于六个旋转矩阵，六个用于六个反射矩阵），命名为 G_1、G_2、G_3、G_4、G_5、G_6、G_7、G_8、G_9、G_{10}、G_{11} 和 G_{12}。这些 G-Let 分量将使用对具有十二个旋转和反射矩阵的输入图像矩阵执行的矩阵乘法运算来生成。

（2）D_6 的数学计算示例

我们考虑一个 2×2 矩阵 A_1，它是原始图像矩阵 A 的子矩阵。

$$A_1 = \begin{pmatrix} 86 & 205 \\ 155 & 10 \end{pmatrix}$$

旋转操作

$$G_1 = A_1 R_0 = \begin{pmatrix} 86 & 205 \\ 155 & 10 \end{pmatrix} \begin{pmatrix} 1 & 0 \\ 0 & 1 \end{pmatrix} = \begin{pmatrix} 86 & 205 \\ 155 & 10 \end{pmatrix}$$

$$G_2 = A_1 R_1 = \begin{pmatrix} 86 & 205 \\ 155 & 10 \end{pmatrix} \begin{pmatrix} 0.5 & -0.866 \\ 0.866 & 0.5 \end{pmatrix} = \begin{pmatrix} 220.53 & 28.024 \\ 86.16 & -129.23 \end{pmatrix}$$

$$G_3 = A_1 R_2 = \begin{pmatrix} 86 & 205 \\ 155 & 10 \end{pmatrix} \begin{pmatrix} -0.5 & -0.866 \\ 0.866 & -0.5 \end{pmatrix} = \begin{pmatrix} 134.53 & -176.976 \\ -68.84 & -139.23 \end{pmatrix}$$

$$G_4 = A_1 R_3 = \begin{pmatrix} 86 & 205 \\ 155 & 10 \end{pmatrix} \begin{pmatrix} -1 & 0 \\ 0 & -1 \end{pmatrix} = \begin{pmatrix} -86 & -205 \\ -155 & -10 \end{pmatrix}$$

$$G_5 = A_1 R_4 = \begin{pmatrix} 86 & 205 \\ 155 & 10 \end{pmatrix} \begin{pmatrix} -0.5 & 0.866 \\ -0.866 & -0.5 \end{pmatrix} = \begin{pmatrix} -220.53 & -28.024 \\ -86.16 & 129.23 \end{pmatrix}$$

$$G_6 = A_1 R_5 = \begin{pmatrix} 86 & 205 \\ 155 & 10 \end{pmatrix} \begin{pmatrix} 0.5 & 0.866 \\ -0.866 & 0.5 \end{pmatrix} = \begin{pmatrix} -134.53 & 176.976 \\ 68.84 & 139.23 \end{pmatrix}$$

反射操作

$$G_7 = A_1 S_0 = \begin{pmatrix} 86 & 205 \\ 155 & 10 \end{pmatrix} \begin{pmatrix} 1 & 0 \\ 0 & -1 \end{pmatrix} = \begin{pmatrix} 86 & -205 \\ 155 & -10 \end{pmatrix}$$

$$G_8 = A_1 S_1 = \begin{pmatrix} 86 & 205 \\ 155 & 10 \end{pmatrix} \begin{pmatrix} 0.5 & 0.866 \\ 0.866 & -0.5 \end{pmatrix} = \begin{pmatrix} 220.53 & -28.024 \\ 86.16 & 129.23 \end{pmatrix}$$

$$G_9 = A_1 S_2 = \begin{pmatrix} 86 & 205 \\ 155 & 10 \end{pmatrix} \begin{pmatrix} -0.5 & 0.866 \\ 0.866 & 0.5 \end{pmatrix} = \begin{pmatrix} 134.53 & 176.976 \\ -68.84 & 139.23 \end{pmatrix}$$

$$\boldsymbol{G}_{10}=\boldsymbol{A}_1\boldsymbol{S}_3=\begin{pmatrix} 86 & 205 \\ 155 & 10 \end{pmatrix}\begin{pmatrix} -1 & 0 \\ 0 & 1 \end{pmatrix}=\begin{pmatrix} -86 & 205 \\ -155 & 10 \end{pmatrix}$$

$$\boldsymbol{G}_{11}=\boldsymbol{A}_1\boldsymbol{S}_4=\begin{pmatrix} 86 & 205 \\ 155 & 10 \end{pmatrix}\begin{pmatrix} -0.5 & -0.866 \\ -0.866 & 0.5 \end{pmatrix}=\begin{pmatrix} -220.53 & 28.024 \\ -86.16 & -129.23 \end{pmatrix}$$

$$\boldsymbol{G}_{12}=\boldsymbol{A}_1\boldsymbol{S}_5=\begin{pmatrix} 86 & 205 \\ 155 & 10 \end{pmatrix}\begin{pmatrix} 0.5 & -0.866 \\ -0.866 & -0.5 \end{pmatrix}=\begin{pmatrix} -134.53 & -176.976 \\ 68.84 & -139.23 \end{pmatrix}$$

(3) D_6 的可逆计算

可以从这十二个 G-Let 分量（$\boldsymbol{G}_1$、$\boldsymbol{G}_2$、$\boldsymbol{G}_3$、$\boldsymbol{G}_4$、$\boldsymbol{G}_5$、$\boldsymbol{G}_6$、$\boldsymbol{G}_7$、$\boldsymbol{G}_8$、$\boldsymbol{G}_9$、$\boldsymbol{G}_{10}$、$\boldsymbol{G}_{11}$、$\boldsymbol{G}_{12}$）中获得逆变换。

当 $n=6$ 时，角度为 0、$\pi/3$、$2\pi/3$、π、$4\pi/3$ 和 $5\pi/3$。

我们知道圆的总角度为 2π。如果添加 $\pi/3$、$2\pi/3$、π、$4\pi/3$ 和 $5\pi/3$，就可以重新生成原始图像。

使用旋转，对于 $\boldsymbol{R}_{\pi/3}$、$\boldsymbol{R}_{2\pi/3}$、$\boldsymbol{R}_{\pi}$、$\boldsymbol{R}_{4\pi/3}$ 和 $\boldsymbol{R}_{5\pi/3}$，对应的 G-Let 是 $\boldsymbol{G}_2$、$\boldsymbol{G}_3$、$\boldsymbol{G}_4$、$\boldsymbol{G}_5$、$\boldsymbol{G}_6$，其中 $\boldsymbol{G}_2=\begin{pmatrix} 220.53 & 28.024 \\ 86.16 & -129.23 \end{pmatrix}$，$\boldsymbol{G}_3=\begin{pmatrix} 134.53 & -176.976 \\ -68.84 & -139.23 \end{pmatrix}$，$\boldsymbol{G}_4=\begin{pmatrix} -86 & -205 \\ -155 & -10 \end{pmatrix}$，$\boldsymbol{G}_5=\begin{pmatrix} -220.53 & -28.024 \\ -86.16 & 129.23 \end{pmatrix}$ 和 $\boldsymbol{G}_6=\begin{pmatrix} -134.53 & 176.976 \\ 68.84 & 139.23 \end{pmatrix}$，则：

$$\boldsymbol{G}_2+\boldsymbol{G}_3+\boldsymbol{G}_4+\boldsymbol{G}_5+\boldsymbol{G}_6=\begin{pmatrix} 220.53 & 28.024 \\ 86.16 & -129.23 \end{pmatrix}+\begin{pmatrix} 134.53 & -176.976 \\ -68.84 & -139.23 \end{pmatrix}+\begin{pmatrix} -86 & -205 \\ -155 & -10 \end{pmatrix}+$$

$$\begin{pmatrix} -220.53 & -28.024 \\ -86.16 & 129.23 \end{pmatrix}+\begin{pmatrix} -134.53 & 176.976 \\ 68.84 & 139.23 \end{pmatrix}$$

$$=\begin{pmatrix} -86 & -205 \\ -155 & -10 \end{pmatrix}=-\begin{pmatrix} 86 & 205 \\ 155 & 10 \end{pmatrix}$$

$$=-\boldsymbol{A}_1[其中\boldsymbol{A}_1是原始图像矩阵\boldsymbol{A}的2\times2子矩阵]$$

因此，添加 $\boldsymbol{G}_2$、$\boldsymbol{G}_3$、$\boldsymbol{G}_4$、$\boldsymbol{G}_5$ 和 $\boldsymbol{G}_6$，我们可以重新生成原始图像。

使用反射，对于 $\boldsymbol{S}_{\pi/3}$、$\boldsymbol{S}_{2\pi/3}$、$\boldsymbol{S}_{\pi}$、$\boldsymbol{S}_{4\pi/3}$ 和 $\boldsymbol{S}_{5\pi/3}$，对应的 G-Lets 分量是 $\boldsymbol{G}_8$、$\boldsymbol{G}_9$、$\boldsymbol{G}_{10}$、$\boldsymbol{G}_{11}$ 和 $\boldsymbol{G}_{12}$，其中 $\boldsymbol{G}_8=\begin{pmatrix} 220.53 & -28.024 \\ 86.16 & 129.23 \end{pmatrix}$、$\boldsymbol{G}_9=\begin{pmatrix} 134.53 & 176.976 \\ -68.84 & 139.23 \end{pmatrix}$、$\boldsymbol{G}_{10}=\begin{pmatrix} -86 & 205 \\ -155 & 10 \end{pmatrix}$、

$$\boldsymbol{G}_{11}=\begin{pmatrix} -220.53 & 28.024 \\ -86.16 & -129.23 \end{pmatrix} \text{和} \boldsymbol{G}_{12}=\begin{pmatrix} -134.53 & -176.976 \\ 68.84 & -139.23 \end{pmatrix}, \text{则：}$$

$$\boldsymbol{G}_8+\boldsymbol{G}_9+\boldsymbol{G}_{10}+\boldsymbol{G}_{11}+\boldsymbol{G}_{12}=\begin{pmatrix} 220.53 & -28.024 \\ 86.16 & 129.23 \end{pmatrix}+\begin{pmatrix} 134.53 & 176.976 \\ -68.84 & 139.23 \end{pmatrix}+$$

$$\begin{pmatrix} -86 & 205 \\ -155 & 10 \end{pmatrix}+\begin{pmatrix} -220.53 & 28.024 \\ -86.16 & -129.23 \end{pmatrix}+$$

$$\begin{pmatrix} -134.53 & -176.976 \\ 68.84 & -139.23 \end{pmatrix}$$

$$=\begin{pmatrix} -86 & 205 \\ -155 & 10 \end{pmatrix}=-\begin{pmatrix} 86 & -205 \\ 155 & -10 \end{pmatrix}$$

$$=-\boldsymbol{A}_1 [\text{其中} \boldsymbol{A}_1 \text{是原始图像矩阵} \boldsymbol{A} \text{的} 2\times 2 \text{子矩阵}]$$

因为是原始图像的反射，所以逆矩阵的第一列是负数。因此，添加 $\boldsymbol{G}_8$、$\boldsymbol{G}_9$、$\boldsymbol{G}_{10}$、$\boldsymbol{G}_{11}$ 和 $\boldsymbol{G}_{12}$，就可以重新生成原始图像。

（4）G-Let D_6 在图像上的实现

我们将狒狒图像作为原始图像，如图 9.11 所示。对原始狒狒图像进行正向 G-Let D_6 变换，我们生成了六个旋转 G-Let 变换图像，标记为 G-Let 1、G-Let 2、G-Let 3、G-Let 4、G-Let 5、G-Let 6 和六个反射 G-Let 变换图像，标记为 G-Let 7、G-Let 8、G-Let 9、G-Let 10、G-Let 11、G-Let 12，如图 9.12 所示。在对这六个旋转和六个反射 G-Let 变换图像进行 G-Let D_6 逆变换后，我们将 G-Let 逆变换图像标记为重构图像，如图 9.13 所示。

图 9.11　原始狒狒图像

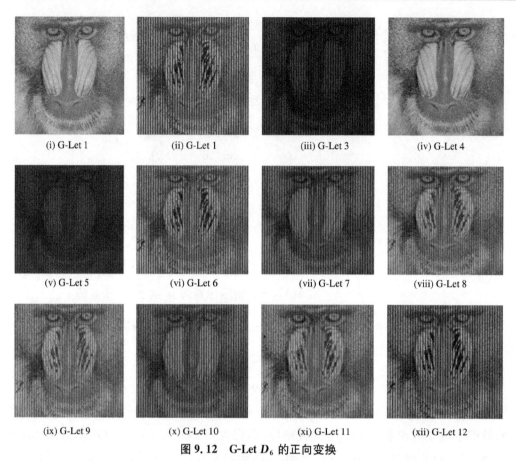

(i) G-Let 1　　(ii) G-Let 1　　(iii) G-Let 3　　(iv) G-Let 4

(v) G-Let 5　　(vi) G-Let 6　　(vii) G-Let 7　　(viii) G-Let 8

(ix) G-Let 9　　(x) G-Let 10　　(xi) G-Let 11　　(xii) G-Let 12

图 9.12　G-Let D_6 的正向变换

(i),(ii),(iii),(iv),(v),(vi)是旋转变换的 G-Let 分量;(vii),(viii),(ix),(x),(xi),(xii)是反射变换的 G-Let 分量

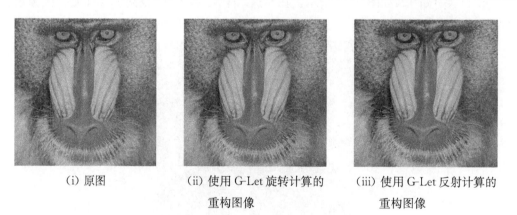

(i) 原图　　　(ii) 使用 G-Let 旋转计算的　　(iii) 使用 G-Let 反射计算的
　　　　　　　　　重构图像　　　　　　　　　　重构图像

图 9.13　G-Let D_6 逆变换后的原始图像和重构图像

5) D_7 组

对于第 7 维，二面体群的一般形式是 D_n（其中 D 和 n 是 G-Let 的参数）。如果我们考虑 $n=7$，那么 $D_n=D_7$。

(1) D_7 的构建

当 $n=7$ 时，将进行七个相应的旋转和反射操作以获得该变换。我们可以将七个旋转操作表示为 R_0、R_1、R_2、R_3、R_4、R_5 和 R_6，将六个反射操作表示为 S_0、S_1、S_2、S_3、S_4、S_5 和 S_6。类似地，当 $n=7$ 时，对于七个 k 值（$k=0,1,2,3,4,5,6$）将有七个角度。R_0、R_1、R_2、R_3、R_4、R_5、R_6、S_0、S_1、S_2、S_3、S_4、S_5、S_6 可以根据式（9.1）和（9.2）计算出不同的 n 和 k 值。

求角度的一般公式是 $2\pi k/n$。

对于 $k=0$，对应的角度是 0。

对于 $k=1$，对应的角度是 $2\pi/7$。

对于 $k=2$，对应的角度是 $4\pi/7$。

对于 $k=3$，对应的角度是 $6\pi/7$。

对于 $k=4$，对应的角度是 $8\pi/7$。

对于 $k=5$，对应的角度是 $10\pi/7$。

对于 $k=6$，对应的角度是 $12\pi/7$。

可以根据式（9.1）和（9.2）获得旋转和反射矩阵。

对于旋转操作，旋转矩阵为：$R_{2\pi k/n}=\begin{pmatrix}\cos 2\pi k/n & -\sin 2\pi k/n \\ \sin 2\pi k/n & \cos 2\pi k/n\end{pmatrix}$

对于反射操作，反射矩阵为：$S_{2\pi k/n}=\begin{pmatrix}\cos 2\pi k/n & \sin 2\pi k/n \\ \sin 2\pi k/n & -\cos 2\pi k/n\end{pmatrix}$

其中，对于 $n=7,k=0,1,2,3,4,5,6$，R_0、R_1、R_2、R_3、R_4、R_5、R_6 和 S_0、S_1、S_2、S_3、S_4、S_5、

$\boldsymbol{S}_6$ 是针对不同的 k 值($k=0,1,2,3,4,5,6$)和 $n=7$ 计算得出的。

对于 $k=0$,

(i) $\boldsymbol{R}_0=\begin{pmatrix}\cos0 & -\sin0\\ \sin0 & \cos0\end{pmatrix}=\begin{pmatrix}1 & 0\\ 0 & 1\end{pmatrix}$

(ii) $\boldsymbol{S}_0=\begin{pmatrix}\cos0 & \sin0\\ \sin0 & -\cos0\end{pmatrix}=\begin{pmatrix}1 & 0\\ 0 & -1\end{pmatrix}$

对于 $k=1$,

(iii) $\boldsymbol{R}_{2\pi/7}=\begin{pmatrix}\cos2\pi/7 & -\sin2\pi/7\\ \sin2\pi/7 & \cos2\pi/7\end{pmatrix}=\begin{pmatrix}0.623490 & -0.781831\\ 0.781831 & 0.623490\end{pmatrix}$

(iv) $\boldsymbol{S}_{\pi/3}=\begin{pmatrix}\cos2\pi/7 & \sin2\pi/7\\ \sin2\pi/7 & -\cos2\pi/7\end{pmatrix}=\begin{pmatrix}0.623490 & 0.781831\\ 0.781831 & -0.623490\end{pmatrix}$

对于 $k=2$,

(v) $\boldsymbol{R}_{4\pi/7}=\begin{pmatrix}\cos4\pi/7 & -\sin4\pi/7\\ \sin4\pi/7 & \cos4\pi/7\end{pmatrix}=\begin{pmatrix}-0.222521 & -0.974928\\ 0.974928 & -0.222521\end{pmatrix}$

(vi) $\boldsymbol{S}_{4\pi/7}=\begin{pmatrix}\cos4\pi/7 & \sin4\pi/7\\ \sin4\pi/7 & -\cos4\pi/7\end{pmatrix}=\begin{pmatrix}-0.222521 & -0.974928\\ 0.974928 & 0.222521\end{pmatrix}$

对于 $k=3$,

(vii) $\boldsymbol{R}_{6\pi/7}=\begin{pmatrix}\cos6\pi/7 & -\sin6\pi/7\\ \sin6\pi/7 & \cos6\pi/7\end{pmatrix}=\begin{pmatrix}-0.900969 & -0.433884\\ 0.433884 & -0.900969\end{pmatrix}$

(viii) $\boldsymbol{S}_{6\pi/7}=\begin{pmatrix}\cos6\pi/7 & \sin6\pi/7\\ \sin6\pi/7 & -\cos6\pi/7\end{pmatrix}=\begin{pmatrix}-0.900969 & 0.433884\\ 0.433884 & 0.900969\end{pmatrix}$

对于 $k=4$,

(ix) $\boldsymbol{R}_{8\pi/7}=\begin{pmatrix}\cos8\pi/7 & -\sin8\pi/7\\ \sin8\pi/7 & \cos8\pi/7\end{pmatrix}=\begin{pmatrix}-0.900969 & 0.433884\\ -0.433884 & -0.900969\end{pmatrix}$

（x）$S_{8\pi/7} = \begin{pmatrix} \cos 8\pi/7 & \sin 8\pi/7 \\ \sin 8\pi/7 & -\cos 8\pi/7 \end{pmatrix} = \begin{pmatrix} -0.900969 & -0.433884 \\ -0.433884 & 0.900969 \end{pmatrix}$

对于 $k = 5$,

（xi）$R_{10\pi/7} = \begin{pmatrix} \cos 10\pi/7 & -\sin 10\pi/7 \\ \sin 10\pi/7 & \cos 10\pi/7 \end{pmatrix} = \begin{pmatrix} -0.222521 & 0.974928 \\ -0.974928 & -0.222521 \end{pmatrix}$

（xii）$S_{10\pi/7} = \begin{pmatrix} \cos 10\pi/7 & \sin 10\pi/7 \\ \sin 10\pi/7 & -\cos 10\pi/7 \end{pmatrix} = \begin{pmatrix} -0.222521 & -0.974928 \\ -0.974928 & 0.222521 \end{pmatrix}$

对于 $k = 6$,

（xiii）$R_{12\pi/7} = \begin{pmatrix} \cos 12\pi/7 & -\sin 12\pi/7 \\ \sin 12\pi/7 & \cos 12\pi/7 \end{pmatrix} = \begin{pmatrix} 0.623490 & 0.781831 \\ -0.781831 & 0.623490 \end{pmatrix}$

（xiv）$S_{12\pi/7} = \begin{pmatrix} \cos 12\pi/7 & \sin 12\pi/7 \\ \sin 12\pi/7 & -\cos 12\pi/7 \end{pmatrix} = \begin{pmatrix} 0.623490 & -0.781831 \\ -0.781831 & -0.623490 \end{pmatrix}$

使用这些旋转和反射矩阵,将生成十四个 G-Let 分量(其中七个用于七个旋转矩阵,七个用于七个反射矩阵),命名为 G_1、G_2、G_3、G_4、G_5、G_6、G_7、G_8、G_9、G_{10}、G_{11}、G_{12}、G_{13} 和 G_{14}。这些 G-Let 分量将使用对具有十四个旋转和反射矩阵的输入图像矩阵执行的矩阵乘法运算来生成。

（2）D_7 的数学计算示例

我们考虑一个 2×2 矩阵 A_1,它是原始图像矩阵 A 的子矩阵。

$$A_1 = \begin{pmatrix} 146 & 55 \\ 47 & 90 \end{pmatrix}$$

旋转操作

$$G_1 = A_1 R_0 = \begin{pmatrix} 146 & 55 \\ 47 & 90 \end{pmatrix} \begin{pmatrix} 1 & 0 \\ 0 & 1 \end{pmatrix} = \begin{pmatrix} 146 & 55 \\ 47 & 90 \end{pmatrix}$$

$$\boldsymbol{G}_2 = \boldsymbol{A}_1 \boldsymbol{R}_1$$

$$= \begin{pmatrix} 146 & 55 \\ 47 & 90 \end{pmatrix} \begin{pmatrix} 0.623490 & -0.781831 \\ 0.781831 & 0.623490 \end{pmatrix} = \begin{pmatrix} 134.030245 & -79.855376 \\ 99.668820 & 19.368043 \end{pmatrix}$$

$$\boldsymbol{G}_3 = \boldsymbol{A}_1 \boldsymbol{R}_2$$

$$= \begin{pmatrix} 146 & 55 \\ 47 & 90 \end{pmatrix} \begin{pmatrix} -0.222521 & -0.974928 \\ 0.974928 & -0.222521 \end{pmatrix} = \begin{pmatrix} 21.132974 & -154.578143 \\ 77.285033 & -65.848506 \end{pmatrix}$$

$$\boldsymbol{G}_4 = \boldsymbol{A}_1 \boldsymbol{R}_3$$

$$= \begin{pmatrix} 146 & 55 \\ 47 & 90 \end{pmatrix} \begin{pmatrix} -0.900969 & -0.433884 \\ 0.433884 & -0.900969 \end{pmatrix} = \begin{pmatrix} -107.677854 & -112.900359 \\ -3.295983 & -101.479758 \end{pmatrix}$$

$$\boldsymbol{G}_5 = \boldsymbol{A}_1 \boldsymbol{R}_4$$

$$= \begin{pmatrix} 146 & 55 \\ 47 & 90 \end{pmatrix} \begin{pmatrix} -0.900969 & 0.433884 \\ -0.433884 & -0.900969 \end{pmatrix} = \begin{pmatrix} -155.405094 & 13.793769 \\ -81.395103 & -60.694662 \end{pmatrix}$$

$$\boldsymbol{G}_6 = \boldsymbol{A}_1 \boldsymbol{R}_5$$

$$= \begin{pmatrix} 146 & 55 \\ 47 & 90 \end{pmatrix} \begin{pmatrix} -0.222521 & 0.974928 \\ -0.974928 & -0.222521 \end{pmatrix} = \begin{pmatrix} -86.109106 & 130.100833 \\ -98.202007 & 25.794726 \end{pmatrix}$$

$$\boldsymbol{G}_7 = \boldsymbol{A}_1 \boldsymbol{R}_6$$

$$= \begin{pmatrix} 146 & 55 \\ 47 & 90 \end{pmatrix} \begin{pmatrix} 0.623490 & 0.781831 \\ -0.781831 & 0.623490 \end{pmatrix} = \begin{pmatrix} 48.028835 & 148.439276 \\ -41.060760 & 92.860157 \end{pmatrix}$$

反射操作

$$\boldsymbol{G}_8 = \boldsymbol{A}_1 \boldsymbol{S}_0 = \begin{pmatrix} 146 & 55 \\ 47 & 90 \end{pmatrix} \begin{pmatrix} 1 & 0 \\ 0 & -1 \end{pmatrix} = \begin{pmatrix} 146 & -55 \\ 47 & -90 \end{pmatrix}$$

$$\boldsymbol{G}_9 = \boldsymbol{A}_1 \boldsymbol{S}_1$$

$$= \begin{pmatrix} 146 & 55 \\ 47 & 90 \end{pmatrix} \begin{pmatrix} -0.623490 & 0.781831 \\ -0.781831 & -0.623490 \end{pmatrix} = \begin{pmatrix} 134.030245 & 79.855376 \\ 99.668820 & -19.368043 \end{pmatrix}$$

$$\boldsymbol{G}_{10}=\boldsymbol{A}_1\boldsymbol{S}_2=\begin{pmatrix}146 & 55\\ 47 & 90\end{pmatrix}\begin{pmatrix}-0.222521 & 0.974928\\ 0.974928 & 0.222521\end{pmatrix}=\begin{pmatrix}21.132974 & 154.578143\\ 77.285033 & 65.848506\end{pmatrix}$$

$$\boldsymbol{G}_{11}=\boldsymbol{A}_1\boldsymbol{S}_3$$

$$=\begin{pmatrix}146 & 55\\ 47 & 90\end{pmatrix}\begin{pmatrix}-0.900969 & 0.433884\\ 0.433884 & 0.900969\end{pmatrix}=\begin{pmatrix}-107.677854 & 112.900359\\ -3.295983 & 101.479758\end{pmatrix}$$

$$\boldsymbol{G}_{12}=\boldsymbol{A}_1\boldsymbol{S}_4$$

$$=\begin{pmatrix}146 & 55\\ 47 & 90\end{pmatrix}\begin{pmatrix}-0.900969 & -0.433884\\ -0.433884 & 0.900969\end{pmatrix}=\begin{pmatrix}-155.405094 & -13.793769\\ -81.395103 & 60.694662\end{pmatrix}$$

$$\boldsymbol{G}_{13}=\boldsymbol{A}_1\boldsymbol{S}_5$$

$$=\begin{pmatrix}146 & 55\\ 47 & 90\end{pmatrix}\begin{pmatrix}-0.222521 & -0.974928\\ -0.974928 & 0.222521\end{pmatrix}=\begin{pmatrix}-86.109106 & -130.100833\\ -98.202007 & -25.794726\end{pmatrix}$$

$$\boldsymbol{G}_{14}=\boldsymbol{A}_1\boldsymbol{S}_6$$

$$=\begin{pmatrix}146 & 55\\ 47 & 90\end{pmatrix}\begin{pmatrix}0.623490 & -0.781831\\ -0.781831 & -0.623490\end{pmatrix}=\begin{pmatrix}48.028835 & -148.439276\\ -41.060760 & -92.860157\end{pmatrix}$$

（3）D_7 的可逆计算

可以从这十四个 G-Let 分量（$\boldsymbol{G}_1$、$\boldsymbol{G}_2$、$\boldsymbol{G}_3$、$\boldsymbol{G}_4$、$\boldsymbol{G}_5$、$\boldsymbol{G}_6$、$\boldsymbol{G}_7$、$\boldsymbol{G}_8$、$\boldsymbol{G}_9$、$\boldsymbol{G}_{10}$、$\boldsymbol{G}_{11}$、$\boldsymbol{G}_{12}$、$\boldsymbol{G}_{13}$、$\boldsymbol{G}_{14}$）中获得逆变换。

当 $n=7$ 时，角度为 0、$2\pi/7$、$4\pi/7$、$6\pi/7$、$8\pi/7$、$10\pi/7$ 和 $12\pi/7$。

我们知道圆的总角度为 2π。如果我们添加 $2\pi/7$、$4\pi/7$、$6\pi/7$、$8\pi/7$、$10\pi/7$ 和 $12\pi/7$，那么我们可以重新生成原始图像，因为它是 2π 的倍数。

使用旋转，对于 $\boldsymbol{R}_{2\pi/7}$、$\boldsymbol{R}_{4\pi/7}$、$\boldsymbol{R}_{6\pi/7}$、$\boldsymbol{R}_{8\pi/7}$、$\boldsymbol{R}_{10\pi/7}$ 和 $\boldsymbol{R}_{12\pi/7}$，对应的 G-Let 是 $\boldsymbol{G}_2$、$\boldsymbol{G}_3$、$\boldsymbol{G}_4$、$\boldsymbol{G}_5$、$\boldsymbol{G}_6$、$\boldsymbol{G}_7$，其中 $\boldsymbol{G}_2=\begin{pmatrix}134.030245 & -79.855376\\ 99.668820 & 19.368043\end{pmatrix}$，$\boldsymbol{G}_3=\begin{pmatrix}21.132974 & -154.578143\\ 77.285033 & -65.848506\end{pmatrix}$、

$$G_4 = \begin{pmatrix} -107.677854 & -112.900359 \\ -3.295983 & -101.479758 \end{pmatrix}、G_5 = \begin{pmatrix} -155.405094 & 13.793769 \\ -81.395103 & -60.694662 \end{pmatrix}、G_6 =$$

$$\begin{pmatrix} -86.109106 & 130.100833 \\ -98.202007 & 25.794726 \end{pmatrix} 和 G_7 = \begin{pmatrix} 48.028835 & 148.439276 \\ -41.060760 & 92.860157 \end{pmatrix}，则：$$

$$G_2 + G_3 + G_4 + G_5 + G_6 + G_7$$

$$= \begin{pmatrix} 134.030245 & -79.855376 \\ 99.668820 & 19.368043 \end{pmatrix} + \begin{pmatrix} 21.132974 & -154.578143 \\ 77.285033 & -65.848506 \end{pmatrix} +$$

$$\begin{pmatrix} -107.677854 & -112.900359 \\ -3.295983 & -101.479758 \end{pmatrix} + \begin{pmatrix} -155.405094 & 13.793769 \\ -81.395103 & -60.694662 \end{pmatrix} +$$

$$\begin{pmatrix} -86.109106 & 130.100833 \\ -98.202007 & 25.794726 \end{pmatrix} + \begin{pmatrix} 48.028835 & 148.439276 \\ -41.060760 & 92.860157 \end{pmatrix}$$

$$\approx \begin{pmatrix} -146 & -55 \\ -47 & -90 \end{pmatrix} = -\begin{pmatrix} 146 & 55 \\ 47 & 90 \end{pmatrix}$$

$$= -A_1 [\text{其中} A_1 \text{是原始图像矩阵} A \text{的} 2 \times 2 \text{子矩阵}]$$

因此，添加 G_2、G_3、G_4、G_5、G_6 和 G_7，我们可以重新生成原始图像。

使用反射，对于 $S_{2\pi/7}$、$S_{4\pi/7}$、$S_{6\pi/7}$、$S_{8\pi/7}$、$S_{10\pi/7}$ 和 $S_{12\pi/7}$，对应的 G-Lets 分量是 G_9、G_{10}、G_{11}、G_{12}、G_{13} 和 G_{14}，其中 $G_9 = \begin{pmatrix} 134.030245 & 79.855376 \\ 99.668820 & -19.368043 \end{pmatrix}$，$G_{10} = \begin{pmatrix} 21.132974 & 154.578143 \\ 77.285033 & 65.848506 \end{pmatrix}$、

$$G_{11} = \begin{pmatrix} -107.677854 & 112.900359 \\ -3.295983 & 101.479758 \end{pmatrix}、G_{12} = \begin{pmatrix} -155.405094 & -13.793769 \\ -81.395103 & 60.694662 \end{pmatrix}、G_{13} =$$

$$\begin{pmatrix} -86.109106 & -130.100833 \\ -98.202007 & -25.794726 \end{pmatrix} 和 G_{14} = \begin{pmatrix} 48.028835 & -148.439276 \\ -41.060760 & -92.860157 \end{pmatrix}，则：$$

$$G_9 + G_{10} + G_{11} + G_{12} + G_{13} + G_{14}$$

$$= \begin{pmatrix} 134.030245 & 79.855376 \\ 99.668820 & -19.368043 \end{pmatrix} + \begin{pmatrix} 21.132974 & 154.578143 \\ 77.285033 & 65.848506 \end{pmatrix} +$$

$$\begin{pmatrix} -107.677854 & 112.900359 \\ -3.295983 & 101.479758 \end{pmatrix} + \begin{pmatrix} -155.405094 & -13.793769 \\ -81.395103 & 60.694662 \end{pmatrix} +$$

$$\begin{pmatrix} -86.109106 & -130.100833 \\ -98.202007 & -25.794726 \end{pmatrix} + \begin{pmatrix} 48.028835 & -148.439276 \\ -41.060760 & -92.860157 \end{pmatrix}$$

$$\approx \begin{pmatrix} -146 & 55 \\ -47 & 90 \end{pmatrix} = -\begin{pmatrix} 146 & -55 \\ 47 & -90 \end{pmatrix}$$

$=-A_1$［其中 A_1 是原始图像矩阵 A 的 2×2 阶子矩阵］

因为它是原始图像的反射，所以逆矩阵的第一列是负数。因此，添加上 G_9、G_{10}、G_{11}、G_{12}、G_{13} 和 G_{14}，我们重新生成原始图像的反向图像。

(4) G-LetD_7 在图像上的实现

我们将狒狒图像作为原始图像，如图 9.14 所示。对原始图像（狒狒图像）进行正向 G-Let D_7 变换，我们生成了七个旋转 G-Let 变换图像，标记为 G-Let 1、G-Let 2、G-Let 3、G-Let 4、G-Let 5、G-Let 6、G-Let 7 和七个反射 G-Let 变换图像，标记为 G-Let 8、G-Let 9、G-Let 10、G-Let 12、G-Let 13、G-Let 14，如图 9.15 所示。对这七个旋转和七个反射 G-Let 变换图像进行 G-Let D_7 逆变换，我们将 G-Let 逆变换图像标记为重构图像，如图 9.16 所示。

图 9.14 原始狒狒图像

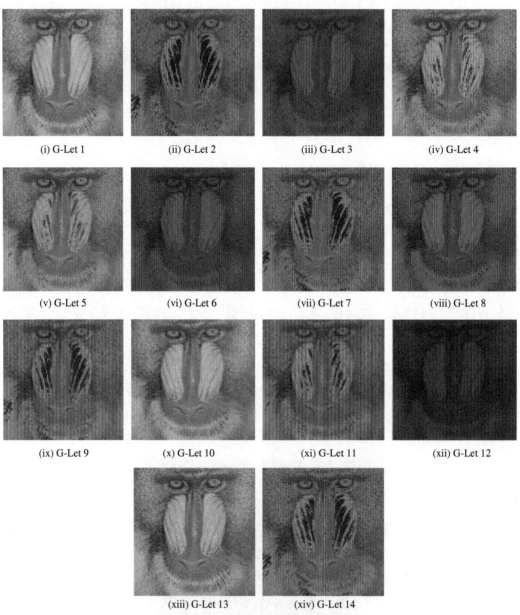

(i) G-Let 1　　(ii) G-Let 2　　(iii) G-Let 3　　(iv) G-Let 4

(v) G-Let 5　　(vi) G-Let 6　　(vii) G-Let 7　　(viii) G-Let 8

(ix) G-Let 9　　(x) G-Let 10　　(xi) G-Let 11　　(xii) G-Let 12

(xiii) G-Let 13　　(xiv) G-Let 14

图 9.15　G-Let D_7 的正向变换

(i),(ii),(iii),(iv),(v),(vi),(vii)是旋转变换的 G-Let 分量;(viii),(ix),(x),(xi),(xii),(xiii),(xiv)
是反射变换的 G-Let 分量

（i）原始图像　　　　（ii）使用 G-Let 旋转计算的　　　（iii）使用 G-Let 反射计算的

　　　　　　　　　　　重构图像　　　　　　　　　　　重构图像

图 9.16　G-Let D_7 逆变换后的原始图像和重构图像

6）D_8 组

对于第 8 维,二面体群的一般形式是 D_n（其中 D 和 n 是 G-Let 的参数）。如果我们考虑 $n=8$,那么 $D_n=D_8$。

（1）D_8 的构建

当 $n=8$ 时,将进行八个相应的旋转和反射操作以获得该变换。我们可以将八个旋转操作表示为 $\boldsymbol{R}_0$、$\boldsymbol{R}_1$、$\boldsymbol{R}_2$、$\boldsymbol{R}_3$、$\boldsymbol{R}_4$、$\boldsymbol{R}_5$、$\boldsymbol{R}_6$ 和 $\boldsymbol{R}_7$,将八个反射操作表示为 $\boldsymbol{S}_0$、$\boldsymbol{S}_1$、$\boldsymbol{S}_2$、$\boldsymbol{S}_3$、$\boldsymbol{S}_4$、$\boldsymbol{S}_5$、$\boldsymbol{S}_6$ 和 $\boldsymbol{S}_7$。类似地,当 $n=8$ 时,对于八个 k 值（$k=0,1,2,3,4,5,6,7$）将有八个角度。$\boldsymbol{R}_0$、$\boldsymbol{R}_1$、$\boldsymbol{R}_2$、$\boldsymbol{R}_3$、$\boldsymbol{R}_4$、$\boldsymbol{R}_5$、$\boldsymbol{R}_6$、$\boldsymbol{R}_7$、$\boldsymbol{S}_0$、$\boldsymbol{S}_1$、$\boldsymbol{S}_2$、$\boldsymbol{S}_3$、$\boldsymbol{S}_4$、$\boldsymbol{S}_5$、$\boldsymbol{S}_6$、$\boldsymbol{S}_7$ 可以根据式（9.1）和（9.2）计算出不同的 n 和 k 值。

求角度的一般公式是 $2\pi k/n$。

对于 $k=0$,对应的角度是 0。

对于 $k=1$,对应的角度是 $\pi/4$。

对于 $k=2$,对应的角度是 $\pi/2$。

对于 $k=3$,对应的角度是 $3\pi/4$。

对于 $k=4$,对应的角度是 π。

对于 $k=5$,对应的角度是 $5\pi/4$。

对于 $k=6$,对应的角度是 $3\pi/2$。

对于 $k=7$，对应的角度是 $7\pi/4$。

可以根据式(9.1)和(9.2)获得旋转和反射矩阵。

对于旋转操作，旋转矩阵为：$\boldsymbol{R}_{2\pi k/n} = \begin{pmatrix} \cos 2\pi k/n & -\sin 2\pi k/n \\ \sin 2\pi k/n & \cos 2\pi k/n \end{pmatrix}$

对于反射操作，反射矩阵为：$\boldsymbol{S}_{2\pi k/n} = \begin{pmatrix} \cos 2\pi k/n & \sin 2\pi k/n \\ \sin 2\pi k/n & -\cos 2\pi k/n \end{pmatrix}$

其中，对于 $n=8$，$k=0,1,2,3,4,5,6,7$，$\boldsymbol{R}_0$、$\boldsymbol{R}_1$、$\boldsymbol{R}_2$、$\boldsymbol{R}_3$、$\boldsymbol{R}_4$、$\boldsymbol{R}_5$、$\boldsymbol{R}_6$、$\boldsymbol{R}_7$ 和 $\boldsymbol{S}_0$、$\boldsymbol{S}_1$、$\boldsymbol{S}_2$、$\boldsymbol{S}_3$、$\boldsymbol{S}_4$、$\boldsymbol{S}_5$、$\boldsymbol{S}_6$、$\boldsymbol{S}_7$ 是针对不同的 k 值($k=0,1,2,3,4,5,6,7$)和 $n=8$ 计算得出的。

对于 $k=0$，

(i) $\boldsymbol{R}_0 = \begin{pmatrix} \cos 0 & -\sin 0 \\ \sin 0 & \cos 0 \end{pmatrix} = \begin{pmatrix} 1 & 0 \\ 0 & 1 \end{pmatrix}$

(ii) $\boldsymbol{S}_0 = \begin{pmatrix} \cos 0 & \sin 0 \\ \sin 0 & -\cos 0 \end{pmatrix} = \begin{pmatrix} 1 & 0 \\ 0 & -1 \end{pmatrix}$

对于 $k=1$，

(iii) $\boldsymbol{R}_{\pi/4} = \begin{pmatrix} \cos \pi/4 & -\sin \pi/4 \\ \sin \pi/4 & \cos \pi/4 \end{pmatrix} = \begin{pmatrix} 0.707 & -0.707 \\ 0.707 & 0.707 \end{pmatrix}$

(iv) $\boldsymbol{S}_{\pi/4} = \begin{pmatrix} \cos \pi/4 & \sin \pi/4 \\ \sin \pi/4 & -\cos \pi/4 \end{pmatrix} = \begin{pmatrix} 0.707 & 0.707 \\ 0.707 & -0.707 \end{pmatrix}$

对于 $k=2$，

(v) $\boldsymbol{R}_{\pi/2} = \begin{pmatrix} \cos \pi/2 & -\sin \pi/2 \\ \sin \pi/2 & \cos \pi/2 \end{pmatrix} = \begin{pmatrix} 0 & -1 \\ 1 & 0 \end{pmatrix}$

(vi) $\boldsymbol{S}_{\pi/2} = \begin{pmatrix} \cos \pi/2 & \sin \pi/2 \\ \sin \pi/2 & -\cos \pi/2 \end{pmatrix} = \begin{pmatrix} 0 & 1 \\ 1 & 0 \end{pmatrix}$

对于 $k=3$，

(vii) $\boldsymbol{R}_{3\pi/4} = \begin{pmatrix} \cos 3\pi/4 & -\sin 3\pi/4 \\ \sin 3\pi/4 & \cos 3\pi/4 \end{pmatrix} = \begin{pmatrix} -0.707 & -0.707 \\ 0.707 & -0.707 \end{pmatrix}$

(viii) $\boldsymbol{S}_{3\pi/4}=\begin{pmatrix} \cos3\pi/4 & \sin3\pi/4 \\ \sin3\pi/4 & -\cos3\pi/4 \end{pmatrix}=\begin{pmatrix} -0.707 & 0.707 \\ 0.707 & 0.707 \end{pmatrix}$

对于 $k=4$,

(ix) $\boldsymbol{R}_{\pi}=\begin{pmatrix} \cos\pi & -\sin\pi \\ \sin\pi & \cos\pi \end{pmatrix}=\begin{pmatrix} -1 & 0 \\ 0 & -1 \end{pmatrix}$

(x) $\boldsymbol{S}_{\pi}=\begin{pmatrix} \cos\pi & \sin\pi \\ \sin\pi & -\cos\pi \end{pmatrix}=\begin{pmatrix} -1 & 0 \\ 0 & 1 \end{pmatrix}$

对于 $k=5$,

(xi) $\boldsymbol{R}_{5\pi/4}=\begin{pmatrix} \cos5\pi/4 & -\sin5\pi/4 \\ \sin5\pi/4 & \cos5\pi/4 \end{pmatrix}=\begin{pmatrix} -0.707 & 0.707 \\ -0.707 & -0.707 \end{pmatrix}$

(xii) $\boldsymbol{S}_{5\pi/4}=\begin{pmatrix} \cos5\pi/4 & \sin5\pi/4 \\ \sin5\pi/4 & -\cos5\pi/4 \end{pmatrix}=\begin{pmatrix} -0.707 & -0.707 \\ -0.707 & 0.707 \end{pmatrix}$

对于 $k=6$,

(xiii) $\boldsymbol{R}_{3\pi/2}=\begin{pmatrix} \cos3\pi/2 & -\sin3\pi/2 \\ \sin3\pi/2 & \cos3\pi/2 \end{pmatrix}=\begin{pmatrix} 0 & 1 \\ -1 & 0 \end{pmatrix}$

(xiv) $\boldsymbol{S}_{3\pi/2}=\begin{pmatrix} \cos3\pi/2 & \sin3\pi/2 \\ \sin3\pi/2 & -\cos3\pi/2 \end{pmatrix}=\begin{pmatrix} 0 & -1 \\ -1 & 0 \end{pmatrix}$

对于 $k=6$,

(xv) $\boldsymbol{R}_{7\pi/4}=\begin{pmatrix} \cos7\pi/4 & -\sin7\pi/4 \\ \sin7\pi/4 & \cos7\pi/4 \end{pmatrix}=\begin{pmatrix} 0.707 & 0.707 \\ -0.707 & 0.707 \end{pmatrix}$

(xvi) $\boldsymbol{S}_{7\pi/4}=\begin{pmatrix} \cos7\pi/4 & \sin7\pi/4 \\ \sin7\pi/4 & -\cos7\pi/4 \end{pmatrix}=\begin{pmatrix} 0.707 & -0.707 \\ -0.707 & -0.707 \end{pmatrix}$

使用这些旋转和反射矩阵,将生成十六个 G-Let 分量(其中八个用于八个旋转矩阵,八个用于八个反射矩阵),命名为 $\boldsymbol{G}_1$、$\boldsymbol{G}_2$、$\boldsymbol{G}_3$、$\boldsymbol{G}_4$、$\boldsymbol{G}_5$、$\boldsymbol{G}_6$、$\boldsymbol{G}_7$、$\boldsymbol{G}_8$、$\boldsymbol{G}_9$、$\boldsymbol{G}_{10}$、$\boldsymbol{G}_{11}$、$\boldsymbol{G}_{12}$、$\boldsymbol{G}_{13}$、$\boldsymbol{G}_{14}$、$\boldsymbol{G}_{15}$ 和 $\boldsymbol{G}_{16}$。这些 G-Let 分量将使用对具有十六个旋转和反射矩阵的输入图像矩阵执行的矩阵乘法运算来生成。

（2）D_8 的数学计算示例

我们考虑一个 2×2 矩阵 $\boldsymbol{A}_1$，它是原始图像矩阵 $\boldsymbol{A}$ 的子矩阵。

$$\boldsymbol{A}_1 = \begin{pmatrix} 86 & 205 \\ 155 & 10 \end{pmatrix}$$

旋转操作

$$\boldsymbol{G}_1 = \boldsymbol{A}_1\boldsymbol{R}_0 = \begin{pmatrix} 86 & 205 \\ 155 & 10 \end{pmatrix}\begin{pmatrix} 1 & 0 \\ 0 & 1 \end{pmatrix} = \begin{pmatrix} 86 & 205 \\ 155 & 10 \end{pmatrix}$$

$$\boldsymbol{G}_2 = \boldsymbol{A}_1\boldsymbol{R}_1 = \begin{pmatrix} 86 & 205 \\ 155 & 10 \end{pmatrix}\begin{pmatrix} 0.707 & -0.707 \\ 0.707 & 0.707 \end{pmatrix} = \begin{pmatrix} 205.737 & 84.133 \\ 116.655 & -102.515 \end{pmatrix}$$

$$\boldsymbol{G}_3 = \boldsymbol{A}_1\boldsymbol{R}_2 = \begin{pmatrix} 86 & 205 \\ 155 & 10 \end{pmatrix}\begin{pmatrix} 0 & -1 \\ 1 & 0 \end{pmatrix} = \begin{pmatrix} 205 & -86 \\ 10 & -155 \end{pmatrix}$$

$$\boldsymbol{G}_4 = \boldsymbol{A}_1\boldsymbol{R}_3 = \begin{pmatrix} 86 & 205 \\ 155 & 10 \end{pmatrix}\begin{pmatrix} -0.707 & -0.707 \\ 0.707 & -0.707 \end{pmatrix} = \begin{pmatrix} 84.133 & -205.737 \\ -102.515 & -116.655 \end{pmatrix}$$

$$\boldsymbol{G}_5 = \boldsymbol{A}_1\boldsymbol{R}_4 = \begin{pmatrix} 86 & 205 \\ 155 & 10 \end{pmatrix}\begin{pmatrix} -1 & 0 \\ 0 & -1 \end{pmatrix} = \begin{pmatrix} -86 & -205 \\ -155 & -10 \end{pmatrix}$$

$$\boldsymbol{G}_6 = \boldsymbol{A}_1\boldsymbol{R}_5 = \begin{pmatrix} 86 & 205 \\ 155 & 10 \end{pmatrix}\begin{pmatrix} -0.707 & 0.707 \\ -0.707 & -0.707 \end{pmatrix} = \begin{pmatrix} -205.737 & -84.133 \\ -116.655 & 102.515 \end{pmatrix}$$

$$\boldsymbol{G}_7 = \boldsymbol{A}_1\boldsymbol{R}_6 = \begin{pmatrix} 86 & 205 \\ 155 & 10 \end{pmatrix}\begin{pmatrix} 0 & 1 \\ -1 & 0 \end{pmatrix} = \begin{pmatrix} -205 & 86 \\ -10 & 155 \end{pmatrix}$$

$$\boldsymbol{G}_8 = \boldsymbol{A}_1\boldsymbol{R}_7 = \begin{pmatrix} 86 & 205 \\ 155 & 10 \end{pmatrix}\begin{pmatrix} 0.707 & 0.707 \\ -0.707 & 0.707 \end{pmatrix} = \begin{pmatrix} -84.133 & 205.737 \\ 102.515 & 116.655 \end{pmatrix}$$

反射操作

$$\boldsymbol{G}_9 = \boldsymbol{A}_1\boldsymbol{S}_0 = \begin{pmatrix} 86 & 205 \\ 155 & 10 \end{pmatrix}\begin{pmatrix} 1 & 0 \\ 0 & -1 \end{pmatrix} = \begin{pmatrix} 86 & -205 \\ 155 & -10 \end{pmatrix}$$

$$\boldsymbol{G}_{10} = \boldsymbol{A}_1\boldsymbol{S}_1 = \begin{pmatrix} 86 & 205 \\ 155 & 10 \end{pmatrix}\begin{pmatrix} 0.707 & 0.707 \\ 0.707 & -0.707 \end{pmatrix} = \begin{pmatrix} 205.737 & -84.133 \\ 116.655 & 102.515 \end{pmatrix}$$

$$\boldsymbol{G}_{11} = \boldsymbol{A}_1\boldsymbol{S}_2 = \begin{pmatrix} 86 & 205 \\ 155 & 10 \end{pmatrix}\begin{pmatrix} 0 & 1 \\ 1 & 0 \end{pmatrix} = \begin{pmatrix} 205 & 86 \\ 10 & 155 \end{pmatrix}$$

$$G_{12}=A_1S_3=\begin{pmatrix} 86 & 205 \\ 155 & 10 \end{pmatrix}\begin{pmatrix} -0.707 & 0.707 \\ 0.707 & 0.707 \end{pmatrix}=\begin{pmatrix} 84.133 & 205.737 \\ -102.515 & 116.655 \end{pmatrix}$$

$$G_{13}=A_1S_4=\begin{pmatrix} 86 & 205 \\ 155 & 10 \end{pmatrix}\begin{pmatrix} -1 & 0 \\ 0 & 1 \end{pmatrix}=\begin{pmatrix} -86 & 205 \\ -155 & 10 \end{pmatrix}$$

$$G_{14}=A_1S_5=\begin{pmatrix} 86 & 205 \\ 155 & 10 \end{pmatrix}\begin{pmatrix} -0.707 & -0.707 \\ -0.707 & 0.707 \end{pmatrix}=\begin{pmatrix} -205.737 & 84.133 \\ -116.655 & -102.515 \end{pmatrix}$$

$$G_{15}=A_1S_6=\begin{pmatrix} 86 & 205 \\ 155 & 10 \end{pmatrix}\begin{pmatrix} 0 & -1 \\ -1 & 0 \end{pmatrix}=\begin{pmatrix} -205 & -86 \\ -10 & -155 \end{pmatrix}$$

$$G_{16}=A_1S_7=\begin{pmatrix} 86 & 205 \\ 155 & 10 \end{pmatrix}\begin{pmatrix} 0.707 & -0.707 \\ -0.707 & -0.707 \end{pmatrix}=\begin{pmatrix} -84.133 & -205.737 \\ -102.515 & -116.655 \end{pmatrix}$$

（3）D_8 的可逆计算

可以从这十六个 G-Let 分量（G_1、G_2、G_3、G_4、G_5、G_6、G_7、G_8、G_9、G_{10}、G_{11}、G_{12}、G_{13}、G_{14}、G_{15}、G_{16}）中获得逆变换。

当 $n=8$ 时，角度为 0、$\pi/4$、$\pi/2$、$3\pi/4$、π、$5\pi/4$、$3\pi/2$ 和 $7\pi/4$。

我们知道圆的总角度为 2π。如果添加 $\pi/4$、$\pi/2$、$3\pi/4$、π、$5\pi/4$、$3\pi/2$ 和 $7\pi/4$，就可以重新生成原始图像。

使用旋转，对于 $R_{\pi/4}$、$R_{\pi/2}$、$R_{3\pi/4}$、R_π、$R_{5\pi/4}$、$R_{3\pi/2}$ 和 $R_{7\pi/4}$，对应的 G-Let 是 G_2、G_3、G_4、G_5、G_6、G_7、G_8，其中 $G_2=\begin{pmatrix} 205.737 & 84.133 \\ 116.655 & -102.515 \end{pmatrix}$、$G_3=\begin{pmatrix} 205 & -86 \\ 10 & -155 \end{pmatrix}$、$G_4=\begin{pmatrix} 84.133 & -205.737 \\ -102.515 & -116.655 \end{pmatrix}$，$G_5=\begin{pmatrix} -86 & -205 \\ -155 & -10 \end{pmatrix}$，$G_6=\begin{pmatrix} -205.737 & -84.133 \\ -116.655 & 102.515 \end{pmatrix}$，$G_7=\begin{pmatrix} -205 & 86 \\ -10 & 155 \end{pmatrix}$，$G_8=\begin{pmatrix} -84.133 & 205.737 \\ 102.515 & 116.655 \end{pmatrix}$，则：

$G_2+G_3+G_4+G_5+G_6+G_7+G_8$

$$=\begin{pmatrix} 205.73 & 84.133 \\ 116.655 & -102.515 \end{pmatrix}+\begin{pmatrix} 205 & -86 \\ 10 & -155 \end{pmatrix}+$$

$$\begin{pmatrix} 84.133 & -205.737 \\ -102.515 & -116.655 \end{pmatrix}+\begin{pmatrix} -86 & -205 \\ -155 & -10 \end{pmatrix}+$$

$$\begin{pmatrix} -205.737 & -84.133 \\ -116.655 & 102.515 \end{pmatrix}+\begin{pmatrix} -205 & 86 \\ -10 & 155 \end{pmatrix}+\begin{pmatrix} -84.133 & 205.737 \\ 102.515 & 116.655 \end{pmatrix}$$

$$= \begin{pmatrix} -86 & -205 \\ -155 & -10 \end{pmatrix} = -\begin{pmatrix} 86 & 205 \\ 155 & 10 \end{pmatrix}$$

$=-A_1$［其中A_1是原始图像矩阵A的2×2子矩阵］

因此，添加G_2、G_3、G_4、G_5、G_6、G_7和G_8，我们可以重新生成原始图像。

使用反射，对于$S_{\pi/4}$、$S_{\pi/2}$、$S_{3\pi/4}$、S_π、$S_{5\pi/4}$、$S_{3\pi/2}$和$S_{7\pi/4}$，对应的G-Lets分量是G_{10}、G_{11}、G_{12}、G_{13}、G_{14}、G_{15}和G_{16}，其中$G_{10} = \begin{pmatrix} 205.737 & -84.133 \\ 116.655 & 102.515 \end{pmatrix}$、$G_{11} = \begin{pmatrix} 205 & 86 \\ 10 & 155 \end{pmatrix}$、$G_{12} = \begin{pmatrix} 84.133 & 205.737 \\ -102.515 & 116.655 \end{pmatrix}$、$G_{13} = \begin{pmatrix} -86 & 205 \\ -155 & 10 \end{pmatrix}$、$G_{14} = \begin{pmatrix} -205.737 & 84.133 \\ -116.655 & -102.515 \end{pmatrix}$、$G_{15} = \begin{pmatrix} -205 & -86 \\ -10 & -155 \end{pmatrix}$和$G_{16} = \begin{pmatrix} -84.133 & -205.737 \\ -102.515 & -116.655 \end{pmatrix}$，则：

$$G_{10}+G_{11}+G_{12}+G_{13}+G_{14}+G_{15}+G_{16}$$

$$= \begin{pmatrix} 205.737 & -84.133 \\ 116.655 & 102.515 \end{pmatrix} + \begin{pmatrix} 205 & 86 \\ 10 & 155 \end{pmatrix} + \begin{pmatrix} 84.133 & 205.737 \\ -102.515 & 116.655 \end{pmatrix} + \begin{pmatrix} -86 & 205 \\ -155 & 10 \end{pmatrix} +$$

$$\begin{pmatrix} -205.737 & 84.133 \\ -116.655 & -102.515 \end{pmatrix} + \begin{pmatrix} -205 & -86 \\ -10 & -155 \end{pmatrix} + \begin{pmatrix} -84.133 & -205.737 \\ -102.515 & -116.655 \end{pmatrix}$$

$$= \begin{pmatrix} -86 & 205 \\ -155 & 10 \end{pmatrix} = -\begin{pmatrix} 86 & -205 \\ 155 & -10 \end{pmatrix}$$

$=-A_1$［其中A_1是原始图像矩阵A的2×2子矩阵］

因为它是原始图像的反射，所以逆矩阵的第一列是负数。因此，添加G_{10}、G_{11}、G_{12}、G_{13}、G_{14}、G_{15}和G_{16}，我们重新生成原始图像的重构图像。

（4）G-Let D_8在图像上的实现

我们将狒狒图像作为原始图像，如图9.17所示。对原始图像（狒狒图像）进行正向 G-Let D_8变换，我们生成了八个旋转G-Let变换图像，标记为G-Let 1、G-Let 2、G-Let 3、G-Let 4、G-Let 5、G-Let 6、G-Let 7、G-Let 8和八个反射G-Let变换图像，标记为G-Let

图9.17 原始狒狒图像

9、G-Let 10、G-Let 12、G-Let 13、G-Let 14、G-Let 15、G-Let 16,如图 9.18 所示。对这八个旋转和八个反射 G-Let 变换图像进行 G-Let D_8 逆变换,我们将 G-Let 逆变换图像标记为重构图像,如图 9.19 所示。

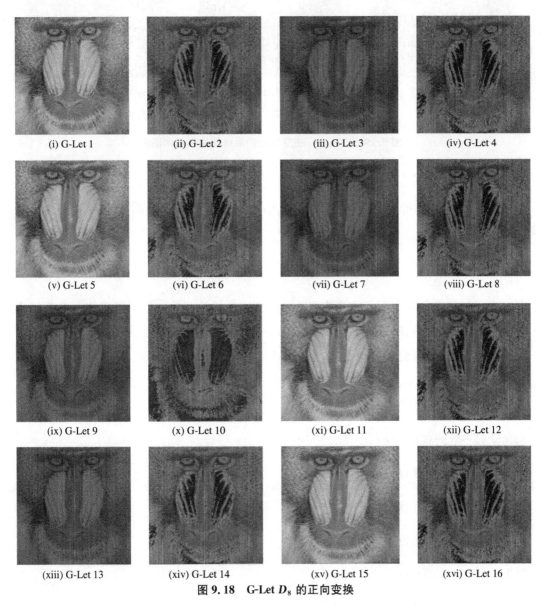

(i) G-Let 1　　(ii) G-Let 2　　(iii) G-Let 3　　(iv) G-Let 4

(v) G-Let 5　　(vi) G-Let 6　　(vii) G-Let 7　　(viii) G-Let 8

(ix) G-Let 9　　(x) G-Let 10　　(xi) G-Let 11　　(xii) G-Let 12

(xiii) G-Let 13　　(xiv) G-Let 14　　(xv) G-Let 15　　(xvi) G-Let 16

图 9.18　G-Let D_8 的正向变换

(i),(ii),(iii),(iv),(v),(vi),(vii),(viii)是旋转变换的 G-Let 分量;(ix),(x),(xi),(xii),(xiii),(xiv),(xv),(xvi)是反射变换的 G-Let 分量

  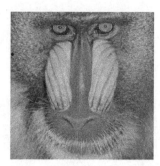

（i）原始图像　　　　（ii）使用 G-Let 旋转计算的　　（iii）使用 G-Let 反射计算的
　　　　　　　　　　　　重构图像　　　　　　　　　　　重构图像

图 9.19　G-Let D_8 逆变换后的原始图像和重构图像

7）D_9 组

对于第 9 维,二面体群的一般形式是 D_n（其中 D 和 n 是 G-Let 的参数）。如果我们考虑 $n=9$,那么 $D_n=D_9$。

（1）D_9 的构建

当 $n=9$ 时,将进行九个相应的旋转和反射操作以获得该变换。我们可以将九个旋转操作表示为 R_0、R_1、R_2、R_3、R_4、R_5、R_6、R_7、R_8,将八个反射操作表示为 S_0、S_1、S_2、S_3、S_4、S_5、S_6、S_7、S_8。类似地,当 $n=9$ 时,对于九个 k 值（$k=0,1,2,3,4,5,6,7,8$）将有九个角度。R_0、R_1、R_2、R_3、R_4、R_5、R_6、R_7、R_8、S_0、S_1、S_2、S_3、S_4、S_5、S_6、S_7、S_8 可以根据式（9.1）和（9.2）计算出不同的 n 和 k 值。

求角度的一般公式是 $2\pi k/n$。

对于 $k=0$,对应的角度是 0。

对于 $k=1$,对应的角度是 $2\pi/9$。

对于 $k=2$,对应的角度是 $4\pi/9$。

对于 $k=3$,对应的角度是 $2\pi/3$。

对于 $k=4$,对应的角度是 $8\pi/9$。

对于 $k=5$,对应的角度是 $10\pi/9$。

对于 $k=6$，对应的角度是 $4\pi/3$。

对于 $k=7$，对应的角度是 $14\pi/9$。

对于 $k=8$，对应的角度是 $16\pi/9$。

可以根据式(9.1)和(9.2)获得旋转和反射矩阵。

对于旋转操作，旋转矩阵为：$\boldsymbol{R}_{2\pi k/n}=\begin{pmatrix}\cos2\pi k/n & -\sin2\pi k/n\\ \sin2\pi k/n & \cos2\pi k/n\end{pmatrix}$

对于反射操作，反射矩阵为：$\boldsymbol{S}_{2\pi k/n}=\begin{pmatrix}\cos2\pi k/n & \sin2\pi k/n\\ \sin2\pi k/n & -\cos2\pi k/n\end{pmatrix}$

其中，对于 $n=9$，$k=0,1,2,3,4,5,6,7,8$，$\boldsymbol{R}_0$、$\boldsymbol{R}_1$、$\boldsymbol{R}_2$、$\boldsymbol{R}_3$、$\boldsymbol{R}_4$、$\boldsymbol{R}_5$、$\boldsymbol{R}_6$、$\boldsymbol{R}_7$、$\boldsymbol{R}_8$ 和 $\boldsymbol{S}_0$、$\boldsymbol{S}_1$、$\boldsymbol{S}_2$、$\boldsymbol{S}_3$、$\boldsymbol{S}_4$、$\boldsymbol{S}_5$、$\boldsymbol{S}_6$、$\boldsymbol{S}_7$、$\boldsymbol{S}_8$ 是针对不同的 k 值（$k=0,1,2,3,4,5,6,7,8$）和 $n=9$ 计算得出的。

对于 $k=0$，

(i) $\boldsymbol{R}_0=\begin{pmatrix}\cos0 & -\sin0\\ \sin0 & \cos0\end{pmatrix}=\begin{pmatrix}1 & 0\\ 0 & 1\end{pmatrix}$

(ii) $\boldsymbol{S}_0=\begin{pmatrix}\cos0 & \sin0\\ \sin0 & -\cos0\end{pmatrix}=\begin{pmatrix}1 & 0\\ 0 & -1\end{pmatrix}$

对于 $k=1$，

(iii) $\boldsymbol{R}_{2\pi/9}=\begin{pmatrix}\cos2\pi/9 & -\sin2\pi/9\\ \sin2\pi/9 & \cos2\pi/9\end{pmatrix}=\begin{pmatrix}0.766 & -0.643\\ 0.643 & 0.766\end{pmatrix}$

(iv) $\boldsymbol{S}_{2\pi/9}=\begin{pmatrix}\cos2\pi/9 & \sin2\pi/9\\ \sin2\pi/9 & -\cos2\pi/9\end{pmatrix}=\begin{pmatrix}0.766 & 0.643\\ 0.643 & -0.766\end{pmatrix}$

对于 $k=2$，

(v) $\boldsymbol{R}_{4\pi/9}=\begin{pmatrix}\cos4\pi/9 & -\sin4\pi/9\\ \sin4\pi/9 & \cos4\pi/9\end{pmatrix}=\begin{pmatrix}0.174 & -0.985\\ 0.985 & 0.174\end{pmatrix}$

(vi) $\boldsymbol{S}_{4\pi/9} = \begin{pmatrix} \cos4\pi/9 & \sin4\pi/9 \\ \sin4\pi/9 & -\cos4\pi/9 \end{pmatrix} = \begin{pmatrix} 0.174 & 0.985 \\ 0.985 & -0.174 \end{pmatrix}$

对于 $k=3$,

(vii) $\boldsymbol{R}_{2\pi/3} = \begin{pmatrix} \cos2\pi/3 & -\sin2\pi/3 \\ \sin2\pi/3 & \cos2\pi/3 \end{pmatrix} = \begin{pmatrix} -0.5 & -0.866 \\ 0.866 & -0.5 \end{pmatrix}$

(viii) $\boldsymbol{S}_{2\pi/3} = \begin{pmatrix} \cos2\pi/3 & \sin2\pi/3 \\ \sin2\pi/3 & -\cos2\pi/3 \end{pmatrix} = \begin{pmatrix} -0.5 & 0.866 \\ 0.866 & 0.5 \end{pmatrix}$

对于 $k=4$,

(ix) $\boldsymbol{R}_{8\pi/9} = \begin{pmatrix} \cos8\pi/9 & -\sin8\pi/9 \\ \sin8\pi/9 & \cos8\pi/9 \end{pmatrix} = \begin{pmatrix} -0.940 & -0.342 \\ 0.342 & -0.940 \end{pmatrix}$

(x) $\boldsymbol{S}_{8\pi/9} = \begin{pmatrix} \cos8\pi/9 & \sin8\pi/9 \\ \sin8\pi/9 & -\cos8\pi/9 \end{pmatrix} = \begin{pmatrix} -0.940 & 0.342 \\ 0.342 & 0.940 \end{pmatrix}$

对于 $k=5$,

(xi) $\boldsymbol{R}_{10\pi/9} = \begin{pmatrix} \cos10\pi/9 & -\sin10\pi/9 \\ \sin10\pi/9 & \cos10\pi/9 \end{pmatrix} = \begin{pmatrix} -0.940 & 0.342 \\ -0.342 & -0.940 \end{pmatrix}$

(xii) $\boldsymbol{S}_{10\pi/9} = \begin{pmatrix} \cos10\pi/9 & \sin10\pi/9 \\ \sin10\pi/9 & -\cos10\pi/9 \end{pmatrix} = \begin{pmatrix} -0.940 & -0.342 \\ -0.342 & 0.940 \end{pmatrix}$

对于 $k=6$,

(xiii) $\boldsymbol{R}_{4\pi/3} = \begin{pmatrix} \cos4\pi/3 & -\sin4\pi/3 \\ \sin4\pi/3 & \cos4\pi/3 \end{pmatrix} = \begin{pmatrix} -0.5 & 0.866 \\ -0.866 & -0.5 \end{pmatrix}$

(xiv) $\boldsymbol{S}_{4\pi/3} = \begin{pmatrix} \cos4\pi/3 & \sin4\pi/3 \\ \sin4\pi/3 & -\cos4\pi/3 \end{pmatrix} = \begin{pmatrix} -0.5 & -0.866 \\ -0.866 & 0.5 \end{pmatrix}$

对于 $k=7$,

(xv) $\boldsymbol{R}_{14\pi/9} = \begin{pmatrix} \cos14\pi/9 & -\sin14\pi/9 \\ \sin14\pi/9 & \cos14\pi/9 \end{pmatrix} = \begin{pmatrix} 0.174 & 0.985 \\ -0.985 & 0.174 \end{pmatrix}$

（xvi）$\boldsymbol{S}_{14\pi/9} = \begin{pmatrix} \cos14\pi/9 & \sin14\pi/9 \\ \sin14\pi/9 & -\cos14\pi/9 \end{pmatrix} = \begin{pmatrix} 0.174 & -0.985 \\ -0.985 & -0.174 \end{pmatrix}$

对于 $k=8$，

（xvii）$\boldsymbol{R}_{16\pi/9} = \begin{pmatrix} \cos16\pi/9 & -\sin16\pi/9 \\ \sin16\pi/9 & \cos16\pi/9 \end{pmatrix} = \begin{pmatrix} 0.766 & 0.643 \\ -0.643 & 0.766 \end{pmatrix}$

（xviii）$\boldsymbol{S}_{16\pi/9} = \begin{pmatrix} \cos16\pi/9 & \sin16\pi/9 \\ \sin16\pi/9 & -\cos16\pi/9 \end{pmatrix} = \begin{pmatrix} 0.766 & -0.643 \\ -0.643 & -0.766 \end{pmatrix}$

使用这些旋转和反射矩阵，将生成十八个 G-Let 分量（其中九个用于九个旋转矩阵，九个用于九个反射矩阵），命名为 $\boldsymbol{G}_1$、$\boldsymbol{G}_2$、$\boldsymbol{G}_3$、$\boldsymbol{G}_4$、$\boldsymbol{G}_5$、$\boldsymbol{G}_6$、$\boldsymbol{G}_7$、$\boldsymbol{G}_8$、$\boldsymbol{G}_9$、$\boldsymbol{G}_{10}$、$\boldsymbol{G}_{11}$、$\boldsymbol{G}_{12}$、$\boldsymbol{G}_{13}$、$\boldsymbol{G}_{14}$、$\boldsymbol{G}_{15}$、$\boldsymbol{G}_{16}$、$\boldsymbol{G}_{17}$ 和 $\boldsymbol{G}_{18}$。这些 G-Let 分量将使用对具有十八个旋转和反射矩阵的输入图像矩阵执行的矩阵乘法运算来生成。

（2）D_9 的数学计算示例

我们考虑一个 2×2 矩阵 $\boldsymbol{A}_1$，它是原始图像矩阵 $\boldsymbol{A}$ 的子矩阵。

$$\boldsymbol{A}_1 = \begin{pmatrix} 86 & 205 \\ 155 & 10 \end{pmatrix}$$

旋转操作

$$\boldsymbol{G}_1 = \boldsymbol{A}_1\boldsymbol{R}_0 = \begin{pmatrix} 86 & 205 \\ 155 & 10 \end{pmatrix}\begin{pmatrix} 1 & 0 \\ 0 & 1 \end{pmatrix} = \begin{pmatrix} 86 & 205 \\ 155 & 10 \end{pmatrix}$$

$$\boldsymbol{G}_2 = \boldsymbol{A}_1\boldsymbol{R}_1 = \begin{pmatrix} 86 & 205 \\ 155 & 10 \end{pmatrix}\begin{pmatrix} 0.766 & -0.643 \\ 0.643 & 0.766 \end{pmatrix} = \begin{pmatrix} 197.691 & 101.732 \\ 125.15 & -92.005 \end{pmatrix}$$

$$\boldsymbol{G}_3 = \boldsymbol{A}_1\boldsymbol{R}_2 = \begin{pmatrix} 86 & 205 \\ 155 & 10 \end{pmatrix}\begin{pmatrix} 0.174 & -0.985 \\ 0.985 & 0.174 \end{pmatrix} = \begin{pmatrix} 216.889 & -49.04 \\ 36.82 & -150.935 \end{pmatrix}$$

$$\boldsymbol{G}_4 = \boldsymbol{A}_1\boldsymbol{R}_3 = \begin{pmatrix} 86 & 205 \\ 155 & 10 \end{pmatrix}\begin{pmatrix} -0.5 & -0.866 \\ 0.866 & -0.5 \end{pmatrix} = \begin{pmatrix} 134.53 & -176.976 \\ -68.84 & -139.23 \end{pmatrix}$$

$$\boldsymbol{G}_5 = \boldsymbol{A}_1\boldsymbol{R}_4 = \begin{pmatrix} 86 & 205 \\ 155 & 10 \end{pmatrix}\begin{pmatrix} -0.940 & -0.342 \\ 0.342 & -0.940 \end{pmatrix} = \begin{pmatrix} -10.73 & -222.112 \\ -142.28 & -62.41 \end{pmatrix}$$

$$G_6 = A_1 R_5 = \begin{pmatrix} 86 & 205 \\ 155 & 10 \end{pmatrix} \begin{pmatrix} -0.940 & 0.342 \\ -0.342 & -0.940 \end{pmatrix} = \begin{pmatrix} -150.95 & -163.288 \\ -149.12 & 43.61 \end{pmatrix}$$

$$G_7 = A_1 R_6 = \begin{pmatrix} 86 & 205 \\ 155 & 10 \end{pmatrix} \begin{pmatrix} -0.5 & 0.866 \\ -0.866 & -0.5 \end{pmatrix} = \begin{pmatrix} -220.53 & -28.024 \\ -86.16 & 129.23 \end{pmatrix}$$

$$G_8 = A_1 R_7 = \begin{pmatrix} 86 & 205 \\ 155 & 10 \end{pmatrix} \begin{pmatrix} 0.174 & 0.985 \\ -0.985 & 0.174 \end{pmatrix} = \begin{pmatrix} -186.961 & 120.38 \\ 17.12 & 154.415 \end{pmatrix}$$

$$G_9 = A_1 R_8 = \begin{pmatrix} 86 & 205 \\ 155 & 10 \end{pmatrix} \begin{pmatrix} 0.766 & 0.643 \\ -0.643 & 0.766 \end{pmatrix} = \begin{pmatrix} -65.939 & 212.328 \\ 112.3 & 107.325 \end{pmatrix}$$

反射操作

$$G_{10} = A_1 S_0 = \begin{pmatrix} 86 & 205 \\ 155 & 10 \end{pmatrix} \begin{pmatrix} 1 & 0 \\ 0 & -1 \end{pmatrix} = \begin{pmatrix} 86 & -205 \\ 155 & -10 \end{pmatrix}$$

$$G_{11} = A_1 S_1 = \begin{pmatrix} 86 & 205 \\ 155 & 10 \end{pmatrix} \begin{pmatrix} 0.766 & 0.643 \\ 0.643 & -0.766 \end{pmatrix} = \begin{pmatrix} 197.691 & -101.732 \\ 125.16 & 92.005 \end{pmatrix}$$

$$G_{12} = A_1 S_2 = \begin{pmatrix} 86 & 205 \\ 155 & 10 \end{pmatrix} \begin{pmatrix} 0.174 & 0.985 \\ 0.985 & -0.174 \end{pmatrix} = \begin{pmatrix} 216.889 & 49.04 \\ 36.82 & 150.935 \end{pmatrix}$$

$$G_{13} = A_1 S_3 = \begin{pmatrix} 86 & 205 \\ 155 & 10 \end{pmatrix} \begin{pmatrix} -0.5 & 0.866 \\ 0.866 & 0.5 \end{pmatrix} = \begin{pmatrix} 134.53 & 176.976 \\ -68.84 & 139.23 \end{pmatrix}$$

$$G_{14} = A_1 S_4 = \begin{pmatrix} 86 & 205 \\ 155 & 10 \end{pmatrix} \begin{pmatrix} -0.940 & 0.342 \\ 0.342 & 0.940 \end{pmatrix} = \begin{pmatrix} -10.73 & 222.112 \\ -142.28 & 62.41 \end{pmatrix}$$

$$G_{15} = A_1 S_5 = \begin{pmatrix} 86 & 205 \\ 155 & 10 \end{pmatrix} \begin{pmatrix} -0.940 & -0.342 \\ -0.342 & 0.940 \end{pmatrix} = \begin{pmatrix} -150.95 & 163.288 \\ -149.12 & -43.61 \end{pmatrix}$$

$$G_{16} = A_1 S_6 = \begin{pmatrix} 86 & 205 \\ 155 & 10 \end{pmatrix} \begin{pmatrix} -0.5 & -0.866 \\ -0.866 & 0.5 \end{pmatrix} = \begin{pmatrix} -220.53 & 28.024 \\ -86.16 & -129.23 \end{pmatrix}$$

$$G_{17} = A_1 S_7 = \begin{pmatrix} 86 & 205 \\ 155 & 10 \end{pmatrix} \begin{pmatrix} 0.174 & -0.985 \\ -0.985 & -0.174 \end{pmatrix} = \begin{pmatrix} -186.961 & -120.38 \\ 17.12 & -154.415 \end{pmatrix}$$

$$\boldsymbol{G}_{18} = \boldsymbol{A}_1 \boldsymbol{S}_8 = \begin{pmatrix} 86 & 205 \\ 155 & 10 \end{pmatrix} \begin{pmatrix} 0.766 & -0.643 \\ -0.643 & -0.766 \end{pmatrix} = \begin{pmatrix} -65.939 & -212.328 \\ 112.3 & -107.325 \end{pmatrix}$$

（3）D_9 的可逆计算

可以从这十八个 G-Let 分量（$\boldsymbol{G}_1$、$\boldsymbol{G}_2$、$\boldsymbol{G}_3$、$\boldsymbol{G}_4$、$\boldsymbol{G}_5$、$\boldsymbol{G}_6$、$\boldsymbol{G}_7$、$\boldsymbol{G}_8$、$\boldsymbol{G}_9$、$\boldsymbol{G}_{10}$、$\boldsymbol{G}_{11}$、$\boldsymbol{G}_{12}$、$\boldsymbol{G}_{13}$、$\boldsymbol{G}_{14}$、$\boldsymbol{G}_{15}$、$\boldsymbol{G}_{16}$、$\boldsymbol{G}_{17}$、$\boldsymbol{G}_{18}$）中获得逆变换。

当 $n=9$ 时，角度为 0、$2\pi/9$、$4\pi/9$、$2\pi/3$、$8\pi/9$、$10\pi/9$、$4\pi/3$、$14\pi/9$ 和 $16\pi/9$。

我们知道圆的总角度为 2π。如果添加 $2\pi/9$、$4\pi/9$、$2\pi/3$、$8\pi/9$、$10\pi/9$、$4\pi/3$、$14\pi/9$ 和 $16\pi/9$，就可以重新生成原始图像。

使用旋转，对于 $\boldsymbol{R}_{2\pi/9}$、$\boldsymbol{R}_{4\pi/9}$、$\boldsymbol{R}_{2\pi/3}$、$\boldsymbol{R}_{8\pi/9}$、$\boldsymbol{R}_{10\pi/9}$、$\boldsymbol{R}_{4\pi/3}$、$\boldsymbol{R}_{14\pi/9}$ 和 $\boldsymbol{R}_{16\pi/9}$，对应的 G-Let 是 $\boldsymbol{G}_2$、$\boldsymbol{G}_3$、$\boldsymbol{G}_4$、$\boldsymbol{G}_5$、$\boldsymbol{G}_6$、$\boldsymbol{G}_7$、$\boldsymbol{G}_8$、$\boldsymbol{G}_9$，其中

$$\boldsymbol{G}_2 = \begin{pmatrix} 197.691 & 101.732 \\ 125.16 & -92.005 \end{pmatrix}, \boldsymbol{G}_3 = \begin{pmatrix} 216.889 & -49.04 \\ 36.82 & -150.935 \end{pmatrix}, \boldsymbol{G}_4 = \begin{pmatrix} 134.53 & -176.976 \\ -68.84 & -139.23 \end{pmatrix},$$

$$\boldsymbol{G}_5 = \begin{pmatrix} -10.73 & -222.112 \\ -142.28 & -62.41 \end{pmatrix}、\boldsymbol{G}_6 = \begin{pmatrix} -150.95 & -163.288 \\ -149.12 & 43.61 \end{pmatrix}、\boldsymbol{G}_7 =$$

$$\begin{pmatrix} -220.53 & -28.024 \\ -86.16 & 129.23 \end{pmatrix}, \boldsymbol{G}_8 = \begin{pmatrix} -186.961 & 120.38 \\ 17.12 & 154.415 \end{pmatrix} 和 \boldsymbol{G}_9 = \begin{pmatrix} -65.939 & 212.328 \\ 112.3 & 107.325 \end{pmatrix}，则：$$

$$\boldsymbol{G}_2 + \boldsymbol{G}_3 + \boldsymbol{G}_4 + \boldsymbol{G}_5 + \boldsymbol{G}_6 + \boldsymbol{G}_7 + \boldsymbol{G}_8 + \boldsymbol{G}_9$$

$$= \begin{pmatrix} 197.691 & 101.732 \\ 125.16 & -92.005 \end{pmatrix} + \begin{pmatrix} 216.889 & -49.04 \\ 36.82 & -150.935 \end{pmatrix} +$$

$$\begin{pmatrix} 134.53 & -176.976 \\ -68.84 & -139.23 \end{pmatrix} + \begin{pmatrix} -10.73 & -222.112 \\ -142.28 & -62.41 \end{pmatrix} +$$

$$\begin{pmatrix} -150.95 & -163.288 \\ -149.12 & 43.61 \end{pmatrix} + \begin{pmatrix} -220.53 & -28.024 \\ -86.16 & 129.23 \end{pmatrix} +$$

$$\begin{pmatrix} -186.961 & 120.38 \\ 17.12 & 154.415 \end{pmatrix} + \begin{pmatrix} -65.939 & 212.328 \\ 112.3 & 107.325 \end{pmatrix}$$

$$= \begin{pmatrix} -86 & -205 \\ -155 & -10 \end{pmatrix} = -\begin{pmatrix} 86 & 205 \\ 155 & 10 \end{pmatrix}$$

$$= -\boldsymbol{A}_1 [其中 \boldsymbol{A}_1 是原始图像矩阵 \boldsymbol{A} 的 2 \times 2 子矩阵]$$

因此,添加 G_2、G_3、G_4、G_5、G_6、G_7、G_8 和 G_9,我们可以重新生成原始图像。

使用反射,对于 $S_{2\pi/9}$、$S_{4\pi/9}$、$S_{2\pi/3}$、$S_{8\pi/9}$、$S_{10\pi/9}$、$S_{4\pi/3}$、$S_{14\pi/9}$ 和 $S_{16\pi/9}$,对应的 G-Lets 分量是 G_{11}、G_{12}、G_{13}、G_{14}、G_{15}、G_{16}、G_{17} 和 G_{18},其中 $G_{11} = \begin{pmatrix} 197.691 & -101.732 \\ 125.16 & 92.005 \end{pmatrix}$、$G_{12} = \begin{pmatrix} 216.889 & 49.04 \\ 36.82 & 150.935 \end{pmatrix}$、$G_{13} = \begin{pmatrix} 134.53 & 176.976 \\ -68.84 & 139.23 \end{pmatrix}$、$G_{14} = \begin{pmatrix} -10.73 & 222.112 \\ -142.28 & 62.41 \end{pmatrix}$、$G_{15} = \begin{pmatrix} -150.95 & 163.288 \\ -149.12 & -43.61 \end{pmatrix}$、$G_{16} = \begin{pmatrix} -220.53 & 28.024 \\ -86.16 & -129.23 \end{pmatrix}$、$G_{17} = \begin{pmatrix} -186.961 & -120.38 \\ 17.12 & -154.415 \end{pmatrix}$ 和 $G_{18} = \begin{pmatrix} -65.939 & -212.328 \\ 112.3 & -107.325 \end{pmatrix}$,则:

$$G_{11} + G_{12} + G_{13} + G_{14} + G_{15} + G_{16} + G_{17} + G_{18}$$

$$= \begin{pmatrix} 197.691 & -101.732 \\ 125.16 & 92.005 \end{pmatrix} + \begin{pmatrix} 216.889 & 49.04 \\ 36.82 & 150.935 \end{pmatrix} +$$

$$\begin{pmatrix} 134.53 & 176.976 \\ -68.84 & 139.23 \end{pmatrix} + \begin{pmatrix} -10.73 & 222.112 \\ -142.28 & 62.41 \end{pmatrix} +$$

$$\begin{pmatrix} -150.95 & 163.288 \\ -149.12 & -43.61 \end{pmatrix} + \begin{pmatrix} -220.53 & 28.024 \\ -86.16 & -129.23 \end{pmatrix} +$$

$$\begin{pmatrix} -186.961 & -120.38 \\ 17.12 & -154.415 \end{pmatrix} + \begin{pmatrix} -65.939 & -212.328 \\ 112.3 & -107.325 \end{pmatrix}$$

$$= \begin{pmatrix} -86 & 205 \\ -155 & 10 \end{pmatrix} = -\begin{pmatrix} 86 & 205 \\ 155 & 10 \end{pmatrix}$$

$$= -A_1 [其中 A_1 是原始图像矩阵 A 的 2 \times 2 子矩阵]$$

因为它是原始图像的反射,所以逆矩阵的第一列是负数。因此,添加 G_{11}、G_{12}、G_{13}、G_{14}、G_{15}、G_{16}、G_{17} 和 G_{18},我们可以生成原始图像的重构图像。

(4) G-Let D_9 在图像上的实现

我们将狒狒图像作为原始图像,如图 9.20 所示。对原始图像(狒狒图像)进行正向 G-Let D_9 变换,我们生成了九个旋转 G-Let 变换图像,标记为 G-Let 1、G-Let 2、G-Let 3、G-Let 4、

G-Let 5、G-Let 6、G-Let 7、G-Let 8、G-Let 9 和九个反射 G-Let 变换图像，标记为 G-Let 10、
G-Let 11、G-Let 12、G-Let 13、G-Let 14、G-Let 15、G-Let 16、G-Let 17、G-Let 18，如
图 9.21 所示。对这九个旋转和九个反射 G-Let 变换图像进行 G-Let D_9 逆变换，我们将
G-Let 逆变换图像标记为重构图像，如图 9.22 所示。

图 9.20　原始狒狒图像

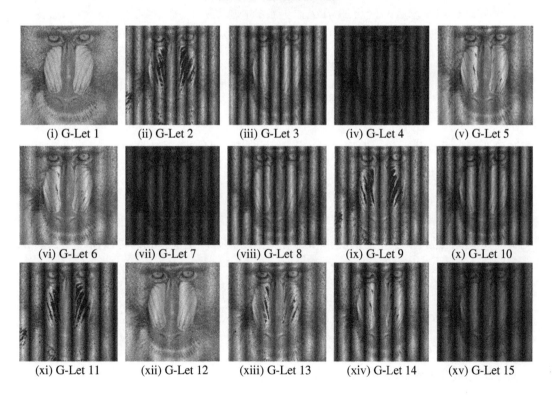

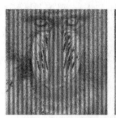  

(xvi) G-Let 16 　　　(xvii) G-Let 17 　　　(xviii) G-Let 18

图 9.21　G-Let D_9 的正向变换

(i)，(ii)，(iii)，(iv)，(v)，(vi)，(vii)，(viii)，(ix)是旋转变换的 G-Let 分量；(x)，(xi)，(xii)，(xiii)，
(xiv)，(xv)，(xvi)，(xvii)，(xviii)是反射变换的 G-Let 分量

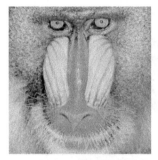  

（i）原始图像 　　（ii）使用 G-Let 旋转计算的 　　（iii）使用 G-Let 反射计算的
　　　　　　　　　　重构图像 　　　　　　　　　　重构图像

图 9.22　G-Let D_9 逆变换后的原始图像和重构图像

8）D_{10} 组

对于第 10 维，二面体群的一般形式是 D_n（其中 D 和 n 是 G-Let 的参数）。如果我们考虑
$n=10$，那么 $D_n=D_{10}$。

（1）D_{10} 的构建

当 $n=10$ 时，将进行十次相应的旋转和反射操作以获得该变换。我们可以将十个旋转操
作表示为 R_0、R_1、R_2、R_3、R_4、R_5、R_6、R_7、R_8、R_9，将十个反射操作表示为 S_0、S_1、S_2、S_3、
S_4、S_5、S_6、S_7、S_8、S_9。类似地，当 $n=10$ 时，对于十个 k 值（$k=0,1,\cdots,9$）将有十个角
度。R_0、R_1、R_2、R_3、R_4、R_5、R_6、R_7、R_8、R_9、S_0、S_1、S_2、S_3、S_4、S_5、S_6、S_7、S_8、S_9 可以根据
式（9.1）和式（9.2）计算出不同的 n 和 k 值。

求角度的一般公式是 $2\pi k/n$。

对于 $k=0$,对应的角度是 0。

对于 $k=1$,对应的角度是 $\pi/5$。

对于 $k=2$,对应的角度是 $2\pi/5$。

对于 $k=3$,对应的角度是 $3\pi/5$。

对于 $k=4$,对应的角度是 $4\pi/5$。

对于 $k=5$,对应的角度是 π。

对于 $k=6$,对应的角度是 $6\pi/5$。

对于 $k=7$,对应的角度是 $7\pi/5$。

对于 $k=8$,对应的角度是 $8\pi/5$。

对于 $k=9$,对应的角度是 $9\pi/5$。

可以根据式(9.1)和(9.2)获得旋转和反射矩阵。

对于旋转操作,旋转矩阵为:$\boldsymbol{R}_{2\pi k/n} = \begin{pmatrix} \cos 2\pi k/n & -\sin 2\pi k/n \\ \sin 2\pi k/n & \cos 2\pi k/n \end{pmatrix}$

对于反射操作,反射矩阵为:$\boldsymbol{S}_{2\pi k/n} = \begin{pmatrix} \cos 2\pi k/n & \sin 2\pi k/n \\ \sin 2\pi k/n & -\cos 2\pi k/n \end{pmatrix}$

其中,对于 $n=10$,$k=0,1,2,3,4,5,6,7,8,9$,$\boldsymbol{R}_0$、$\boldsymbol{R}_1$、$\boldsymbol{R}_2$、$\boldsymbol{R}_3$、$\boldsymbol{R}_4$、$\boldsymbol{R}_5$、$\boldsymbol{R}_6$、$\boldsymbol{R}_7$、$\boldsymbol{R}_8$、$\boldsymbol{R}_9$ 和 $\boldsymbol{S}_0$、$\boldsymbol{S}_1$、$\boldsymbol{S}_2$、$\boldsymbol{S}_3$、$\boldsymbol{S}_4$、$\boldsymbol{S}_5$、$\boldsymbol{S}_6$、$\boldsymbol{S}_7$、$\boldsymbol{S}_8$、$\boldsymbol{S}_9$ 是针对不同的 k 值($k=0,1,2,3,4,5,6,7,8,9$)和 $n=10$ 计算得出的。

对于 $k=0$,

(i) $\boldsymbol{R}_0 = \begin{pmatrix} \cos 0 & -\sin 0 \\ \sin 0 & \cos 0 \end{pmatrix} = \begin{pmatrix} 1 & 0 \\ 0 & 1 \end{pmatrix}$

(ii) $\boldsymbol{S}_0 = \begin{pmatrix} \cos 0 & \sin 0 \\ \sin 0 & -\cos 0 \end{pmatrix} = \begin{pmatrix} 1 & 0 \\ 0 & -1 \end{pmatrix}$

对于 $k=1$,

(iii) $\boldsymbol{R}_{\pi/5} = \begin{pmatrix} \cos\pi/5 & -\sin\pi/5 \\ \sin\pi/5 & \cos\pi/5 \end{pmatrix} = \begin{pmatrix} 0.809 & -0.588 \\ 0.588 & 0.809 \end{pmatrix}$

(iv) $\boldsymbol{S}_{\pi/5} = \begin{pmatrix} \cos\pi/5 & \sin\pi/5 \\ \sin\pi/5 & -\cos\pi/5 \end{pmatrix} = \begin{pmatrix} 0.809 & 0.588 \\ 0.588 & -0.809 \end{pmatrix}$

对于 $k=2$,

(v) $\boldsymbol{R}_{2\pi/5} = \begin{pmatrix} \cos2\pi/5 & -\sin2\pi/5 \\ \sin2\pi/5 & \cos2\pi/5 \end{pmatrix} = \begin{pmatrix} 0.309 & -0.951 \\ 0.951 & 0.309 \end{pmatrix}$

(vi) $\boldsymbol{S}_{2\pi/5} = \begin{pmatrix} \cos2\pi/5 & \sin2\pi/5 \\ \sin2\pi/5 & -\cos2\pi/5 \end{pmatrix} = \begin{pmatrix} 0.309 & 0.951 \\ 0.951 & -0.309 \end{pmatrix}$

对于 $k=3$,

(vii) $\boldsymbol{R}_{3\pi/5} = \begin{pmatrix} \cos3\pi/5 & -\sin3\pi/5 \\ \sin3\pi/5 & \cos3\pi/5 \end{pmatrix} = \begin{pmatrix} -0.309 & -0.951 \\ 0.951 & -0.309 \end{pmatrix}$

(viii) $\boldsymbol{S}_{3\pi/5} = \begin{pmatrix} \cos3\pi/5 & \sin3\pi/5 \\ \sin3\pi/5 & -\cos3\pi/5 \end{pmatrix} = \begin{pmatrix} -0.309 & 0.951 \\ 0.951 & 0.309 \end{pmatrix}$

对于 $k=4$,

(ix) $\boldsymbol{R}_{4\pi/5} = \begin{pmatrix} \cos4\pi/5 & -\sin4\pi/5 \\ \sin4\pi/5 & \cos4\pi/5 \end{pmatrix} = \begin{pmatrix} -0.809 & -0.588 \\ 0.588 & -0.809 \end{pmatrix}$

(x) $\boldsymbol{S}_{4\pi/5} = \begin{pmatrix} \cos4\pi5 & \sin4\pi/5 \\ \sin4\pi/5 & -\cos4\pi/5 \end{pmatrix} = \begin{pmatrix} -0.809 & 0.588 \\ 0.588 & 0.809 \end{pmatrix}$

对于 $k=5$,

(xi) $\boldsymbol{R}_{\pi} = \begin{pmatrix} \cos\pi & -\sin\pi \\ \sin\pi & \cos\pi \end{pmatrix} = \begin{pmatrix} -1 & 0 \\ 0 & -1 \end{pmatrix}$

(xii) $\boldsymbol{S}_{\pi} = \begin{pmatrix} \cos\pi & \sin\pi \\ \sin\pi & -\cos\pi \end{pmatrix} = \begin{pmatrix} -1 & 0 \\ 0 & 1 \end{pmatrix}$

对于 $k=6$,

(xiii) $\boldsymbol{R}_{6\pi/5}=\begin{pmatrix}\cos6\pi/5 & -\sin6\pi/5 \\ \sin6\pi/5 & \cos6\pi/5\end{pmatrix}=\begin{pmatrix}-0.809 & 0.588 \\ -0.588 & -0.809\end{pmatrix}$

(xiv) $\boldsymbol{S}_{6\pi/5}=\begin{pmatrix}\cos6\pi/5 & \sin6\pi/5 \\ \sin6\pi/5 & -\cos6\pi/5\end{pmatrix}=\begin{pmatrix}-0.809 & -0.588 \\ -0.588 & 0.809\end{pmatrix}$

对于 $k=7$,

(xv) $\boldsymbol{R}_{7\pi/5}=\begin{pmatrix}\cos7\pi/5 & -\sin7\pi/5 \\ \sin7\pi/5 & \cos7\pi/5\end{pmatrix}=\begin{pmatrix}-0.309 & 0.951 \\ -0.951 & -0.309\end{pmatrix}$

(xvi) $\boldsymbol{S}_{7\pi/5}=\begin{pmatrix}\cos7\pi/5 & \sin7\pi/5 \\ \sin7\pi/5 & -\cos7\pi/5\end{pmatrix}=\begin{pmatrix}-0.309 & -0.951 \\ -0.951 & 0.309\end{pmatrix}$

对于 $k=8$,

(xvii) $\boldsymbol{R}_{8\pi/5}=\begin{pmatrix}\cos8\pi/5 & -\sin8\pi/5 \\ \sin8\pi/5 & \cos8\pi/5\end{pmatrix}=\begin{pmatrix}0.309 & 0.951 \\ -0.951 & 0.309\end{pmatrix}$

(xviii) $\boldsymbol{S}_{8\pi/5}=\begin{pmatrix}\cos8\pi/5 & \sin8\pi/5 \\ \sin8\pi/5 & -\cos8\pi/5\end{pmatrix}=\begin{pmatrix}0.309 & -0.951 \\ -0.951 & -0.309\end{pmatrix}$

对于 $k=9$,

(xix) $\boldsymbol{R}_{9\pi/5}=\begin{pmatrix}\cos9\pi/5 & -\sin9\pi/5 \\ \sin9\pi/5 & \cos9\pi/5\end{pmatrix}=\begin{pmatrix}0.809 & 0.588 \\ -0.588 & 0.809\end{pmatrix}$

(xx) $\boldsymbol{S}_{9\pi/5}=\begin{pmatrix}\cos9\pi/5 & \sin9\pi/5 \\ \sin9\pi/5 & -\cos9\pi/5\end{pmatrix}=\begin{pmatrix}0.809 & -0.588 \\ -0.588 & -0.809\end{pmatrix}$

使用这些旋转和反射矩阵,将生成二十个 G-Let 分量(其中十个用于十个旋转矩阵,十个用于十个反射矩阵),命名为 $\boldsymbol{G}_1$、$\boldsymbol{G}_2$、$\boldsymbol{G}_3$、$\boldsymbol{G}_4$、$\boldsymbol{G}_5$、$\boldsymbol{G}_6$、$\boldsymbol{G}_7$、$\boldsymbol{G}_8$、$\boldsymbol{G}_9$、$\boldsymbol{G}_{10}$、$\boldsymbol{G}_{11}$、$\boldsymbol{G}_{12}$、$\boldsymbol{G}_{13}$、$\boldsymbol{G}_{14}$、$\boldsymbol{G}_{15}$、$\boldsymbol{G}_{16}$、$\boldsymbol{G}_{17}$、$\boldsymbol{G}_{18}$、$\boldsymbol{G}_{19}$ 和 $\boldsymbol{G}_{20}$。这些 G-Let 分量将使用对具有二十个旋转和反射矩阵的输入图像矩阵执行的矩阵乘法运算来生成。

(2) D_{10} 的数学计算示例

我们考虑一个 2×2 矩阵 $\boldsymbol{A}_1$,它是原始图像矩阵 $\boldsymbol{A}$ 的子矩阵。

$$\boldsymbol{A}_1 = \begin{pmatrix} 86 & 205 \\ 155 & 10 \end{pmatrix}$$

旋转操作

$$\boldsymbol{G}_1 = \boldsymbol{A}_1 \boldsymbol{R}_0 = \begin{pmatrix} 86 & 205 \\ 155 & 10 \end{pmatrix} \begin{pmatrix} 1 & 0 \\ 0 & 1 \end{pmatrix} = \begin{pmatrix} 86 & 205 \\ 155 & 10 \end{pmatrix}$$

$$\boldsymbol{G}_2 = \boldsymbol{A}_1 \boldsymbol{R}_1 = \begin{pmatrix} 86 & 205 \\ 155 & 10 \end{pmatrix} \begin{pmatrix} 0.809 & -0.588 \\ 0.588 & 0.809 \end{pmatrix} = \begin{pmatrix} 190.114 & 115.277 \\ 131.275 & -83.05 \end{pmatrix}$$

$$\boldsymbol{G}_3 = \boldsymbol{A}_1 \boldsymbol{R}_2 = \begin{pmatrix} 86 & 205 \\ 155 & 10 \end{pmatrix} \begin{pmatrix} 0.309 & -0.951 \\ 0.951 & 0.309 \end{pmatrix} = \begin{pmatrix} 221.529 & -18.441 \\ 57.405 & -144.315 \end{pmatrix}$$

$$\boldsymbol{G}_4 = \boldsymbol{A}_1 \boldsymbol{R}_3 = \begin{pmatrix} 86 & 205 \\ 155 & 10 \end{pmatrix} \begin{pmatrix} -0.309 & -0.951 \\ 0.951 & -0.309 \end{pmatrix} = \begin{pmatrix} 168.381 & -145.131 \\ -38.385 & -150.495 \end{pmatrix}$$

$$\boldsymbol{G}_5 = \boldsymbol{A}_1 \boldsymbol{R}_4 = \begin{pmatrix} 86 & 205 \\ 155 & 10 \end{pmatrix} \begin{pmatrix} -0.809 & -0.588 \\ 0.588 & -0.809 \end{pmatrix} = \begin{pmatrix} 50.966 & -216.413 \\ -119.515 & -99.23 \end{pmatrix}$$

$$\boldsymbol{G}_6 = \boldsymbol{A}_1 \boldsymbol{R}_5 = \begin{pmatrix} 86 & 205 \\ 155 & 10 \end{pmatrix} \begin{pmatrix} -1 & 0 \\ 0 & -1 \end{pmatrix} = \begin{pmatrix} -86 & -205 \\ -155 & -10 \end{pmatrix}$$

$$\boldsymbol{G}_7 = \boldsymbol{A}_1 \boldsymbol{R}_6 = \begin{pmatrix} 86 & 205 \\ 155 & 10 \end{pmatrix} \begin{pmatrix} -0.809 & 0.588 \\ -0.588 & -0.809 \end{pmatrix} = \begin{pmatrix} -190.114 & -115.277 \\ -131.275 & 83.05 \end{pmatrix}$$

$$\boldsymbol{G}_8 = \boldsymbol{A}_1 \boldsymbol{R}_7 = \begin{pmatrix} 86 & 205 \\ 155 & 10 \end{pmatrix} \begin{pmatrix} -0.309 & 0.951 \\ -0.951 & -0.309 \end{pmatrix} = \begin{pmatrix} -221.529 & 18.441 \\ -57.405 & 144.315 \end{pmatrix}$$

$$\boldsymbol{G}_9 = \boldsymbol{A}_1 \boldsymbol{R}_8 = \begin{pmatrix} 86 & 205 \\ 155 & 10 \end{pmatrix} \begin{pmatrix} 0.309 & 0.951 \\ -0.951 & 0.309 \end{pmatrix} = \begin{pmatrix} -168.381 & 145.131 \\ 38.385 & 150.495 \end{pmatrix}$$

$$\boldsymbol{G}_{10} = \boldsymbol{A}_1 \boldsymbol{R}_9 = \begin{pmatrix} 86 & 205 \\ 155 & 10 \end{pmatrix} \begin{pmatrix} 0.809 & 0.588 \\ -0.588 & 0.809 \end{pmatrix} = \begin{pmatrix} -50.966 & 216.413 \\ 119.515 & 99.23 \end{pmatrix}$$

反射操作

$$\boldsymbol{G}_{11} = \boldsymbol{A}_1 \boldsymbol{S}_0 = \begin{pmatrix} 86 & 205 \\ 155 & 10 \end{pmatrix} \begin{pmatrix} 1 & 0 \\ 0 & -1 \end{pmatrix} = \begin{pmatrix} 86 & -205 \\ 155 & -10 \end{pmatrix}$$

$$\boldsymbol{G}_{12} = \boldsymbol{A}_1 \boldsymbol{S}_1 = \begin{pmatrix} 86 & 205 \\ 155 & 10 \end{pmatrix} \begin{pmatrix} 0.809 & 0.588 \\ 0.588 & -0.809 \end{pmatrix} = \begin{pmatrix} 190.114 & -115.277 \\ 131.275 & 83.05 \end{pmatrix}$$

$$\boldsymbol{G}_{13} = \boldsymbol{A}_1 \boldsymbol{S}_2 = \begin{pmatrix} 86 & 205 \\ 155 & 10 \end{pmatrix} \begin{pmatrix} 0.309 & 0.951 \\ 0.951 & -0.309 \end{pmatrix} = \begin{pmatrix} 221.529 & 18.441 \\ 57.405 & 144.315 \end{pmatrix}$$

$$\boldsymbol{G}_{14} = \boldsymbol{A}_1 \boldsymbol{S}_3 = \begin{pmatrix} 86 & 205 \\ 155 & 10 \end{pmatrix} \begin{pmatrix} -0.309 & 0.951 \\ 0.951 & 0.309 \end{pmatrix} = \begin{pmatrix} 168.381 & 145.131 \\ -38.385 & 150.495 \end{pmatrix}$$

$$\boldsymbol{G}_{15} = \boldsymbol{A}_1 \boldsymbol{S}_4 = \begin{pmatrix} 86 & 205 \\ 155 & 10 \end{pmatrix} \begin{pmatrix} -0.809 & 0.588 \\ 0.588 & 0.809 \end{pmatrix} = \begin{pmatrix} 50.966 & 216.413 \\ -119.515 & 99.23 \end{pmatrix}$$

$$\boldsymbol{G}_{16} = \boldsymbol{A}_1 \boldsymbol{S}_5 = \begin{pmatrix} 86 & 205 \\ 155 & 10 \end{pmatrix} \begin{pmatrix} -1 & 0 \\ 0 & 1 \end{pmatrix} = \begin{pmatrix} -86 & 205 \\ -155 & 10 \end{pmatrix}$$

$$\boldsymbol{G}_{17} = \boldsymbol{A}_1 \boldsymbol{S}_6 = \begin{pmatrix} 86 & 205 \\ 155 & 10 \end{pmatrix} \begin{pmatrix} -0.809 & -0.588 \\ -0.588 & 0.809 \end{pmatrix} = \begin{pmatrix} -190.114 & 115.277 \\ -131.275 & -83.05 \end{pmatrix}$$

$$\boldsymbol{G}_{18} = \boldsymbol{A}_1 \boldsymbol{S}_7 = \begin{pmatrix} 86 & 205 \\ 155 & 10 \end{pmatrix} \begin{pmatrix} -0.309 & -0.951 \\ -0.951 & 0.309 \end{pmatrix} = \begin{pmatrix} -221.529 & -18.441 \\ -57.405 & -144.315 \end{pmatrix}$$

$$\boldsymbol{G}_{19} = \boldsymbol{A}_1 \boldsymbol{S}_8 = \begin{pmatrix} 86 & 205 \\ 155 & 10 \end{pmatrix} \begin{pmatrix} 0.309 & -0.951 \\ -0.951 & -0.309 \end{pmatrix} = \begin{pmatrix} -168.381 & -145.131 \\ 38.385 & -150.495 \end{pmatrix}$$

$$\boldsymbol{G}_{20} = \boldsymbol{A}_1 \boldsymbol{S}_9 = \begin{pmatrix} 86 & 205 \\ 155 & 10 \end{pmatrix} \begin{pmatrix} 0.809 & -0.588 \\ -0.588 & -0.809 \end{pmatrix} = \begin{pmatrix} -50.966 & -216.413 \\ 119.515 & -99.23 \end{pmatrix}$$

(3) D_{10} 的可逆计算

可以从这二十个 G-Let 分量（$\boldsymbol{G}_1$、$\boldsymbol{G}_2$、$\boldsymbol{G}_3$、$\boldsymbol{G}_4$、$\boldsymbol{G}_5$、$\boldsymbol{G}_6$、$\boldsymbol{G}_7$、$\boldsymbol{G}_8$、$\boldsymbol{G}_9$、$\boldsymbol{G}_{10}$、$\boldsymbol{G}_{11}$、$\boldsymbol{G}_{12}$、$\boldsymbol{G}_{13}$、$\boldsymbol{G}_{14}$、$\boldsymbol{G}_{15}$、$\boldsymbol{G}_{16}$、$\boldsymbol{G}_{17}$、$\boldsymbol{G}_{18}$、$\boldsymbol{G}_{19}$、$\boldsymbol{G}_{20}$）中获得逆变换。

当 $n=10$ 时，角度为 0、$\pi/5$、$2\pi/5$、$3\pi/5$、$4\pi/5$、π、$6\pi/5$、$7\pi/5$、$8\pi/5$ 和 $9\pi/5$。

我们知道圆的总角度为 2π。如果添加 $\pi/5$、$2\pi/5$、$3\pi/5$、$4\pi/5$、π、$6\pi/5$、$7\pi/5$、$8\pi/5$ 和 $9\pi/5$，就可以重新生成原始图像。

使用旋转，对于 $\boldsymbol{R}_{\pi/5}$、$\boldsymbol{R}_{2\pi/5}$、$\boldsymbol{R}_{3\pi/5}$、$\boldsymbol{R}_{4\pi/5}$、$\boldsymbol{R}_{\pi}$、$\boldsymbol{R}_{6\pi/5}$、$\boldsymbol{R}_{7\pi/5}$、$\boldsymbol{R}_{8\pi/5}$ 和 $\boldsymbol{R}_{9\pi/5}$，对应的 G-Let 是 $\boldsymbol{G}_2$、$\boldsymbol{G}_3$、$\boldsymbol{G}_4$、$\boldsymbol{G}_5$、$\boldsymbol{G}_6$、$\boldsymbol{G}_7$、$\boldsymbol{G}_8$、$\boldsymbol{G}_9$、$\boldsymbol{G}_{10}$，其中

$$G_2=\begin{pmatrix}190.114 & 115.277\\131.275 & -83.05\end{pmatrix}, G_3=\begin{pmatrix}221.529 & -18.441\\57.405 & -144.315\end{pmatrix}, G_4=\begin{pmatrix}168.381 & -145.131\\-38.385 & -150.495\end{pmatrix},$$

$$G_5=\begin{pmatrix}50.966 & -216.413\\-119.515 & -99.23\end{pmatrix}, G_6=\begin{pmatrix}-86 & -205\\-155 & -10\end{pmatrix}, G_7=\begin{pmatrix}-190.114 & -115.277\\-131.275 & 83.05\end{pmatrix},$$

$$G_8=\begin{pmatrix}-221.529 & 18.441\\-57.405 & 144.315\end{pmatrix}, G_9=\begin{pmatrix}-168.381 & 145.131\\38.385 & 150.495\end{pmatrix} 和 G_{10}=\begin{pmatrix}-50.966 & 216.413\\119.515 & 99.23\end{pmatrix}, 则：$$

$$G_2+G_3+G_4+G_5+G_6+G_7+G_8+G_9+G_{10}$$

$$=\begin{pmatrix}190.114 & 115.277\\131.275 & -83.05\end{pmatrix}+\begin{pmatrix}221.529 & -18.441\\57.405 & -144.315\end{pmatrix}+$$

$$\begin{pmatrix}168.381 & -145.131\\-38.385 & -150.495\end{pmatrix}+\begin{pmatrix}50.966 & -216.413\\-119.515 & -99.23\end{pmatrix}+$$

$$\begin{pmatrix}-86 & -205\\-155 & -10\end{pmatrix}+\begin{pmatrix}-190.114 & -115.277\\-131.275 & 83.05\end{pmatrix}+$$

$$\begin{pmatrix}-221.529 & 18.441\\-57.405 & 144.315\end{pmatrix}+\begin{pmatrix}-168.381 & 145.131\\38.385 & 150.495\end{pmatrix}+\begin{pmatrix}-50.966 & 216.413\\119.515 & 99.23\end{pmatrix}$$

$$=\begin{pmatrix}-86 & 205\\-155 & 10\end{pmatrix}=-\begin{pmatrix}86 & -205\\155 & -10\end{pmatrix}$$

$=-A_1$［其中A_1是原始图像矩阵A的2×2子矩阵］

因此，添加G_2、G_3、G_4、G_5、G_6、G_7、G_8、G_9和G_{10}，我们可以重新生成原始图像。

使用反射，对于$S_{\pi/5}$、$S_{2\pi/5}$、$S_{3\pi/5}$、$S_{4\pi/5}$、S_π、$S_{6\pi/5}$、$S_{7\pi/5}$、$S_{8\pi/5}$和$S_{9\pi/5}$，对应的G-Lets分量是G_{12}、G_{13}、G_{14}、G_{15}、G_{16}、G_{17}、G_{18}、G_{19}和G_{20}，其中$G_{12}=\begin{pmatrix}190.114 & -115.277\\131.275 & 83.05\end{pmatrix}$，$G_{13}=$

$\begin{pmatrix}221.529 & 18.441\\57.405 & 144.315\end{pmatrix}$，$G_{14}=\begin{pmatrix}168.381 & 145.131\\-38.385 & 150.495\end{pmatrix}$，$G_{15}=\begin{pmatrix}50.966 & 216.413\\-119.515 & 99.23\end{pmatrix}$，$G_{16}=$

$\begin{pmatrix}-86 & 205\\-155 & 10\end{pmatrix}$，$G_{17}=\begin{pmatrix}-190.114 & 115.277\\-131.275 & -83.05\end{pmatrix}$，$G_{18}=\begin{pmatrix}-221.529 & -18.441\\-57.405 & -144.315\end{pmatrix}$，$G_{19}=$

$\begin{pmatrix}-168.381 & -145.131\\38.385 & -150.495\end{pmatrix}$和$G_{20}=\begin{pmatrix}-50.966 & -216.413\\119.515 & -99.23\end{pmatrix}$，则：

$$\boldsymbol{G}_{12}+\boldsymbol{G}_{13}+\boldsymbol{G}_{14}+\boldsymbol{G}_{15}+\boldsymbol{G}_{16}+\boldsymbol{G}_{17}+\boldsymbol{G}_{18}+\boldsymbol{G}_{19}+\boldsymbol{G}_{20}$$

$$=\begin{pmatrix}190.114 & -115.277 \\ 131.275 & 83.05\end{pmatrix}+\begin{pmatrix}221.529 & 18.441 \\ 57.405 & 144.315\end{pmatrix}+$$

$$\begin{pmatrix}168.381 & 145.131 \\ -38.385 & 150.495\end{pmatrix}+\begin{pmatrix}50.966 & 216.413 \\ -119.515 & 99.23\end{pmatrix}+$$

$$\begin{pmatrix}-86 & 205 \\ -155 & 10\end{pmatrix}+\begin{pmatrix}-190.114 & 115.277 \\ -131.275 & -83.05\end{pmatrix}+$$

$$\begin{pmatrix}-221.529 & -18.441 \\ -57.405 & -144.315\end{pmatrix}+\begin{pmatrix}-168.381 & -145.131 \\ 38.385 & -150.495\end{pmatrix}+\begin{pmatrix}-50.966 & -216.413 \\ 119.515 & -99.23\end{pmatrix}$$

$$=\begin{pmatrix}-86 & 205 \\ -155 & 10\end{pmatrix}=-\begin{pmatrix}86 & -205 \\ 155 & -10\end{pmatrix}$$

$=-\boldsymbol{A}_1$［其中 $\boldsymbol{A}_1$ 是原始图像矩阵 $\boldsymbol{A}$ 的 2×2 子矩阵］

因为它是原始图像的反射，所以逆矩阵的第一列是负数。因此，添加 $\boldsymbol{G}_{12}$、$\boldsymbol{G}_{13}$、$\boldsymbol{G}_{14}$、$\boldsymbol{G}_{15}$、$\boldsymbol{G}_{16}$、$\boldsymbol{G}_{17}$、$\boldsymbol{G}_{18}$、$\boldsymbol{G}_{19}$ 和 $\boldsymbol{G}_{20}$，我们可以生成原始图像的反向图像。

（4）G-Let D_{10} 在图像上的实现

我们将狒狒图像作为原始图像，如图 9.23 所示。对原始图像（狒狒图像）进行正向 G-Let D_{10} 变换，我们生成了十个旋转 G-Let 变换图像，标记为 G-Let 1、G-Let 2、G-Let 3、G-Let 4、G-Let 5、G-Let 6、G-Let 7、G-Let 8、G-Let 9、G-Let 10 和十个反射 G-Let 变换图像，标记为 G-Let 11、G-Let 12、G-Let 13、G-Let 14、G-Let 15、G-Let 16、G-Let 17、G-Let 18、G-Let 19、G-Let 20，如图 9.24 所示。对这十个旋转和十个反射 G-Let 变换图像进行 G-Let D_{10} 逆变换，我们将 G-Let 逆变换图像标记为重构图像，如图 9.25 所示。

图 9.23　原始狒狒图像

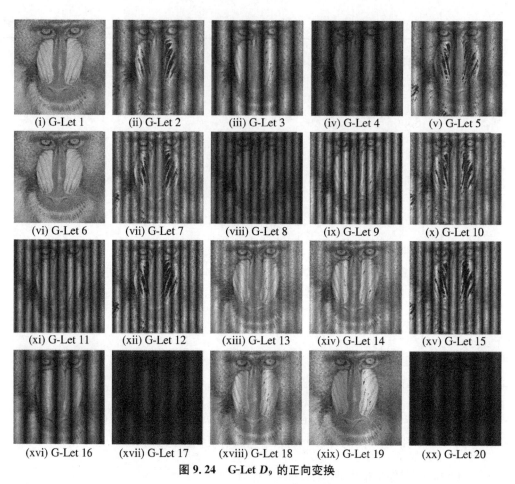

(i) G-Let 1 (ii) G-Let 2 (iii) G-Let 3 (iv) G-Let 4 (v) G-Let 5

(vi) G-Let 6 (vii) G-Let 7 (viii) G-Let 8 (ix) G-Let 9 (x) G-Let 10

(xi) G-Let 11 (xii) G-Let 12 (xiii) G-Let 13 (xiv) G-Let 14 (xv) G-Let 15

(xvi) G-Let 16 (xvii) G-Let 17 (xviii) G-Let 18 (xix) G-Let 19 (xx) G-Let 20

图 9.24　G-Let D_9 的正向变换

(i),(ii),(iii),(iv),(v),(vi),(vii),(viii),(ix),(x)是旋转变换的 G-Let 分量;(xi),(xii),(xiii),
(xiv),(xv),(xvi),(xvii),(xviii),(xix),(xx)是反射变换的 G-Let 分量

（i）原始图像　　　（ii）使用 G-Let 旋转计算的　　（iii）使用 G-Let 反射计算的
　　　　　　　　　　　　重构图像　　　　　　　　　　　重构图像

图 9.25　G-Let D_{10} 逆变换后的原始图像和重构图像

9.3 有效载荷为 0.5 b/B 的嵌入和提取算法的实现

该技术将 0.5 b/B 嵌入 G-Let D_3 变换域的像素中。嵌入后,应用逆变换生成像素域中的嵌入图像。在接收端,再次进行正向变换,并从变换分量像素中提取嵌入的密钥进行身份验证。

1) 嵌入

将灰度秘密图像嵌入原始载体图像中,并生成隐秘图像。灰度秘密图像被转换为比特流。原始载体图像通过 D_3 进行转换。G-Let 线性变换技术以 2×2 窗口的行优先顺序进行应用。由于二面体群只有两个变换,即旋转和反射,因此在计算后生成了六个 G-Lets,分别标记为 G-Let 1、G-Let 2、G-Let 3、G-Let 4、G-Let 5 和 G-Let 6。其中 G-Let 5 提取每个 2×2 窗口的第二个和第四个分量,并从先前生成的比特流中嵌入秘密比特。在 G-Let 6 上嵌入 2×2 窗口后进行调整,以最大限度地减少图像失真和误差。然后使用嵌入的 G-Let 5 和调整后的 G-Let 6 重建图像。密文图像是通过对嵌入的 G-Let 5 和调整后的 G-Let 6 进行逐像素相加获得的,嵌入技术在下面的算法中给出。

2) 解码

在接收端,应用 G-Let D_3 变换技术生成 6 个 G-Let。相同的技术用于从 G-Let 5 中以行优先顺序从 2×2 窗口的第二个和第四个分量获取比特。对整个图像以行优先顺序重复该过程。

3) 调整

要进行调整以获得质量接近原始载体图像的优化嵌入图像。在该技术中,通过在 G-Let 5 中嵌入秘密图像时产生的扰动,完成对 G-Let 6 的调整。如果 G-Let 5 中的分量因嵌入而偏离原始值,那么需要在 G-Let 6 上的相同位置调整预定像差,以保持对称性。在图 9.26 中,G-Let 5 的第二个分量在嵌入后增加了 3。因此,在 G-Let 6 的相同位置通过减 3 进行调整。同样,G-Let 5 的第四个分量由于嵌入而减少了 1,因此在 G-Let 6 中通过将第四个分量减 1 进行调整。

51.043	179.568
89.268	146.334

G-Let 5

51.043	182.568
89.268	145.334

调整后的 G-Let 5

−181.041	−45.576
−211.098	−34.453

G-Let 6

−181.041	−42.576
−211.098	−35.453

调整后的 G-Let 6

图 9.26　调整 G-Let 6 以最小化 G-Let 5 的偏差

4) 嵌入算法

(1) 读取要嵌入秘密信息的载体图像。

(2) 将整个图像按行优先顺序划分为 2×2 的子块。

(3) 在每个 2×2 块中进行 G-Let D_3 变换,得到六个 G-Let 分量,即 G-Let 1、G-Let 2、G-Let 3、G-Let 4、G-Let 5 和 G-Let 6。

(4) 获取每个 G-Let 5 和 G-Let 6 的 G-Let 形式的第二个和第四个分量。

(5) 读取秘密图像并将其转换为二进制比特流。

(6) 将 G-Let 5 的所有第二个和第四个分量值转换为二进制。

(7) 将所有子图像中 G-Let 5 的第二个和第四个分量的所有 LSB 替换为秘密图像的二进制数组的位。

(8) 如果 G-Let 5 的值在嵌入时发生变化,那么在 G-Let 6 中调整差值。

(9) 将嵌入的 G-Let 5 的值和调整后的 G-Let 6 逐个像素进行相加。

(10) 对求和结果取反,并使用求反结果构建隐秘图像。

5) 解码算法

(1) 读取隐秘图像。

(2) 将整个图像按行优先顺序划分为 2×2 的子块。

(3) 在每个 2×2 块中进行 G-Let D_3 变换,生成六个 G-Let,即 G-Let 1、G-Let 2、G-Let 3、G-Let 4、G-Let 5 和 G-Let 6。

（4）从 G-Let 5 中获取第二个和第四个 G-Let 分量。

（5）将 G-Let 5 的所有第二个和第四个分量值转换为二进制。

（6）从 G-Let 5 的第二个和第四个分量中取出 LSB，组成 8 个一组。

（7）将每组 8 位转换为十进制构造隐秘图像。

6）G-Let 结构

如图 9.26 所示，对原始图像 Lena 进行 G-Let D_3 变换，生成六个 G-Let。这六个 G-Let 中，只有 G-Let 5 和 G-Let 6 分别用于嵌入和调整。这些 G-Let 如图 9.27 和 9.28 所示。

原始载体图像

G-Let 1

G-Let 2

G-Let 3

G-Let 4

G-Let 5

G-Let 6

图 9.27 使用 D_3 根据 Lena 图像构建的 G-Let

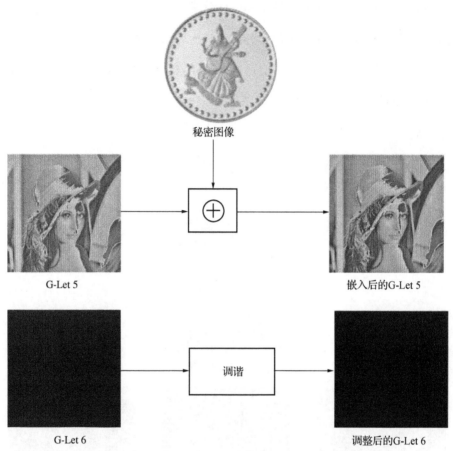

图 9.28　秘密图像嵌入 G-Let 5 及其在 G-Let 6 中调整的流程

7) 密文图像的生成

将嵌入后的 G-Let 5 和调优后的 G-Let 6 逐像素进行相加,并对结果进行互补,以生成密文图像。流程如图 9.29 所示。

图 9.29　隐秘图像的生成

接收方操作

接收端将使用 G-Let D_3 变换对隐秘图像进行操作,生成 G-Let 分量。图 9.30 是隐秘图像,构建的六个 G-let 如图 9.31 所示。

图 9.30 密文图像

图 9.31 根据密文图像构建 G-Let

在接收端应用相同的算法处理 G-Let 5,重构出秘密图像,如图 9.32 所示。

G-Let 5   秘密图像

图 9.32   从 G-Let 5 中解码的秘密信息

9.4   G-Let 的应用

G-Let 变换具有广泛的应用,例如密文传输、文档的认证、图像压缩、边缘检测、纹理检测、人脸识别、图像隐蔽通信等。

(1) 密文传输:G-Let 可用于密文传输。基于 G-Let 的消息传输技术可通过在频域中嵌入秘密消息来认证文档。

(2) 图像压缩:也可以应用 G-Let 变换进行图像压缩。对图像可进行无损压缩,因为在应用此变换后,与原始图像相比,没有信息丢失。

(3) 边缘检测:检测图像中的边缘是图像处理中的一个基本问题,对计算机视觉的进一步应用至关重要。G-Let 的振幅分辨率通过加强强度变化来提高边缘识别的准确性。

(4) 纹理检测:可以使用 G-Let 变换开发图像中纹理检测技术。利用 G-Let 频率,可以提取信号和图像的空间局部特征。对于图像,每个频率都是在其水平和垂直邻域中计算的。

(5) 文档身份认证:G-Let 也可用于文档身份认证。基于 G-Let 的身份认证技术可通过在频域图像内嵌入秘密图像/消息来验证数字文档。

(6) 人脸识别:G-Let 可用于人脸识别。G-Let 边缘在抑制纹理边缘和高亮突出深度边缘方面的优势可用于检测图像中的人脸。G-Let 不会将面部特征(眼睛、鼻子和嘴巴)识别为纹理,它们通过各自的深度边缘勾勒出来。由于这种区分能力,面部的形状被 G-Let 边缘完整地勾勒出来。

10

基于变换编码的认证中的非线性动力学

混沌是一个通用系统,它产生确定性输出,对开放环境表现出极端的敏感性,并消耗类似随机行为。爱德华·洛伦兹(Edward N. Lorenz)于 1963 年揭露了这一过程。这是一个算术教育领域,用于气候学、物理科学、工程技术、金融学、生物科学、哲学等各种学科。混沌的无序作用类似于噪声信号,但在相同的输入或初始条件下,产生确定性输出,这意味着如果主要条件和参数相同,那么将复制准确的信号。有不同类型的混沌函数,本章我们将讨论一些混沌函数及其实用程序。

10.1 离散混沌方程

考虑一般公式中的不连通动力学结构:

$$P_{k+1}=F(P_k), F:N \to N, P_0 \in N \tag{10.1}$$

其中,F 在间断点 $N=[0,1]$ 处是连续的。

如果接下来的情况令人满意,那么这种安排应该是混沌的。

- 敏感的主要设置

- 拓扑传递性

- P 中周期点的密度

- 输出的巨大变化与输入值的微小变化

- 使用相同的输入集生成相同的输出序列,这些输入可作为安全和身份验证中的密钥

10.2　混沌系统的特征

任何基于混沌的系统的基本特性如下:

(1) 极端灵敏度取决于初始值和系统参数

(2) 存在基于初始参数的伪随机占有

(3) 非周期性

(4) 拓扑传递性

(5) 遍历性

1989 年,罗伯特·马修斯在二进制图像中使用了逻辑图。2012 年,Som 和 Kotal 在灰度图像中使用了阿诺德(Arnold)猫图和一维逻辑图。1998 年,J. Fridrich 在灰度图像中使用了二维贝克图。Pareek、Patidar 和 Sud 将逻辑图用于彩色图像。2012 年,Seyed Mohammad Seyedzadeh 和 Sattar Mirzakuchaki 在 RGB 彩色图像处理中使用了耦合二维分段非线性混沌映射。

在任何基于混沌的系统中都可以观察到以下五个不同的性质:

(1) 遍历性:这是一个过程,其中输出仅对于相同的输入具有相同的分布,这在安全系统中被命名为混淆。这意味着随着时间的推移,轨迹上的行为不取决于所选的特定轨迹,而仅取决于输入条件。

(2) 敏感性:在密码学中明文/密钥微小变化的扩散可以在输出处产生巨大的变化,这被定义为敏感性。其完全是基于混沌理论的控制参数。

(3) 混合性:局部区域的微小偏差,会使整个空间产生巨大变化。这意味着在一个普通块中发生微小变化的扩散会对整个明文产生影响,这称为基于混沌系统的混合属性。

(4) 确定性动力学:导致类似随机行为的确定性过程,称为确定性伪随机性,其可定义为混沌中的确定性动力学。

(5) 结构复杂性:简单过程具有非常高复杂度的算法复杂性称为混沌系统中的结构复

杂性。

当有人在密码学和隐写术中实现基于混沌的系统时,需要考虑这五个性质。随机比特流生成是产生流密码的预处理。这种随机比特流称为伪噪声(PN)序列。

伪随机流生成过程(PRSG)是一个确定性过程。这里精确创建一个长度为 1 的随机二进制序列作为输入,称为种子,并收获一个长度为 1≫1 的双重系统,称为 PN 序列。虽然它被称为随机序列,但它并不是真正的随机,而是接近随机的序列。因此,我们采用了一些测试来证明其随机性。通常,在将 PN 序列引入系统以使用混沌行为实现安全性之前会进行三个测试,即 Monobit 测试、Serial 测试和 Poker 测试。

10.3 混沌生成的伪随机序列

所有的混沌映射都会生成值介于 0 和 1 之间的实数。从这些生成的实数中,我们使用一些映射函数来创建 PN 序列。请看下列示例。

本节给出了一种基于混沌帐篷映射的位序列单元,其中采用了两个斜帐篷映射,这是两个独立的线性混沌映射。伪随机位序列是通过将两个逻辑图的结果关联起来而产生的。两个逻辑映射的方案约束在其混沌区域保持相同。

设 $F_1(X_0,\alpha)$,$F_2(Y_0,\alpha)$ 是两个独立的线性逻辑映射,其中 α 是系统参数,并且对于两个混沌帐篷映射是相同的。X_0 和 Y_0 是初始参数,X_i 和 Y_i 是第 i 次迭代后的值,X_i+1 和 Y_i+1 是新状态值,该值是分别使用系统参数 α 和前一状态的 X_i 和 Y_i 计算得出。

混沌帐篷映射根据式(10.2a)关联两个线性映射的乘积从而获得对偶阶。

$$X_{i+1}=\frac{X_i}{\alpha},\ X_i=[0,\alpha] \tag{10.2a}$$

$$Y_{i+1}=1-\frac{X_i}{1-\alpha},\ X_i=[\alpha,1] \tag{10.2b}$$

$$g(x_{n+1},y_{n+1})=\begin{cases}0 & x_{n+1}<y_{n+1}\\1 & 其他\end{cases} \tag{10.3}$$

这不仅是将混沌方程产生的实数映射到 PN 序列的技术,通过它任何映射函数都可以将实数映射到二进制序列。我们考虑另一个映射函数 $F_1(X_0,\alpha)$,其中 X_0 是初始条件,其值为 0.52334，α 是系统参数。假设 X_i 是由混沌方程生成的中间输出状态（$i=1,2,\cdots,n$）。

例如，我们取 $X_i(i=1,2,\cdots,10)=\{0.43225、0.52342、0.72342、0.02663、0.65123、0.98324、0.12345、0.62234、0.42663、0.82324\}$。现在，对于映射函数，计算这 10 个（$n=10$）混沌序列的平均值，即 $X_{av}=0.533585$。如果 $X_i<X_{av}$，那么按顺序输入 0，否则按顺序输入 1。因此，生成的 PN 序列为 0010110101。因此，X_i 映射到 PN 序列为 $\{0,0,1,0,1,1,0,1,0,1\}$。

我们考虑另一个映射函数，如果在混沌方程的输出序列中 $X_i<X_{i+1}(i=0,1,\cdots,n-1$，$X_0=0.52334)$，那么将 0 放入 PN 序列中，否则将 1 放入 PN 序列中。因此，在这种情况下，计算出的 PN 序列将为 1001001010。因此，在这种情况下，X_i 映射到 PN 序列中为 $\{1,0,0,1,0,0,1,0,1,0\}$。

(i) 我们计算这 10 个实数的中值。由于列表中有 10 个值，因此我们需要计算第 5 个和第 6 个值的平均值。计算得中值为 $(0.65123+0.98324)/2\approx0.81724$，即 $X_m=0.81724$。如果 $X_i<X_m$，那么按顺序输入 0，否则按顺序输入 1。因此，生成的 PN 序列为 0010110101。因此，X_i 映射到 PN 序列为 $\{0,0,1,0,1,1,0,1,0,1\}$。

(ii) 现在，可能会有一个问题，这个 PN 序列是否真的是随机的。一些研究人员搜索了一些与生成接近最优随机序列有关的参数。从大量样本中搜索到的一些参数值。

(iii) 我们取如下一些参数值：$(\alpha,x,y)=[\{0.49045,0.6410089,0.505410089\}$ 或 $\{0.49999,0.1996892,0.738567389\}]$。尽管这些种子和系统参数经过了很好的测试并从大量样本中选择出来，但可能无法始终保证生成的随机二进制序列的随机性。为了解决这个问题，对生成的二进制序列是否随机进行了一些测试。这些测试被称为 Monobit 测试、Serial 测试和 Poker 测试。

10.4 Monobit 测试

该测试的目的是管理随机数生成器产生的对偶阶 0 和 1 的出现是否几乎相同。令 l_0 和 l_1 分别表示二进制序列中 0 和 1 的数量，l 表示总比特数。为此，使用公式计算 χ^2 并与可用的临界值进行比较，置信限大致遵循具有一个自由度的分布。

$$\chi^2=(l_0-l_i)^2/l \tag{10.4}$$

对于(a,x,y)的值说,假设$n_0=131226$和$n_1=131236$,计算值为0.0003810075,置信水平为0.05的临界值是3.8414588207。由于计算值小于观测值,因此二进制序列在 Monobit 测试下满足足够的随机性。对于给定的自由度(这里的自由度为1),可以根据 MS Office 包的 Excel CHIINV 函数计算不确定度为$0.05(5\%$的显著性水平)的临界值。

该技术在一般情况下可能工作正常,但仅使用此 Monobit 测试无法确认 PN 二进制序列。考虑这样一种情况,在生成的 10 位序列中,有 4 个 0 和 6 个 1。在这种情况下,计算出的χ^2值是0.40,小于置信水平为0.05的临界值3.8414588207。但是考虑两个二进制序列,其中一个是 1010101011,另一个是 0000111111。两种情况下计算出的χ^2值是相同的。因此,只进行 Monobit 测试无法确认真正的 PN 序列,因为我们一次只考虑了单个比特,没有考虑比特对、三元比特组、四元比特组等。为了确保随机性,我们必须进行其他一些测试。

10.5　Serial 测试

Monobit 测试无法确保 PN 序列$\{00,01,10,11\}$中成比特对的出现,因为在流的超额排列中考虑l_0、l_1和l_2作为单比特子序列。假设l_0、l_1和l分别是 0 和 1 的数量以及二进制序列X中的总比特数,l_{00}、l_{01}、l_{10}和l_{11}相应地表示X中存在的 00、01、10 和 11 的数量。00、01、10 和 11 的数量总和为$(l-1)$,因为子目允许重叠。在这种情况下,计算χ^2的公式为:

$$\chi^2=4/(l-4)(l^2(00)+l^2(01)+l^2(10)+l^2(11))-2/l(l^2(0)+l^2(1))+1$$

$$(10.5)$$

它近似服从具有 2 个自由度的分布。

对于(a,x,y)的特定系统参数值,计算值为2.156072(假设),置信水平为0.05的临界值为5.991464547。计算值小于临界值,这符合二进制序列满足 Serial 测试的足够随机性。对于给定的自由度(此处自由度为2),可以根据 MS Office 软件包的 Excel CHIINV 函数计算不确定度为0.05(显著性水平为5%)的临界值。

一般来说,该方法在一般情况下取得了令人满意的结果,但由于我们仅考虑了长度为 1和 2 的子流的长度,没有考虑更长长度的测试,因此进行 Serial 测试可能无法确认真正的PN 二进制序列。这意味着我们没有考虑三元比特组、四元比特组。为了确保真正的随机性,我们必须考虑长度为 1 到$l-1$的任何长度的子流。

10.6　Poker 测试

Poker 测试符合二进制流序列更好的随机性。在这里，该技术评估子流是否是长度为 m（$1 \leqslant i \leqslant 2m$）的子序列，其中 m 是大于或等于 1 且小于 n（二进制流中的位数）的正整数。长度为 m 的序列在 PN 序列流中出现的次数是否与随机序列的预期次数大致相同。公式可以写为：

$$\chi^2 = \frac{2^m}{k} \left(\sum_{i=1}^{2^m} n_i^2 \right) - k \tag{10.6}$$

其中，$k = n/m$ 并且 n 是二进制序列的大小。

计算 m 的所有可能值的 χ^2 值，并与具有相关自由度 m 的 χ^2 临界值进行比较。如果所有可能值的 χ^2 值与临界值一致，那么确认 Poker 测试成功，并且二进制序列是真正随机的。表 10.1 给出了与不同子流相关的各种自由度的临界值。

表 10.1　不同子流下不同自由度 Poker 测试的临界值

子流的大小(以比特为单位)	置信水平为 0.05 的 χ^2 临界值	自由度
1	03.841459149	1
2	05.991464547	2
3	07.814727764	3
4	09.487729037	4
5	11.07049775	5
6	12.59158724	6
7	14.06714043	7
8	15.50731306	8
9	16.91897762	9
10	18.30703805	10
11	19.67513757	11
12	21.02606982	12
13	22.3620325	13
14	23.68479131	14
15	24.99579013	15

到目前为止,我们只考虑了具有相同系统参数的交叉耦合逻辑映射。下面给出了在与身份验证和安全性相关的各种计算中使用的一些其他混沌映射。

10.7 混沌映射

考虑以下混沌方程。使用两组不同的系统参数生成两组值。根据这些实数集,使用随机位生成器生成二进制 PN 序列。

$$X_{n+1} = \begin{cases} \mu_2 X & X_n < 1/2 \\ (1-\mu_2)X_n & X_n \geqslant 1/2 \end{cases} \tag{10.7}$$

其中,μ_2 是系统参数。

该随机位生成器可用于生成 PN 序列。

$$G(X_n, X_{n+1}) = \begin{cases} 0 & X_n \geqslant X_{n+1} \\ 1 & X_n < X_{n+1} \end{cases} \tag{10.8}$$

生成的二进制序列的随机性基于不同的随机性测试而被接受。

1) 斜帐篷映射

考虑以下偏斜帐篷隐射,它遵循以下方程。

$$X_{n+1} = P = \frac{X_i}{\alpha}, \ X_i = [0, \alpha] \tag{10.9}$$

$$P' = 1 - \frac{X_i}{1-\alpha}, \ X_i = [\alpha, 1] \tag{10.10}$$

其中,α 是系统参数。

以下随机位生成器可用于生成二进制序列。

$$G_{i+1} = \begin{cases} 0 & P < P' \\ 1 & \text{其他} \end{cases}$$

2) 交叉耦合映射

如果 $f_1(x_0, \alpha)$ 和 $f_2(y_0, \alpha)$ 是两个分段线性混沌映射,那么给出如下表达式:

$$x_{i+1} = f_1(\alpha, x_i)$$

(10.11)

$$y_{i+1} = f_2(\alpha, y_i)$$

其中，α 是方案约束，对于两个映射来说是相同的，x_i 和 y_i 是选择的初始值，x_{i+1} 和 y_{i+1} 是新一代的值。

根据以下规则生成随机二进制位：

$$g(x_{i+1}, y_{i+1}) = \begin{cases} 0 & x_{i+1} < y_{i+1} \\ 1 & \text{其他} \end{cases}$$

二进制序列的随机性将使用前面讨论的测试进行验证。

3) 阿诺德猫映射

基于矩阵变换的可逆系统与阿诺德猫映射相关联。这种变换是对称的，当它正向连续运行时形成一个循环。这意味着原始矩阵在一定迭代后重新生成。该迭代次数随各种参数而变化。随机加扰是连续进行的，在过程中会获取一个中间输出。基于某些参数值的任何此类中间步骤可以被视为加密流，其中剩余的迭代次数在目标处执行以重新生成原始数据。这意味着要解码原始文件，循环仅在正向完成。

假设 $\begin{bmatrix} x \\ y \end{bmatrix}$ 是一个 $m \times m$ 矩阵的图像。可以使用以下公式变换图像。

$$\Gamma \begin{bmatrix} x \\ y \end{bmatrix} \rightarrow \begin{bmatrix} x+y \\ x+2y \end{bmatrix} \bmod n$$

(10.12)

其中 n 是对 $\begin{bmatrix} x+y \\ x+2y \end{bmatrix}$ 取模的模数。这里，模运算返回 $\begin{bmatrix} x+y \\ x+2y \end{bmatrix}$ 除以 n 的余数。

通常，如果 n 增加长度以形成循环，这意味着重新生成原始矩阵的迭代次数会增加。可以如下定义周期性。

(1) $\Pi(n) = 3n$ 当且仅当 $n = 2 \cdot 5^k$，$k = 1, 2, \cdots$。

(2) $\Pi(n) = 2n$ 当且仅当 $n = 5^k$ 或者 $n = 6 \cdot 5^k$，$k = 1, 2, \cdots$。

(3) $\Pi(n) \leqslant \dfrac{12n}{7}$，$n$ 为其他值。

我们从 124×124 的图像中获取了一个像素为 $\begin{bmatrix}16\\10\end{bmatrix}$ 的矩阵。我们取模值 124，它是正方形图像矩阵的行和列的值。现在，将 Arnold 公式应用于此子图像矩阵。

$$\Gamma\begin{bmatrix}16\\10\end{bmatrix}\rightarrow\begin{bmatrix}16+10\\16+2\times10\end{bmatrix}\mathrm{mod}\ 124$$

$$=\begin{bmatrix}26\\36\end{bmatrix}\rightarrow\begin{bmatrix}62\\98\end{bmatrix}\rightarrow\begin{bmatrix}36\\10\end{bmatrix}\rightarrow\begin{bmatrix}46\\56\end{bmatrix}\rightarrow\begin{bmatrix}102\\34\end{bmatrix}$$

$$\rightarrow\begin{bmatrix}12\\46\end{bmatrix}\rightarrow\begin{bmatrix}58\\104\end{bmatrix}\rightarrow\begin{bmatrix}38\\18\end{bmatrix}\rightarrow\begin{bmatrix}56\\74\end{bmatrix}\rightarrow\begin{bmatrix}6\\80\end{bmatrix}$$

$$\rightarrow\begin{bmatrix}86\\42\end{bmatrix}\rightarrow\begin{bmatrix}4\\46\end{bmatrix}\rightarrow\begin{bmatrix}50\\96\end{bmatrix}\rightarrow\begin{bmatrix}22\\118\end{bmatrix}\rightarrow\begin{bmatrix}16\\10\end{bmatrix}$$

因此，在 14 次迭代后，使用此 Arnold 映射重新生成了原始矩阵。图 10.1 是使用基于 Arnold 的对称变换进行加密的。实际上，使用此映射只能进行加密或加密和认证。在使用 Arnold 映射进行图像加密的情况下，加密图像的 PSNR 值应小于 5 以获得更好的加扰，而对于身份验证或图像隐写来说，PSNR 值应大于 30 以获得感知质量好的嵌入后图像。

图 10.1 显示了使用 Arnold 映射对 Lena 图像进行加密和解密的过程。在这里，二进制流是使用混沌映射生成的，它与密钥相关联，用像素进行操作并嵌入图像中。该图像使用 Arnold 映射进行加密，如图 10.2 所示。

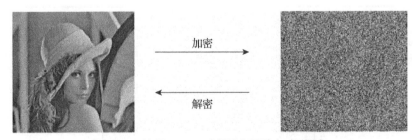

图 10.1　使用 Arnold 映射进行图像加密/解密

为解释图 10.2，假设参数 $P=(\alpha,x,y)=(0.490\,45,0.641\,08,0.505\,41)$。取小数点后从左到右连续的所有三个参数，即 $490456410850541=s$（比如说）。它可以充当密钥。由

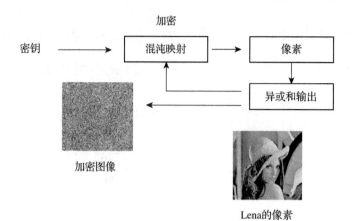

加密

密钥 →〔混沌映射〕→〔像素〕

〔异或和输出〕

加密图像

Lena的像素

图 10.2 使用混沌密钥的图像加密

于像素值是三位,且一个像素的最大值可以是 255,因此取模数为 256。将 s 从左到右分成三个一组。因此,这些值是 490、456、410、850、541。计算每个数的模数〔例如,490 mod 256 = 234(11101010),456 mod 256 = 200(11001000),410 mod 256 = 154(10011010),850 mod 256 = 82(01010010) 和 541 mod 256 = 29(00011101)〕。现在,考虑图像的前五个像素,从左到右分别为 245(11110101)、20(00010100)、100(01100100)、128(10000000)和 64(01000000)。将 mod 函数生成的值与这些像素进行异或运算,生成五个输出加密像素。它们是 234⊕245 = 31、200⊕20 = 220、154⊕100 = 254、82⊕128 = 210 和 29⊕64 = 93。

这五个像素将在原始图像矩阵中被替换,以生成加密图像矩阵。中间过程如图 10.3 和 10.4 所示。

混沌密钥	234	200	154	82	29
原始像素	245	20	100	128	64
异或运算	⊕	⊕	⊕	⊕	⊕
加密像素	29	220	254	210	93

图 10.3 使用混沌密钥的加密步骤

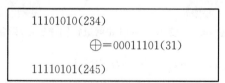

11101010(234)

⊕ = 00011101(31)

11110101(245)

图 10.4 加密期间的异或运算

在解密期间遵循相同的过程。对于隐写应用,如果我们使用空域隐写,那么我们可以使用这个 Arnold 变换打乱秘密图像以进行嵌入或认证,并将其嵌入 LSB 或 LSBs 中。对于嵌入单像素哈希函数中的多个位,也可以作为附加的密钥。

10.8   使用混沌系统的图像加密和数据隐藏

在可用的各种混沌函数中,我们考虑正弦映射。特征方程如下:

$$X_{n+1} = aX_n^2 \sin(\Pi X_n)$$

其中,a 是系统参数(在这种情况下 $a = 2.3$),X_n 是初始值。图 10.5 显示了该逻辑方程的灵敏度。

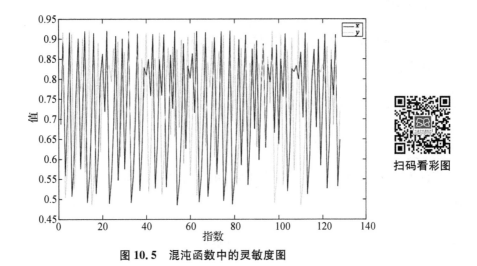

图 10.5   混沌函数中的灵敏度图

图 10.5 显示了灵敏度的统计表示。这里,X 轴表示迭代次数,Y 轴表示 X_{n+1} 和 X'_{n+1} 的值。图中蓝色线条表示 X_{n+1} 值,红色线条表示 X'_{n+1} 值,这两个线条显示了从混沌序列生成的这些数据的敏感性。

对于使用混沌映射[式(10.3)]的图像加密过程,随机取两个初始参数,并使用任何方便的方法生成秘密数据。获取输入图像,并使用 LSB 技术或基于哈希的 LSB 嵌入此秘密数据。使用生成加密图像的 Arnold 变换对输出进行干扰。该方法的框图如图 10.6 所示。

考虑 1)小节中给出的实际认证过程的算法/流程图。方程中给出的逻辑方程式(10.13)用于生成 PN 序列。这里,取两组种子进行计算,其中 $S_1=[a,X_n]=[2.3,0.55]$,$S_2=[a,X_n]=[2.3,0.56]$。现在,计算 X_{n+1} 和 X'_{n+1} 的 10 次迭代值,计算 X_{n+1} 和 X'_{n+1} 的计算系列的中值(比如 X_m 和 X'_m),计算 X_m 和 X'_m 中值之间的差值。如果差值大于零,那么在二进制序列中生成 1,否则在序列中生成 0。对得到的 X_{n+1} 和 X'_{n+1} 的二进制序列进行异或运算,以生成秘密数据集。使用哈希函数将此数据集嵌入 LSB。此处使用的哈希函数为 $h=(行^2+列)\bmod 3$。对嵌入图像使用 Arnold 变换技术生成加密图像。该过程的流程图如图 10.6 所示。

1) 嵌入算法

(1) 级数计算。

分别用 $X_n=0.55$ 和 $X'_n=0.56$ 计算方程中 X_{n+1} 和 X'_{n+1} 的 n 值。取与图像像素相同的迭代次数。

(2) 计算 X_{n+1} 的中值,例如,X_m 和 X'_{n+1} 的 X'_m。

(3) 计算 X_{n+1} 和 X'_{n+1} 的中值之差。

(4) 如果 X_{n+1} 和 X'_{n+1} 的差值大于零,那么在二进制序列中生成 1,否则在序列中生成 0。

(5) 对 X_{n+1} 和 X'_{n+1} 的 PN 序列进行异或运算,生成秘密序列。

(6) 从尺寸为 125×125 的载体图像中按行优先顺序逐个读取图像像素。

(7) 将图像的每个像素值转换为二进制值。

(8) 使用哈希函数 $h=(行^2+列)\bmod 3$ 计算嵌入位置。

(9) 进行 LSB 替换以将单个秘密位嵌入所选像素中。

(10) 对嵌入图像使用 Arnold 变换技术进行加密。

(11) 生成嵌入和加密的图像。

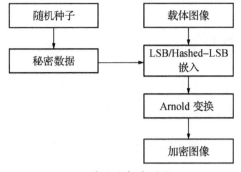

（a）嵌入和加密过程

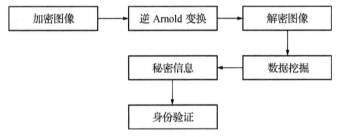

（b）解密和身份验证过程

图 10.6　利用混沌映射、哈希函数和 Arnold 变换进行加密和解密

我们取尺寸为 125×125 的正方形图像，使用 Arnold 变换重新生成原始图像所需的迭代次数为 250。这意味着在 250 次迭代后，实际图像被重新生成。在加密过程中，加密或加扰的图像是在第 115 次迭代后拍摄的。因此，解密后的图像将在 135（250－115）次迭代后重新生成。

2）解密算法

（1）对加密图像应用 Arnold 变换算法进行 135 次迭代解密。

（2）将解密后的图像作为输入。

（3）提取。

① 读取解密后的图像。

② 使用哈希函数 $h=(行^2+列)$ mod 3 从解密图像中找到每个像素的 LSB 位置。

③ 继续该过程，直到完全提取秘密数据。

④ 重组解密的图像。

⑤ 在接收端重新生成原始图像。

（4）验证

① 读取提取的秘密数据集。

② 基于一组相同的种子值,遵循相同的过程,使用相同的混沌方程重建二进制序列。

③ 进行异或运算重构秘密比特。

④ 将目的地重建的秘密数据与从嵌入图像中提取的秘密数据进行比较。

⑤ 如果两者匹配,那么满足验证。

3）结论

该技术已经实现,并使用各种基准图像来测试加密和解密的算法。这里给出了在 Cameraman 图像中实现算法的效果。图 10.7 是原始载体图像。构建的嵌入后图像如图 10.8 所示。

图 10.7 原始载体图像

图 10.8 嵌入后图像

嵌入后图像已使用阿诺德猫映射加密。加密图像如图 10.9 所示,解密图像如图 10.10 所示。

图 10.9 加密图像

图 10.10 解密图像

10.9 基于遗传算法实现种子生成的混沌系统

在之前的所有案例中,我们都将所有混沌方程的种子作为经验值。种子的好坏根本没有得到证实。真正的 PN 序列取决于系统参数和序列的初始值。为了实现这一点,可以使用遗传算法搜索一个好的种子和系统参数,以获得真正的随机二进制序列。该方法的主要思想是利用遗传算法寻找一个接近最优的混沌参数。根据这些接近最优的混沌参数,我们可以生成一个伪随机密钥(一个伪随机位序列),它几乎是最优敏感的。

此处使用如下逻辑映射函数:

$$X_{n+1} = \Psi X_n (1 - X_n) \tag{10.14}$$

在这种技术中,逻辑映射函数的参数值,即 Ψ 和 X_n 分别位于 3—4 和 0—1 之间。在这里,目标是使用遗传算法找到 $R(\equiv\Psi)$ 的近似最优值,我们可以生成最优的伪随机位序列或密钥。

1) 实值遗传算法 (RGA)

遗传算法非常适合解决优化问题。遗传算法有两种类型:二值遗传算法(BGA)和实值遗传算法(RGA)。二值遗传算法有两个主要缺点。作为主要步骤,需要从实值到二进制(在进行交叉和变异操作之前)和从二进制到实值(在进行交叉和变异操作之后)的转换。由于使用了具有 14 位尾数部分的大实数,因此不能保证使用小迭代而不是基于目标函数进行对话和收敛。因此,在大多数情况下,在该过程中采用有限次数的迭代。另外,BGA 存储所有位值的空间开销较大,算法执行速度较慢,而 RGA 速度快、简单,易于实现。由于本节研究的目的是寻找精确值未知的混沌函数参数的最优值,因此 RGA 的上述性质可能非常有利。整个过程遵循以下步骤。

染色体编码在该过程的第一步完成。每条染色体用 X_n(n 是用户输入)表示,染色体的条数 R_n 被编码,并被随机选择。我们的目标是找到接近最优的染色体(在一对 X_n 和 R 之间)。逻辑映射函数[方程(10.14)]对每条染色体迭代 128 次,因此对于每条染色体,将生成 128 个概率实数值。为每条染色体计算这 128 个实数的平均值(阈值),并使用该阈值将它们映射到区间[0,1]上。进行适应度计算,对于每条染色体,进行 Poker 测试以评估其适应度(敏感性)。所以,这个适应度值是一个卡方值。此处,卡方值较低的染色体为拟合染色体,而卡方值较高的染色体为周染色体。为传递 128 位伪随机流的随机性,卡方值应小于 14.067 1。Poker 测试的卡方值根据式(10.6)计算得出。

下一步是选择。这里,我们使用二元锦标赛选择(BTS)来选择染色体,并为下一轮操作生成配对池。在 BTS 中,随机选择两条染色体,然后比较它们的适应度值,选择最适合的染色体,丢弃最弱的染色体。二元锦标赛选择流程如下:

(1) 从配对池中随机选择两条染色体。

(2) 比较这两条染色体的适应度值。

(3) 在更新的配对池中选择本次比较的获胜者。

(4) 重复整个过程 n 次。

下一步在配对池中进行实值交叉。该方法采用实值交叉技术。这里,整个过程或操作本质上是纯伪随机的。基本思想是,首先选择两条染色体(X_n 和 R 的一对),从 X_n 和 R 的一个组合中取(减去)一定百分比的值,然后将这些值加到 X_n 和 R 的另一个组合中。执行边界限制以将 X_n 的值限制在 0—1 之间,将 R 的值限制在 3—4 之间。实值交叉的方法如下:

① 随机选择两条染色体,即$[X_n, R_n]$和$[X_{n+1}, R_{n+1}]$。

② 取一个介于 0 和 1 之间的随机值。如果小于等于 0.8,那么将进行以下交叉操作。否则,它将直接复制到更新的配对池。

③ Temp1＝abs($X_n - X_{n+1}$)（abs 为绝对值）

④ Temp2＝abs($R_n - R_{n+1}$)

⑤ 分别从[0,Temp1]和[0,Temp2]中间随机选择 A 和 B。

⑥ 在 0 和 1 之间随机选择。［操作顺序的选择（1 表示先加后减，2 表示先减后加）］

⑦ 如果为 1，那么：

　i. $X_{n+1} = X_{n+1} + \text{Temp1}$

　ii. $X_n = X_n - \text{Temp1}$

　iii. $R_{n+1} = R_{n+1} + \text{Temp2}$

　iv. $R_n = R_n - \text{Temp2}$

否则：

　v. $X_{n+1} = X_{n+1} - \text{Temp1}$

　vi. $X_n = X_n + \text{Temp1}$

　vii. $R_{n+1} = R_{n+1} - \text{Temp2}$

　viii. $R_n = R_n + \text{Temp2}$

作为下一步操作，在该配对池中进行实值突变。在该技术中，使用了实值变异技术。整个过程本质上是纯伪随机的。基本思想是首先选择一条染色体（X_n 和 R 对），然后从一条 X_n 和 R 中取（减去）一定百分比的值，在这对染色体上进行加法或减法运算（由随机值决定）。实值变异的方法如下：

① 随机选择一条染色体，即[X_n, R_n]。

② 取一个介于 0 和 1 之间的随机值。如果大于等于 0.9，那么将进行以下突变操作。否则，它将直接复制到更新的配对池。

③ 在 0 和 1 之间随机选择。

④ Temp＝$X_n - 3$

⑤ 如果为 1,那么:

   i. $X_n = X_n + \text{Temp} * 0.1$

   ii. $R_n = R_n + R_n * 0.1$

否则:

   iii. $X_n = X_n - \text{Temp} * 0.1$

   iv. $R_n = R_n - R_n * 0.1$

下一步将进行精英操作,从上一代中选择最适合的染色体,并从当前一代中选择最弱的染色体。当比较它们的适应度值时,如果最弱的染色体在竞争中获胜,那么它将保留在下一代中,否则它将被上一代最合适的染色体所取代。精英操作的方法如下:

在每次迭代中,

① 根据 n 条染色体的卡方值,选择 n 条染色体(即当前配对池中)最合适的染色体 $C1$。

② 根据其卡方值,在更新的配对池中(即在该配对池中进行突变后)选择 n 条染色体中最弱的染色体 $C2$。

③ 比较这两条染色体的适应度值[拟合($C1$)>拟合($C2$)],如果获胜者是 $C1$,那么 $C2$ 将替换为 $C1$,否则就没有变化。

整个操作迭代了 200 次,获得了最终配对池。对最终配对池的染色体进行随机性测试,即检查这些染色体生成的 128 位流或密钥的随机性。有三个测试用例。如果染色体通过了这三个测试用例,那么我们可以保证输出的密钥是随机的。在这种情况下,将进行 Monobit、Serial 和 Poker 测试。对于 128 位密钥,进行 Monobit、Serial 和 Poker 测试,卡方值必须分别小于或等于 3.8415、5.9915 和 14.0671。

以五条染色体的初始编码为例,图 10.11、图 10.12、表 10.2 给出了包含优化系统参数的最终配对池和输出。

Xn	R
0.0438280945243333	3.02066302742714
0.372639459559215	3.31625073899435
0.0736628748035023	3.02066302742714
0.0464217819826947	3.91660377519162
0.0165870017035257	3.91660377519162

图 10.11 基于遗传算法的系统参数优化初始编码过程的输出

Xn	R
0.0464217819826947	3.91660377519162
0.0464217819826947	3.91660377519162
0.0464217819826947	3.91660377519162
0.0464217819826947	3.91660377519162
0.0464217819826947	3.91660377519162

图 10.12　最终配对池

表 10.2　Monobit、Serial 和 Poker 测试得到的 GA 锚定结果，以获得优化的系统参数

Monobit 测试	Serial 测试	Poker 测试
0.5000	3.4577	0.3488
0.5000	3.4577	0.3488
0.5000	3.4577	0.3488
0.5000	3.4577	0.3488
0.5000	3.4577	0.3488

11

隐写和身份认证的评估指标

在本章中,将从安全应用和身份认证的角度详细讨论各种评估指标。

技术的评估效果可以用计算的结果来保证。下面将会介绍均方误差、峰值信噪比、图像保真度、通用质量指数和结构相似性指数测量。利用直方图对原始图像和嵌入图像进行性能分析,可以直观地证明嵌入技术的质量。

11.1 均方误差(MSE)

在统计学中,估计量的均方误差(MSE)是量化估计量与被估计量真实值之间差异的多种方法之一。MSE 是一个风险函数,对应于平方误差损失或二次损失的期望值。MSE 测量误差平方的平均值。误差是估计量与被估计量之间的差异量。出现这种差异是因为随机性,或者是因为估计器没有产生更准确估计的信息。

计算均方误差用以估计误差积分量。MSE 表示嵌入图像与原始图像之间的累积平方误差,MSE 值越小,误差越小。式(11.1)给出了根据 MSE 计算错误率的公式。

$$\text{MSE} = \frac{1}{MN} \sum_{i=0}^{M-1} \sum_{j=0}^{N-1} (X_{ij} - Y_{ij})^2 \tag{11.1}$$

其中,M 和 N 分别是总行数和总列数,MN 是行数和列数的乘积,X_{ij} 为真值,即原始图像像素强度值,Y_{ij} 为估计量,即嵌入后的图像像素强度值。

11.2 峰值信噪比(PSNR)

峰值信噪比,通常缩写为 PSNR,是一个工程术语,用于表示信号的最大可能功率与影响其保真度的干扰性噪声功率的比值。由于许多信号具有非常宽的动态范围,因此 PSNR 通常用对数分贝表示。

PSNR 常用来衡量有损压缩编解码器的重建质量(例如,用于图像压缩)。在这种情况下,信号是原始数据,噪声是压缩引入的误差。当比较压缩编解码器时,在某些情况下,从人类感知的角度评估,一个重建可能比另一个看起来更接近原始信息,但是它却具有较低的 PSNR(尽管一般情况下较高的 PSNR 通常表示较高的重建质量)。所以必须非常谨慎地对待这个度量的有效范围,只有当它用于比较原始值和扰动值之间的结果时,它才是真正有效的。

信号计算得到的 PSNR,其结果低于 30 dB 则认为信号受到高度污染。与原始图像相比,PSNR 值越高表示图像质量越好。式(11.2)给出了 PSNR 的计算公式。

$$PSNR = 10\log_{10}\left(\frac{I_{max}^2}{MSE}\right) \tag{11.2}$$

其中,I_{max} 是图像中允许的像素强度的最大值,在灰度和彩色图像中,因为是 8 位表示,所以 I_{max} 值都是 255,MSE 是根据式(11.1)计算得到的。

11.3 图像保真度(IF)

图像保真度是一种参数计算,用于量化人类视觉感知的完美程度。计算公式如式(11.3)所示。

$$IF = 1 - \sum_{i=0}^{M-1}\sum_{j=0}^{N-1}(X_{ij} - Y_{ij})^2 \Big/ \sum_{i=0}^{M-1}\sum_{j=0}^{N-1}X_{ij}^2 \tag{11.3}$$

其中,M 和 N 分别是行和列的总数,X_{ij} 是图像的原始像素强度值,Y_{ij} 是嵌入后的像素强度值。

11.4　通用质量指数(UQI)

UQI 是一种通过相关性损失、亮度失真和对比度失真这三个因素的组合模拟图像失真的方法。当且仅当 x_i 和 y_i 相等时,UQI 取最优值 1。计算公式如式(11.4)所示。

$$UQI = \frac{4\sigma_{xy}\mu_x\mu_y}{(\sigma_x^2 + \sigma_y^2)(\mu_x^2 + \mu_y^2)} \tag{11.4}$$

其中,$\mu_x = \frac{1}{N}\sum_{i=1}^{N} x_i$,$\mu_y = \frac{1}{N}\sum_{i=1}^{N} y_i$,$\sigma_x$,$\sigma_y$ 是标准差,σ_{xy} 是协方差,其公式如式(11.5)和式(11.6)所示。

$$\sigma_x = \sqrt{\frac{1}{N-1}\Big[\sum_{i=1}^{N}(x_i - \mu_x)^2\Big]}, \sigma_y = \sqrt{\frac{1}{N-1}\Big[\sum_{i=1}^{N}(y_i - \mu_y)^2\Big]} \tag{11.5}$$

$$\sigma_{xy} = \frac{1}{N-1}\sum_{i=1}^{N}(x_i - \mu_x)(y_i - \mu_y) \tag{11.6}$$

11.5　结构相似性指数测量(SSIM)

通过比较亮度和对比度归一化后的像素强度的局部特征,可以获得结构相似性。SSIM 的计算依赖于亮度、对比度和结构的单独计算。亮度测量 $l(x,y)$、对比度测量 $c(x,y)$ 和结构测量 $s(x,y)$ 如式(11.7)、式(11.8)和式(11.9)所示。

$$l(x,y) = \frac{2\mu_x\mu_y + C_1}{\mu_x^2 + \mu_y^2 + C_1} \tag{11.7}$$

$$c(x,y) = \frac{2\sigma_x\sigma_y + C_2}{\sigma_x^2 + \sigma_y^2 + C_2} \tag{11.8}$$

$$s(x,y) = \frac{\sigma_{xy} + C_3}{\sigma_x\sigma_y + C_3} \tag{11.9}$$

这里,C_1、C_2 和 C_3 是避免分母变为零的小常数。简而言之,结构相似性指数测量是根据式(11.7)、(11.8)和(11.9)计算出的三个分量的乘积,式(11.10)和式(11.11)给出了 SSIM 的两种组合形式。

$$SSIM(x,y) = [l(x,y)]^{\alpha}[c(x,y)]^{\beta}[s(x,y)]^{\gamma} \tag{11.10}$$

参数($\alpha>0$，$\beta>0$ 和 $\gamma>0$)用于调整三个部分的相对重要性。当 $\alpha=\beta=\gamma=1$，且 $C_3 = C_2/2$ 时，SSIM 可化为(11.11)的形式。

$$SSIM(x,y) = \frac{(2\mu_x\mu_y+C_1)(2\sigma_{xy}+C_2)}{(\mu_x^2+\mu_y^2+C_1)(\sigma_x^2+\sigma_y^2+C_2)} \tag{11.11}$$

其中，μ_x 和 μ_y 是式(11.12)中给出的图像块 x 和 y 的平均灰度值，σ_x^2 和 σ_y^2 分别是式(11.13)中给出的图像 x 和图像 y 的方差；σ_{xy} 是式(11.14)中给出的图像 x 和图像 y 的协方差。

$$\mu_x = \frac{1}{N}\sum_{i=1}^{N}x_i, \mu_y = \frac{1}{N}\sum_{i=1}^{N}y_i \tag{11.12}$$

$$\sigma_x^2 = \frac{1}{N-1}\sum_{i=1}^{N}(x_i-\mu_x)^2, \sigma_y^2 = \frac{1}{N-1}\sum_{i=1}^{N}(y_i-\mu_y)^2 \tag{11.13}$$

$$\sigma_{xy} = \frac{1}{N-1}\sum_{i=1}^{N}(x_i-\mu_x)(y_i-\mu_y) \tag{11.14}$$

11.6　直方图分析

图像直方图是一种反映数字图像中色调分布的直方图。它绘制了每个色调值的像素数。通过查看特定图像的直方图，观察者将能够一眼判断整个图的色调分布。

许多现代数码相机都提供图像直方图查看功能。摄影师可以将它们作为辅助显示图像色调，以及查看图像特征是否因高光溢出或因阴影被遮蔽而丢失。

图中的横轴表示色调的变化，而纵轴表示特定色调的像素数。横轴左侧表示黑色和深色区域，中间表示中灰色区域，右侧表示浅色和纯白色区域。纵轴表示这些区域中的像素点个数。因此，非常暗的图像直方图的大部分数据点将位于图的左侧和中心。相反，对于一个非常明亮的图像的直方图，只有很少的暗区和/或阴影图，它的大部分数据点都在图的右侧和中间。

图像的直方图有 256 条垂直线，表示像素强度值 0 到 255。垂直线的长度取决于各自的强度值及其在图像中出现的次数。直方图的底部显示从黑色到白色的颜色序列，表示像素颜色的位置。若是彩色图像,则三基色分量在创建直方图之前被分离。红色、绿色和蓝色三个分离的直方图,表示从 0 到 255 的像素强度值。原始图像和嵌入图像的直方图分别如图 11.1 和图 11.2 所示,在应用后续章节提出的技术后,可以对两幅直方图进行比较,以直观地验证认证技术的鲁棒性。

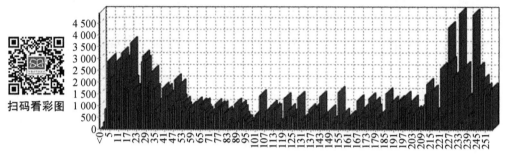

扫码看彩图

图 11.1　原始图像的直方图

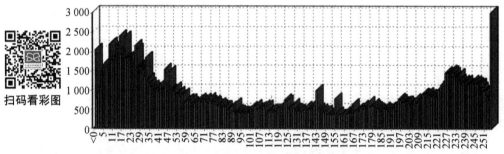

扫码看彩图

图 11.2　嵌入图像的直方图

11.7　标准差

标准差(用符号 σ 表示)表示数据点与平均值(或预期值)之间的离散程度。较低标准差表明数据点往往非常接近平均值,较高标准差表明数据点分布在较大的范围内。下式给出了计算标准差的公式。

$$\sigma = \sqrt{\frac{1}{N}\sum_{i=1}^{N}(x_i - \mu)^2}$$

其中,μ 是所有像素值的平均值,N 是图像中存在的像素数(行×列),x_i 是像素值。假设原始图像中所有像素值的平均值为 115,标准差为 86.465233;嵌入图像中像素的平均值为 115,标准差为 86.659042,则在该嵌入实现下标准差差异值为 0.193 809。

11.8　噪声分析

图像噪声是图像中亮度或颜色信息的随机变化(图像本身并没有),通常来源于电子噪声。它可能由扫描仪或数码相机的传感器和电路产生,也可能受胶片颗粒和光电探测器中不可避免的散粒噪声影响而产生。图像噪声是图像捕获过程中产生的不良副产品,会增加虚假和无关信息。

11.9　NIST 统计检验与分析

美国国家标准与技术研究院(NIST)提出了 15 个检验指标,用于实现各种分析和认证方法。统计检验的需求和主要目标如下。

1) 统计检验的需求

• 选择、测试随机数与伪随机数生成器。该生成器的输出可用于密码学和隐写的许多应用,例如密钥和输入秘密流的生成。

• 适用于隐写和身份认证应用的生成器可能需要满足比其他应用更严格的要求。在不了解输入的情况下,输出必须是不可预测的。

• 这些测试可能是确定生成器是否适合隐写和身份验证应用的第一步。

2) 随机性

• 使用伪随机方程的随机比特生成器,其产生 0 或 1 的概率接近 1/2。

• 序列中的每一位都是独立生成的,无论生成多少位,序列中下一位的值都是不可预测的。

3) 不可预测性

• 在使用伪随机数生成器(PRNG)的情况下,如果随机种子未知,即使对序列中先前的随机数有所了解,序列中的下一个输出数仍然是不可预测的。这种特性被称为前向不可预测性。

- 无法依靠以往任何生成值的经验来确定随机种子(即还具有后向不可预测性)。

- 随机种子与使用该种子产生的随机数之间没有明显的相关性;序列的每个元素都应该是概率为 1/2 的独立随机事件的结果。

- 为确保前向不可预测性,在获取种子时必须谨慎。

4) 随机数生成器(RNG)

随机数生成方程采用非线性方程生成,具有适当的随机性。测试方法用于测试生成序列的真正随机性。这些测试有 Monobit 测试、Serial 测试和 Poker 测试等。在第 10 章中,详细讨论了这些问题。

5) 伪随机数生成器(PRNG)

伪随机数生成器也用于生成随机数。单个或多个种子可用于生成此类数字。对伪随机数生成器生成的伪随机序列进行各种参数检验,以检验其真实随机性。

6) 检验

对生成的随机数进行测试,即进行 Monobit 测试、Serial 测试、Poker 测试等各种参数测试,以确保生成序列在均匀性、可扩展性和一致性方面具有真正的随机性。均匀性意味着在任何后续位置必须观察到真正的随机性。可扩展性意味着挖掘的子序列必须是随机的。一致性是指单一种子将生成一致的二进制随机数流。

7) 随机数生成检验

NIST 检验套件包括 15 项测试。所有检测均基于统计测量。任何由硬件或软件生成器生成的序列都适用于这 15 项检测。所有这些检测都是为了确保真正的随机性是否得到满足。

总共进行了 NIST 检验套件中推荐的 15 个统计检验,以评估不同章节中提出的技术的随机性。这些检验侧重于序列中可能存在的各种不同类型的非随机性。有些检验可分解为各种各样的子检验。前述章节的技术实施是否满足随机性要求,需要进行下述 15 项测试:

(1) 频率(Monibit)检验

(2) 块内频率检验

（3）游程检验

（4）块内最长游程检验

（5）二进制矩阵秩检验

（6）离散傅里叶变换检验

（7）非重叠（非周期性）模板匹配检验

（8）重叠（周期性）模板匹配检验

（9）Maurer 通用统计检验

（10）线性复杂度检验

（11）Serial 检验

（12）近似熵检验

（13）累积和检验

（14）随机游走检验

（15）随机游走变量检验

统计检验分析考虑了密钥中比特序列的大量样本情况。通过产生一个 P 值，来检验从密钥获得的 m 个比特序列样本，使用式（11.16）定义统计阈值。

$$阈值 = (1-\alpha) - 3\sqrt{\frac{\alpha(1-\alpha)}{m}} \tag{11.15}$$

在频率（Monibit）检验、块内频率检验、游程检验、块内最长游程检验、二进制矩阵秩检验、离散傅里叶变换检验、非重叠（非周期性）模板匹配检验、重叠（周期性）模板匹配检验、Maurer 通用统计检验、线性复杂度检验、近似熵检验中，显著性水平值（α）等于 0.01。m 大于 α 的倒数。如果 $m=300$，那么阈值 $=0.972766$。这意味着如果给定的 300 个序列中至少有 292 个序列确实通过了检验，那么这种检验在统计上被认为是成功的。对于产生 n 个 P 值的 Serial 检验和累积和检验，其阈值的计算，应该考虑 $m \times n$ 而不是 m。在 α 和 m 的值相同的情况下，阈值为 0.977814，这意味着如果给定的 300 个序列中至少有 294 个序列确实通过了检验，那么认为该检验在统计上是成功的。产生 n 个 P 值的随机游走检验,对于阈值的计算,应考虑 $m \times n$ 而不是 m。在 α 和 m 的值相同的情况下,阈值为 0.983907,这意味着如果给定的 300 个序列中至少有 296 个序列确实通过了检验,那么这种检验在统计上被认为是成功的。产生 n 个 P 值的随机游走变量检验,对于阈值的计算,应考虑 $m \times n$ 而不是 m。在 α 和 m 的值相同的情况下,阈值为 0.985938,这意味着如果给定的 300 个序列中至少有 297 个序列确实通过了检验,那么认为该检验在统计上是成功的。NIST 文件中规定了一种计算 P 值的方法,如果 $P \geqslant 0.0001$,那么可以认为特定检验的 P 值是均匀分布的。

1) 频率(Monibit)检验

我们已经在第 10 章讨论了这个检验。此检验的目的是确定在整个生成的二进制流中,0 和 1 的数量是否成比例相等或接近相等。

2) 块内频率检验

在本检验中,将生成的比特流分成 K 个大小为 l 的互不重叠的块,如果每个大小为 l 的块中 0 所占的比例近似等于 $1/2$,那么认为该块是随机的。

3) 游程检验

这个检验的主要目的是确定在生成的长度为 1 的比特流中 0 和 1 的状态以及可变长度的 1 或 0 的运行次数是否与随机流的预期一致。

4) 块内最长游程检验

序列中最长的"1"的长度应保持一致,并应符合随机序列的要求。要测试一个块中的最长的"1"的长度也同样要检测以满足随机性要求。

5) 二进制矩阵秩检验

该检验符合生成的原二进制序列中固定长度子流之间的线性依赖关系。有一个临界值满足上述检验的条件。

6) 离散傅里叶变换检验

离散傅里叶变换检验确定随机数生成器生成的原始二进制序列中图像的周期性特征。有一个临界值满足这个周期性的阈值条件,超过这个阈值就通过了该检验,否则就没有通过。

7）非重叠（非周期性）模板匹配检验

该检验用于检测是否存在大量的非周期模式。在扫描二进制序列时，当获得这种类型的非周期性模式时，窗口的指针将重新定位到该非周期性模式之后的下一位，并继续搜索字符串的其余部分。在这种情况下，还有一个阈值，低于该阈值检验就会失败。

8）重叠（周期性）模板匹配检验

在此检验中，从生成的二进制字符串中取有限（给定）长度的预定义目标子字符串。该检验将在二进制序列中找到这样的子串的个数。如果得到的个数与期望的个数不匹配，那么检验失败。有一个预定义的阈值，超过该阈值就通过了检验。

9）Maurer 通用统计检验

这是一个统计检验。检测验证在不丢失信息的情况下，显著压缩序列的可能性。也就是说，检验生成的二进制序列能否实现无损压缩。满足检验的预期是超过给定的阈值。如果计算值超过预期阈值，那么通过了检验。

10）线性复杂度检验

线性复杂度检验的特征是反馈寄存器较长。短反馈寄存器不符合随机数生成器生成的二进制序列的随机性。另外，如果从生成的随机二进制序列中发现满足反馈寄存器较长的特征，那么该二制序列的随机性得到满足。这里也使用了一个阈值。如果计算值超过该阈值，那么通过了检验。

11）Serial 检验

Monibit 检验计算的是由随机数生成器计算生成的随机数列中单个比特子流的出现次数，但 Serial 检验考虑的是两位重叠子流（00,01,10,11,0,1）的子流。因此，计算是在出现 2^k k 位重叠子流的情况下完成的。有一个期望值作为阈值。如果计算值超过该阈值，那么通过了检验。第 10 章详细讨论了 Serial 检验。

12）近似熵检验

近似熵检验计算每个重叠 k 位模式的出现次数。主要目标是比较两个长度为 k 和 $k+1$ 的连续块的出现情况。有一个期望值作为阈值。如果计算值超过预期阈值，那么通过了检验。

13）累积和检验

该检验计算部分序列的累加和。这种累积和称为随机游走。对于一个随机序列，累积和应该接近于零。如果满足这个条件，那么通过了检验。

14）随机偏移检验

该检验用于检测在一个周期内某个特定状态是否偏离随机游走的期望值。随机游走的累积和由部分和计算得到。如果总和的观测值超过期望值，那么通过了检验。

15）随机偏移变量检验

该检验计算特定状态发生的总次数，从而检测随机游走中该次数与预期次数之间的扰动。采用一种计算方法计算变长度子流的部分和。如果观测值的偏差超过期望值，那么通过了检验。

12

不同变换编码技术的性能分析与比较

本书共 14 章,第 1 章介绍了密码学和隐写术。第 2 章讨论了可逆隐写和身份认证中转换编码的最新技术。这一章对 2019 年之前的相关技术的简要历史背景进行了研究,将重点放在了近几年的文献上。虽然这本书是基于变换域的隐写和身份认证,但在第 3 章中仍然讨论了各种空域隐写术方法。本章从古希腊隐写术的简史开始,接着介绍了包括音视频隐写术在内的空域和频域的隐写技术方法的特点、算法和实现细节。详细讨论了基于 LSB 和哈希函数的嵌入和认证(包括实现方面)技术、基于遗传算法的彩色图像空域认证技术以及具有详细遗传过程步骤的嵌入和提取算法。通过对 PSNR、MSE 和 IF 的分析,详细给出了该技术在 20 幅载体图像上的应用。从实现中可以看出,256×256 的秘密图像被嵌入 512×512 的载体图像中,有效载荷为 4 b/B。在该技术中实现的最小 PSNR 为 35.303032,最大值为 38.652927,实现的最小 IF 为 0.997773,最大值为 0.999747。书中还比较了该技术与现有技术,并对算法实现技术进行了研究。本章给出了双图像隐写的一些方法和实现。

第 4 章对基于离散傅里叶变换的隐写术进行了可逆计算、嵌入和验证。DFT 的生成是一个复杂的过程。可逆性计算过程非常复杂,因为它在频域除了会产生实分量外还会产生虚分量,特别是在嵌入和调整方面非常难以处理。为了避免这种复杂的计算,图像被细分为 $m×n$ 个子块,其中 m 和 n 的取值为 1~3。在本书中,我们使用 2×2 的子图像块进行变换、嵌入并生成反向变换以生成隐写图像。在解码和身份认证期间,再次进行正向变换,并提取秘密比特/图像。对整个图像按行优先顺序重复此过程。这种简化的计算只生成实频率分量。在基于 DFT 的一维和二维可逆计算中,所有情况都取 2×2 的子矩阵。详细的可逆计算实例涉及嵌入和解码的相关算法。书中还给出了 10 幅基准图像的实施结果,计算了 0.75 b/B 有效载荷的 MSE 和 PSNR 值。本章还进行了直方图分析,且末尾概述了 DFT 的各种应用。

第 5 章给出了基于离散余弦变换的可逆编码。在本章中,结合一维、二维、三维 DCT 和 IDCT 计算显示可逆性。本章详细介绍了具体的嵌入和提取过程,使用 2×2 的子图像矩阵按行优先顺序进行详细计算。实现了一种基于二维 DCT 的完整嵌入和编码算法的隐写方案。给出了 512×512 的载体图像和 64×64 的秘密图像的基准图像的实现情况。本章末尾给出了 DCT 的应用。

第 6 章给出了基于小波的可逆变换编码。采用基于小波的二维小波变换进行了详细的计算。本章对认证过程进行信息流分析,计算多级小波变换的可逆性并给出了详细的算例。结合实例进行了二维 Haar 小波变换。采用 2×2 的子图像块进行 Haar 小波变换的图像认证。方案实施是在 10 幅基准图像上完成的。对于 3 b/B 的有效载荷,计算所有 10 幅图像的均方误差(MSE)、图像保真度(IF)和峰值信噪比(PSNR)。遗传算法在图像嵌入中进行了应用。

第 7 章实现了基于 Z 变换的可逆编码。本章从 Z 变换的基础知识和拉普拉斯变换到 Z 域的转换开始。用 2×2 的图像矩阵建立了一维和二维 Z 变换对。正向和逆计算的示例是通过数值示例完成的。取不同的 ROC 进行详细的可逆性计算。在这里,取 $r=1,2,3$,4 和 5 对一维和二维 Z 变换进行所有可逆计算。对一维 Z 变换的可逆性进行数值计算,并详细给出了嵌入和提取过程以及在 Z 变换域中的调整。嵌入、调整和提取过程均在 Z 变换域的虚部。将两个比特嵌在虚分量的共轭对中。在 PSNR、MSE 和 IF 方面给出了 9 幅基准图像的实现结果,其中 PSNR 都在 40 以上,IF 都超过 0.99990。最后还给出了基于 Z 变换的嵌入和认证的应用。

第 8 章讨论了基于离散二项式变换的可逆变换编码。在这个变换中,2×2 的子图像用于可逆计算。给出了一种用于嵌入和认证的算法。在该技术中,有效载荷为 1.5 b/B。使用了 18 幅基准图像实现该算法。这种嵌入技术的 PSNR 在 36.3163~42.0063 dB 之间。最后还给出了该技术的应用。

第 9 章给出了运用 Grouplet(G-Let)变换的可逆变换编码。从二面体群的原理及其对称性质出发,本章详细地给出了各种 G-Let 的反射和旋转运算的可逆计算。详细地给出了 D_3 到 D_{10} 的可逆计算实例。基于 G-Let 组件的反射和旋转操作计算,讨论了 G-Let D_3 到 D_{10} 在图像上的实现。对于所有 G-Let,详细地给出了将像素域变换到像素域的可逆计算。本章给出了运用 G-lets D_3 变换计算的完整隐写技术。本章运用 G-Let D_3 变换实现了 0.5 b/B 的嵌入密度。

第 10 章讨论了基于转换编码认证的非线性动力学、离散混沌方程及其特征以及离散混沌方程生成的伪随机序列。在 Monibit、Serial 和 Poker 检测方面,给出了随机的可检验性。系统用于不同的混沌映射,生成 PN 序列和图像加密。给出了一种基于遗传算法的混沌密钥生成方法。

13

结　论

这本书主要介绍了基于变换编码的可逆隐写和认证技术。本书的主要重点是阐述变换方程的可计算性和可逆性，以避免变换计算的虚数部分。本书完成了 DFT、DCT、小波、Z 变换、二项式、Grouplet 等变换技术的可逆性计算以及基于混沌的身份验证伪随机序列生成、图像或消息加密。本书侧重于将变换计算的实部用于嵌入和提取，但在 Z 变换的情况下，复共轭部分也可用于嵌入和认证。

在本书中，所有的计算都主要基于图像。所有变换的计算都是基于 2×2 的子图像块完成的。对整个图像按行优先顺序重复进行。

本书详细给出了各种加密和解密算法，详细描述了基于变换的隐写嵌入技术。嵌入后像素值的调整也适用于所有技术。给出了所有变换计算的可逆计算的数值示例。在基于混沌认证的情况下，使用 Monobit、Serial 和 Poker 检测对生成器的质量进行了检验。在第 11 章中概述了 NIST 提出的 15 个检验指标。

14

未来发展方向

本书关注在变换域对信息进行全面的可逆计算、嵌入、提取和认证。本书详细介绍了基于变换编码的图像认证系统。在可逆计算、嵌入、提取、身份验证方面，本书给出了六种变换技术，并提供了可测试性指标。对于本书的整个计算过程，我们将图像矩阵细分为 2×2 的子图像。本书没有考虑其他子图像尺寸，如 1×1、1×2、3×3、4×4 等，尤其是避免更大窗口尺寸的子图像在变换中生成难于计算的虚部分量。只有在 Z 变换的计算中，嵌入、提取是在复共轭对中完成的。

本书没有考虑 Lendre 变换、Hartley 变换、Sine 变换和其他小波变换的变形，这些都是本书未来要考虑的范围。

参考文献

Al-Hamami, A. H. , & Al—Ani, S. A. (2005). A new approach for authentication technique. *Journal of Computer Science*, 1(1), 103 – 106. ISSN 1549 – 3636.

Agnihotri, V. , et al. (2016). Steganography in image segments by LSB substitution using genetic algorithm. *International Journal of Current Trends in Engineering & Research* (*IJCTER*), 2(5), 475 – 480. e-ISSN 2455 – 1392.

Ahmadian, A. M. , & Amirmazlaghani, M. (2019). A novel secret image sharing with steganography scheme utilizing optimal asymmetric encryption padding and information dispersal algorithms. *Signal Processing: Image Communication*, 74, 78 – 88. https://doi. org/10. 1016/j. image. 2019. 01. 006.

Al-Nofaie, S. , Gutub, A. , & Al-Ghamdi, M. (2019). Enhancing arabic text steganography for personal usage utilizing pseudo-spaces. *Journal of King Saud University—Computer and Information Sciences*. https://doi. org/10. 1016/j. jksuci. 2019. 06. 010.

Amin, P. , Lue, N. , & Subbalakshmi, K. (2005). Statistically secure digital image data hiding. In *IEEE Multimedia Signal Processing MMSP05*, pp. 1 – 4. Shanghai, China.

Atta,R. , & Ghanbari,M. (2018). Ahigh payload steganography mechanism based on wavelet packet transformation and neutrosophic set. *Journal ofVisual Communication and Image Representation*, 53, 42 – 54. https://doi. org/10. 1016/j. jvcir. 2018. 03. 009.

Bandyopadhyay, D. ,Dasgupta, K. ,Mandal, J. K. ,&Dutta, P. (2014). Anovel secure image steganographymethod based on Chaos theory in spatial domain. *International Journal of Security, Privacy and Trust Management* (*IJSPTM*), 3(1), 11 – 21.

Chandramouli, R. , & Memon, N. (2001). Analysis of LSB based image steganography techniques. In *Proceedings of ICIP*, pp. 1019 – 1022, Thissaloniki, Greece.

Dadgostar, H. , & Afsari, F. (2016). Image steganography based on interval-valued intuitionistic fuzzy edge detection and modified LSB. *Journal of Information Security and Applications*, 30, 94 – 104. https://doi. org/10. 1016/j. jisa. 2016. 07. 001.

Das, S. , & Mandal, J. K. (2018). An information hiding scheme in wavelet domain using chaos dynamics. *Journal of Scientific and Industrial Research*, 77(5), 264 – 267. ISSN: 0022 – 4456.

Dasgupta, K. , Mandal, J. K. , & Dutta, P. (2012). Hash based Least significant bit technique for video steganography (HLSB). *International Journal of Security, Privacy and Trust Management (IJSPTM)*. ISSN 2277 – 5498, AIRCC.

Denemark, T. , Boroumand, M. , & Fridrich, J. (2016). Steganalysis features for content-adaptive JPEG steganography. *IEEE Transactions on Information Forensics and Security*, 11(8), 1736 – 1746. https://doi. org/10. 1109/TIFS. 2016. 2555281.

Devi, S. , Sahoo, M. N. , Muhammad, K. , Ding, W. , & Bakshi, S. (2019). Hiding medical information in brain MR images without affecting accuracy of classifying pathological brain. *Future Generation Computer Systems*, 99, 235 – 246. https://doi. org/10. 1016/j. future. 2019. 01. 047.

Dumitrescu, S. , Xiaolin, W. , & Wang, Z. (2003). Detection of LSB steganography via sample pair analysis. *IEEE Transaction on Signal Processing*, 51(7), 1995 – 2007.

Edward Jero, S. , Ramu, P. , & Swaminathan, R. (2016). Imperceptibility—Robustness tradeoff studies for ECG steganography using continuous ant colony optimization. *Expert Systems with Applications*, 49, 123 – 135. https://doi. org/10. 1016/j. eswa. 2015. 12. 010.

Ekodeck, S. G. R. , & Ndoundam, R. (2016). PDF steganography based on Chinese remainder theorem. *Journal of Information Security and Applications*, 29, 1 – 15. https://doi. org/10. 1016/j. jisa. 2015. 11. 008.

EL-Emam, N. N. (2007). Hiding a large amount of data with high security using steganography algorithm. *Journal of Computer Science*, 3(4), 223 – 232. ISSN 1549 – 3636.

EL-Latif, A. A. A., Abd-El-Atty, B., & Venegas-Andraca, S. E. (2019). A novel image steganography technique based on quantum substitution boxes. *Optics & Laser Technology*, 116, 92 – 102. https://doi.org/10.1016/j.optlastec.2019.03.005.

El_Rahman, S. A. (2018). A comparative analysis of image steganography based on DCT algorithm and steganography tool to hide nuclear reactors confidential information. *Computers & Electrical Engineering*, 70, 380 – 399. https://doi.org/10.1016/j.compeleceng.2016.09.001.

Gangeshawar, J. A. (2015). Optimizing image steganography using genetic algorithm. *International Journal of Engineering Trends and Technology*, 24, 32 – 38.

Gaurav, K., & Ghanekar, U. (2018). Image steganography based on Canny edge detection, dilation operator and hybrid coding. *Journal of Information Security and Applications*, 41, 41 – 51. https://doi.org/10.1016/j.jisa.2018.05.001.

Ghatak, S., & Mandal, J. K. (2011). An efficient (2, 2) visual cryptographic protocol through meaningful shares to transmit messages/images (VCPTM). *International Journal of Computer Theory and Engineering (IJCTE)*. ISSN: 1793 – 8201 (Print Version).

Ghoshal, N. (2010). *Towards design and implementation of image authentication/secrete message transmission techniques using steganographic approaches*. Ph. D. Thesis awarded from the University of Kalyani.

Ghoshal, S. K. (2015). *Design and implementation of transform domain watermarking techniques for color image authentication*. Ph. D. Thesis awarded from the University of Kalyani.

Ghosal, S. K., & Mandal, J. K. (2008). A bit level image authentication/secrete message transmission technique (BLIA/SMTT). *AMSE Journal of Signal Processing and Pattern Recognition*, 51(4), 1 – 13. Association for the Advancement of Modelling and Simulation Technique in Enterprises (AMSE), France.

Ghosal, S. K., & Mandal, J. K. (2012a). A fragile watermarking based on separable discrete hartley transform for color image authentication (FWSDHTCIA). *Signal &*

Image Processing: An International Journal (*SIPIJ*), 3(6). AIRCC. https://doi.org/10.5121/sipij.2012.3603.

Ghosal, S. K., & Mandal, J. K. (2012b). A two dimensional discrete fourier transform based secret data embedding for color image authentication (2D-DFTSDECIA). *Signal & Image Processing: An International Journal* (*SIPIJ*), 3(6). AIRCC. https://doi.org/10.5121/sipij.2012.3608.

Ghosal, S. K., & Mandal, J. K. (2013a). A frazile watermarking based on legendre transform for color images (FWLTCI). *Signal & Image Processing: An International Journal* (*SIPIJ*), 4(4),119 – 127. ISSN: 0976-710X(o),2229 – 3922(p). htps://doi.org/10.5121/sipij.2013.4410.

Ghoshal, S., & Mandal, J. K. (2013b). Binomial transform based image authentication (BTIA). *The International Journal of Multimedia & Its Applications* (*IJMA*), 5(4), 67 – 74. ISSN: 0975 – 5578(o),0975 – 5934(p). https://doi.org/10.5121/ijma.2013.5405.

Ghosal, S. K., & Mandal, J. K. (2014a). *Color image authentication based on two-dimensional separable discrete hartley transform* (*CIA2D -SDHT*). Association for the Advancement of Modelling and Simulation Techniques in Enterprises (AMSE), France.

Ghosal, S. K., & Mandal, J. K. (2014b). Binomial transform based fragile watermarking for image authentication. *Journal of Information Security and Applications*. Elsevier, Published on September 27, 2014. https://doi.org/10.1016/j.jisa.2014.07.004.

Ghosal, S., & Mandal, J. K. (2018a). High payload image steganography based on Laplacian of Gaussian (LoG) edge detector. *Multimedia Tools and Applications*. Springer [Science Citation Index Expanded (SciSearch)].

Ghosal, S., & Mandal, J. K. (2018b). On the use of the stirling transform in image steganography. *Journal of Information Security and Applications* (Elsevier).

Haldar, P., & Mandal, J. K. (2011). *Analysis of change of landuse pattern of large scale landuse/landcover images*. Association for the Advancement of Modelling and Simulation Techniques in Enterprises (AMSE), France, communicated on line (www. amse-modeling. com under user of jkm), May 7, 2011. ID 2775, No. 11 513(1B).

Hamed, G. ,Marey,M. , Amin, S. E. -S. ,&.Tolba,M. F. (2018). Hybrid, randomized and high capacity conservative mutations DNA-based steganography for large sized data. *Biosystems*, 167, 47 – 61. https://doi. org/10. 1016/j. biosystems. 2018. 03. 003.

Hamzah,A. A. , Khattab, S. ,&.Bayomi, H. (2019). Alinguistic steganography framework using Arabic calligraphy. *Journal of King Saud University—Computer and Information Sciences*. https://doi. org/10. 1016/j. jksuci. 2019. 04. 015.

Hashad, A. I. , et al. (2005). A robust steganography technique using discrete cosine transform insertion. In *Information and communication technology. Enabling Technologies for the New Knowledge Society*: ITI 3rd International Conference. ISBN: 0-7803-9270-1.

Hussain, M. , Wahab, A. W. A. , Idris, Y. I. B. , Ho, A. T. S. , & Jung, K. -H. (2018). Image steganography in spatial domain: A survey. *Signal Processing: Image Communication*, 65, 46 – 66. https://doi. org/10. 1016/j. image. 2018. 03. 012.

Jana, B. , Giri, D. , & Mondal, S. K. (2016a). Dual image based reversible data hiding scheme using (7, 4) hamming code. *Multimedia Tools and Application*, 77(1), 763 – 785. Springer. ISSN:1380 – 7501 (Print) 1573 – 7721 (Online). https://doi. org/10. 1007/s11042-016-4230-4.

Jana, B. , Giri, D. , & Mondal, S. K. (2016b). Dual image based reversible data hiding scheme using three pixel value difference (TPVD). In *Third International Conference on Information System Design and Intelligent Application* (*INDIA* 2016) on 8 – 9 January 2016. Vishakhapatnam, India. *Information systems design and intelligent applications* (Vol. 434, pp. 403 – 412). Springer India. https://doi. org/10. 1007/978-81-322-2752-6_40, Print-ISBN 978-81-322-2750-2, Online ISBN-978-81-

322-2752-6.

Jana, B. , Giri, D. , & Mondal, S. K. (2016c). Dual image-based reversible data hiding scheme using pixel value difference with exploiting modification direction. In *First International Conference on Intelligent Computing and Communication (ICIC2—2016)*, Feb 18 – 19, 2016. *Advances in intelligent systems and computing* (Vol. 458, pp. 549 – 557). Springer, ISSN: 2194 – 5357. https://doi. org/10. 1007/978-981-10-2035-3_56.

Jana, B. , Giri, D. , & Mondal, S. K. (2016d). Dual-image based reversible data hiding scheme using pixel value difference expansion. *International Journal of Network Security*, 18(4), 633 – 643. https://doi. org/10. 1007/978-81-322-2752-6_40. ISSN: 1816 – 353X (Print), 1816 – 3548 (Online).

Jarusek, R. , Volna, E. , & Kotyrba, M. (2019). Photomontage detection using steganography technique based on a neural network. *Neural Networks*, 116, 150 – 165. https://doi. org/10. 1016/j. neunet. 2019. 03. 015.

Jyoti, M. S. (2013). Genetic algorithm based image steganography for enhancement of concealing capacity and security. *International Journal Image, Graphics and Signal Processing*, pp. 18 – 25.

Kadhim, I. J. , Premaratne, P. , Vial, P. J. , & Halloran, B. (2019). Comprehensive survey of image steganography: Techniques, evaluations, and trends in future research. *Neurocomputing*, 335, 299 – 326. https://doi. org/10. 1016/j. neucom. 2018. 06. 075.

Khamrui, A. (2017). *Genetic Algorithm based steganography for image authentication*. Ph. D. Thesis awarded from the University of Kalyani.

Khairullah, M. (2019). A novel steganography method using transliteration of Bengali text. *Journal of King Saud University—Computer and Information Sciences*, 31 (3), 348 – 366. https://doi. org/10. 1016/j. jksuci. 2018. 01. 008.

Kumar, M. N. , et al. (2013). Genetic algorithm based color image Steganography using integer wavelet transform and optimal pixel adjustment process. *International Journal of*

Innovative Technology and Exploring Engineering (*IJITEE*)，3，2278 – 3075. ISSN：2013.

Li, Z. , & He, Y. (2018). Steganography with pixel-value differencing and modulus function based on PSO. *Journal of Information Security and Applications*，43，47 – 52. https://doi.org/10.1016/j.jisa.2018.10.006.

Li,M. , Mu, K. , Zhong, P. ,Wen, J. , & Xue, Y. (2019). Generating steganographic image description by dynamic synonym substitution. *Signal Processing*，164，193 – 201. https://doi.org/10.1016/j.sigpro.2019.06.014.

Liao, X. , Yin, J. , Guo, S. , Li, X. , & Sangaiah, A. K. (2018). Medical JPEG image steganography based on preserving inter-block dependencies. *Computers & ElectricalEngineering*，67，320 – 329. https://doi.org/10.1016/j.compeleceng.2017.08.020.

Liśkiewicz, M. , Reischuk, R. , & Wölfel, U. (2017). Security levels in steganography—Insecurity does not imply detectability. *Theoretical Computer Science*，692，25 – 45. https://doi.org/10.1016/j.tcs.2017.06.007.

Mahato, S. , Yadav, D. K. , &Khan, D. A. (2019). A novel information hiding scheme based on social networking site viewers' public comments. *Journal of Information Security and Applications*，47，275 – 283. https://doi.org/10.1016/j.jisa.2019.05.013.

Mallick, M. , Madhumita, S. , & Mandal, J. K. (2015, February 20). Authentication through Hough Signature on G-Let D4 Domain (AHSG – D4). *In National Conference on Computational Technologies—2015 (NCCT'15). International Journal of Computer Science and Engineering*，3(1),59 – 67. e-ISSN：2347 – 2693.

Mandal, J. K. , & Ghoshal, S. (2012). Two dimensional discrete fourier transform based secret data embedding in color images (2D-DFTSDECI). *Signal & Image Processing：An International Journal (SIPIJ)*. AIRCC.

Mandal, J. K. , & Das, D. (2012a). Colour image steganography based on pixel value differencing in spatial domain. *International Journal of Information Sciences and*

Techniques (IJIST), 2(4),83 – 93. ISSN: 2249 – 1139, DOI: https://doi. org/10. 5121/ijist. 2012. 2408.

Mandal, J. K. , & Ghosal, S. K. (2012b). a fragile watermarking based on separable discrete hartley transform for color image authentication (FWSDHTCIA). *Journal of Signal & Image Processing: An International Journal (SIPIJ)*. ISSN: 0976 – 710X (Online); 2229 – 3922 (print). *Extended version of conference (DPPR 2012)*, "*Separable Discrete Hartley Transform based Invisible Watermarking for Color Image Authentication (SDHTIWCIA)*", paper ID-69, July 13 – 15, 2012, Chennai.

Mandal, J. K. , & Khamrui, A. (2012). An image authentication technique in frequency domain using genetic algorithm (IAFDGA). *International Journal of Software Engineering & Applications (IJSEA)*, 3(5), 39 – 46. ISSN: 0975 – 9018 (Online); 0976 – 2221(Print). https://doi. org/10. 5121/ijsea. 2012. 3504.

Mandal, J. K. , et al. (2008a). A bit level image authentication/secrete message transmission technique (BLIA/SMTT). *AMSE Journal of Signal processing and Pattern Recognition*, 51(4), 1 – 13. Association for the Advancement of Modelling & Simulation Technique in Enterprises (A. M. S. E.), France. ISSN 1240 – 4543.

Mandal, J. K. , et al. (2008b). A novel technique for image authentication in frequency domain using discrete fourier transformation technique (IAFDDFTT). *Malaysian Journal of Computer Science*, 21(1), 24 – 32. Faculty of Computer Science & Information Technology, University of Malaya, Kuala Lumpur, Malyasia.

Mandal, J. K. , et al. (2011a). Gray value based adaptive data hiding for image authentication (GVADHIA). *Journal of Advanced Research in Computer Science*, II (Ⅱ), 111 – 115. ISSN 0976 – 5697.

Mandal, J. K. , et al. (2011b). DFT based hiding technique for colour image authentication (DFTHTCIA). *Journal of Advanced Research in Computer Science*, II (Ⅰ), 417 – 422. ISSN 0976 – 5697.

Mandal, J. K. , et al. (2011c) Steganographic technique for high volume data transmission through colour image (STHVSDTCI). *Journal of Advanced Research in Com-*

puter Science, II (II), 96 – 101. ISSN 0976 – 5697.

Mandal, J. K., et al. (2012a). A steganographic scheme for color image authentication using Ztransform (SSCIAZ). In *Advances in Intelligent Soft Computing*, vis INDIA-2012. ISSN: 1867 – 5662.

Mandal, J. K., et al. (2012b). Image authentication technique based on DCT(IATDCT). In *Advances in Intelligent and Soft Computing*, vis CSIA-2012. ISSN: 1867 – 5662.

Mandal, J. K., et al. (2012c). Z-transform based digital image authentication quantization index modulation (Z-DIAQIM). In *Advances in Intelligent and Soft Computing*, vis CSIA-2012. ISSN:1867 – 5662.

Mandal, J. K., & Khamrui, A. (2013). A genetic algorithm based steganography on color images (GASCI). *International Journal of Signal and Imaging Systems Engineering (IJSISE)*, 7(1), 59 – 63. ISSN print: 1748 – 0698, Inderscience Publishers. https://doi.org/10.1504/ijsise.2014.057935.

Mandal, J. K., et al. (2014). A novel secure image steganography method based on chaos theory in spatial domain, International Journal of Security. *Privacy and Trust Management (IJSPTM)*, 3 (1), 11 – 21. https://doi.org/10.5121/ijsptm.2014.3102.

Miri, A., & Faez, K. (2017). Adaptive image steganography based on transform domain via genetic algorithm. *Optik*, 145, 158 – 168. https://doi.org/10.1016/j.ijleo.2017.07.043.

Mohsin, A. H., Zaidan, A. A., Zaidan, B. B., Albahri, O. S., Albahri, A. S., Alsalem, M. A., et al. (2019). Based blockchain-PSO-AES techniques in finger vein biometrics: A novel verification secure framework for patient authentication. *Computer Standards & Interfaces*, 66, 103343. https://doi.org/10.1016/j.csi.2019.04.002.

Mondal, U., &Mandal, J. K. (2011a). Enhancing security of quality songs with embedding encrypted hidden codes in tolerance level (SQHTL). *Signal & Image Processing: An International Journal(SIPIJ)*. AIRCC.

Mondal, U. , & Mandal, J. K. (2011b). Authentication of audio signals through embedding of images (AASAI). Association for the Advancement of Modelling and Simulation Techniques in Enterprises (AMSE), France, communicated on line (www. amse-modeling. com under user of jkm), April 5, 2011. ID 2771, No. 11 512(B).

Mondal, U. K. , & Mandal, J. K. (2011c). *A fourier transform based authentication of audio signals through alternation of coefficients of harmonics (FTAT)*. In *Communications in Computer and Information Science (CCIS)* (Vol. 203, pp. 76 – 85), PDCTA 2011. Springer, Heidelberg. ISSN: 1865 – 0929.

Mondal, U. K. , & Mandal, J. K. (2011d). Preservation of IPR of songs through embedding secret song (IPRSESS). *International Journal of Computer Theory and Engineering (IJCTE)*. ISSN: 1793 – 8201 (Print Version).

Mondal, U. K. , & Mandal, J. K. (2012a). Secret data hiding within tolerance level of embedding in quality songs (DHTL). In *Advances in Intelligent and Soft Computing*, *vis CSIA*-2012. ISSN: 1867 – 5662.

Mondal, U. K. , & Mandal, J. K. (2012b). Generating audio signal authentication through secret embedded self harmonic component (GASASH). *Journal of IJSPTM. In Extended Version of Conference (CNSA-2012)*.

Mondal, U. , & Mandal, J. K. (2013). a systematic approach to authenticate song signal without distortion of granularity of audible information (ASSDGAI). *International Journal of Multimedia & Its Applications (IJMA)*. ISSN: 0975 – 5578.

Moulin, P. , & O'Sullivan, J. A. (2003). Information-theoretic analysis of information Hiding. *IEEE Transactions on Information Theory*, 49(3), 563 – 593.

Muhammad, K. , Sajjad, M. , Mehmood, I. , Rho, S. , & Baik, S. W. (2018). Image steganography using uncorrelated color space and its application for security of visual contents in online social networks. *Future Generation Computer Systems*, 86, 951 – 960. https://doi. org/10. 1016/j. future. 2016. 11. 029.

Pareek, N. K. , et al. (2010). A random bit generator using chaotic maps. *International Journal of Network Security*, 10(1), 32 – 38.

Pal, P. , Chowdhury, P. , & Jana, B. (2017). Reversible watermarking scheme using PVD-DE. In *First International Conference on Computational Intelligence, Communications, and Business Analytics (CICBA-2017)*, Kolkata, Communications in Computer and Information Science, Springer. ISSN: 1865 – 0929.

Rana, M. , & Tanwar, R. (2014). Genetic algorithm in audio steganography. *International Journal of Engineering Trends and Technology*, pp. 29 – 34.

Ravindra Gupta, A. J. (n. d.). Integrating steganography using genetic algorithm and visual cryptography for robust encryption in computer forensics. International *Journal of Electronics and Computer Science Engineering*, pp. 794 – 801.

Rechberger, C. , Rijman, V. , & Sklavos, N. (2006). The NIST cryptographic workshop on hash functions. *IEEE Security and Privacy*, 4, 54 – 56.

Rukhin, A. et al. (2010). *A statistical test suit for random and pseudorandom number generator for cryptographic applications.* National Institute of Standards and Technology, special publication 800 – 22 revision 1a. U. S. (https://nvlpubs. nist. gov/nistpubs/Legacy/SP/nistspecialpublication800 – 22r1a. pdf, access, 24 – 05 – 2020).

Sajedi, H. (2016). Steganalysis based on steganography pattern discovery. *Journal of Information Security and Applications*, 30, 3 – 14. https://doi. org/10. 1016/j. jisa. 2016. 04. 001.

Santos Brandao, A. , & Calhau Jorge, D. (2016). Artificial neural networks applied to image steganography. *IEEE Latin America Transactions*, 14(3), 1361 – 1366. https://doi. org/10. 1109/TLA. 2016. 7459621.

Sarkar, A. (2015). *Towards design and implementation of soft computing based cryptographic techniques for wireless communication.* Ph. D. Thesis awarded from the University of Kalyani. (https://shodhganga. inflibnet. ac. in/).

Sarmah, D. K. , & Kulkarni, A. J. (2019). Improved cohort intelligence—A high capacity, swift and secure approach on JPEG image steganography. *Journal of Information Security and Applications*, 45, 90 – 106. https://doi. org/10. 1016/j. jisa. 2019. 01. 002.

Sengupta, M. , & Mandal, J. K. , (2011). Transformed IRIS signature fabricated authentication in wavelet based frequency domain (TISAWFD). *International Journal of Advanced Research in Computer Science* (*IJARCS*), 2(5), 486 – 490. http://www. ijarcs. info, ISSN 0976 – 5697.

Sengupta, M. , & Mandal, J. K. (2012). An authentication technique in frequency domain through Daubechies transformation (ATFDD). *International Journal of Advanced Research in Computer Science*, 3(4), 236 – 242.

Sengupta, M. , & Mandal, J. K. (2013). Hough signature based authentication of image through Daubechies Transform technique (HSADT). *Journal of Computing*, 2(1), 83 – 89. Computer Society of India.

Sengupta, M. , & Mandal, J. K. (2013b). Image authentication through Z-transform with low energy and bandwidth (IAZT). *International Journal of Network Security & Applications* (*IJNSA*). ISSN: 0974 – 9330.

Sengupta, M. , & Mandal, J. K. (2013c). Wavelet based authentication/secret transmission through image resizing (WastiR). *Signal & Image Processing: An International Journal*. ISSN: 0976 – 710X(o), 2229 – 3922(Print).

Sengupta, M. , Mandal, J. K. , & Ghoshal, N. (2011). An authentication technique in frequency domain through wavelet transform (ATFDWT). In *Advances in Modelling Signal Processing and Pattern Recognition* (*AMSE*), 54(2). 54(1 – 2). Paper No 11531(1B).

Shanthi, S. , Kannan, R. J. , & Santhi, S. (2018). Efficient secure system of data in cloud using steganography based cryptosystem with FSN. *Materials Today: Proceedings*, 5(1), 1967 – 1973. https://doi. org/10. 1016/j. matpr. 2017. 11. 300.

Saha, S. , Ghosal, S. K. , Chakraborty, A. , Dhargupta, S. , Sarkar, R. , & Mandal, J. K. (2018). Improved exploiting modification direction-based steganography using dynamic weightage array. *Electronics Letters*. IET Digital Library, Print ISSN 0013 – 5194, Online ISSN 1350 – 911X, https://doi. org/10. 1049/el. 2017. 3336.

Sekra, S. , Balpande, S. , & Mulani, K. (2015). Steganography using genetic encryption along with visual cryptography. *SSRG International Journal of Computer Science and Engineering*, pp. 5 - 9.

Sloan, T. , & Hernandez-Castro, J. (2018). Dismantling OpenPuff PDF steganography. *Digital Investigation*, 25, 90 - 96. https://doi. org/10. 1016/j. diin. 2018. 03. 003.

Subhedar, M. S. , & Mankar, V. H. (2016). Image steganography using redundant discrete wavelet transform and QR factorization. *Computers & Electrical Engineering*, 54, 406 - 422. https://doi. org/10. 1016/j. compeleceng. 2016. 04. 017.

Swain, G. (2019). Two new steganography techniques based on quotient value differencing with addition-subtraction logic and PVD with modulus function. *Optik*, 180, 807 - 823.

Valandar, M. Y. , Ayubi, P. , & Barani, M. J. (2017). A new transform domain steganography based on modified logistic chaotic map for colour images. *Journal of Information Security and Applications*, 34, 142 - 151. https://doi. org/10. 1016/j. jisa. 2017. 04. 004.

Wang, R. -Z. , Lib, C. -F. , & Lin, J. -C. (2001). Image hiding by optimal LSB substitution and genetic algorithm. *Pattern Recognition Society*. Published by Elsevier Science Ltd.

Wang, S. , Yang, B. , & Niu, X. (2010). A secure steganography method based on genetic algorithm. *Journal of Information Hiding and Multimedia Signal Processing*, 1(1), 28 - 35.

Wang, C. , Wang, H. , & Ji, Y. (2018). Multi-bit wavelength coding phase-shift-keying optical steganography based on amplified spontaneous emission noise. *Optics Communications*, 407,1 - 8. https://doi. org/10. 1016/j. optcom. 2017. 08. 054.

Wu, B. , Chang, M. P. , Shastri, B. J. , Ma, P. Y. , & Prucnal, P. R. (2016). Dispersion deployment and compensation for optical steganography based on noise. *IEEE Photonics Technology Letters*, 28(4), 421 - 424. https://doi. org/10. 1109/LPT. 2015. 2496957.

Wu, X. , & Yang, C. -N. (2019). Partial reversible AMBTC-based secret image sharing with steganography. *Digital Signal Processing* , 99, 22 – 33.

Yadav, G. S. , & Ojha, A. (2018). Hamiltonian path based image steganography scheme with improved imperceptibility and undetectability. *Applied Soft Computing* , 73, 497 – 507. https://doi. org/10. 1016/j. asoc. 2018. 08. 034.

Yang, J. , & Li, S. (2018). Steganalysis of joint codeword quantization index modulation steganography based on codeword Bayesian network. *Neurocomputing* , 313, 316 – 323. https://doi. org/10. 1016/j. neucom. 2018. 06. 005.

Zhang, J. , Lu, W. , Yin, X. , Liu, W. , & Yeung, Y. (2019). Binary image steganography based on joint distortion measurement. *Journal of Visual Communication and Image Representation* , 58, 600 – 605. https://doi. org/10. 1016/j. jvcir. 2018. 12. 038.

Zhang, Y. , Luo, X. , Guo, Y. , Qin, C. , & Liu, F. (2019). Zernike moment-based spatial image steganography resisting scaling attack and statistic detection. *IEEE Access* , 7, 24282 – 24289. https://doi. org/10. 1109/ACCESS. 2019. 2900286.

Zhang, Y. , Qin, C. , Zhang, W. , Liu, F. , & Luo, X. (2018). On the fault-tolerant performance for a class of robust image steganography. *Signal Processing* , 146, 99 – 111. https://doi. org/10. 1016/j. sigpro. 2018. 01. 011.

Zhou, H. , Chen, K. , Zhang, W. , Qian, Z. , & Yu, N. (2018). Targeted attack and security enhancement on texture synthesis based steganography. *Journal of Visual Communication and Image Representation* , 54, 100 – 107. https://doi. org/10. 1016/j. jvcir. 2018. 04. 011.

Zhou, H. , Chen, K. , Zhang, W. , & Yu, N. (2017). Comments on "Steganography using reversible texture synthesis". *IEEE Transactions on Image Processing* , 26 (4), 1623 – 1625. https://doi. org/10. 1109/TIP. 2017. 2657886.

Zou, Y. , Zhang, G. , & Liu, L. (2019). Research on image steganography analysis based on deep learning. *Journal of Visual Communication and Image Representation* , 60, 266 – 275. https://doi. org/10. 1016/j. jvcir. 2019. 02. 034.